"十三五"国家重点图书出版规划项目

U0349743

转基因技术
TRANSGENIC TECHNOLOGY

「 林 敏 主编 」

中国农业科学技术出版社

图书在版编目（CIP）数据

转基因技术 / 林敏主编 . —北京：中国农业科学技术出版社，
2020.8

（转基因科普书系）

ISBN 978-7-5116-4964-5

Ⅰ.①转… Ⅱ.①林… Ⅲ.①转基因技术 Ⅳ.①Q785

中国版本图书馆 CIP 数据核字（2020）第 157307 号

策　　划　吴孔明　张应禄
责任编辑　白姗姗
责任校对　贾海霞

出 版 者　中国农业科学技术出版社
　　　　　北京市中关村南大街12号　　邮编：100081
电　　话　（010）82106638（编辑室）（010）82109702（发行部）
　　　　　（010）82109709（读者服务部）
传　　真　（010）82106650
网　　址　http：// www.castp.cn
经 销 者　各地新华书店
印 刷 者　北京科信印刷有限公司
开　　本　710mm×1 000mm　1/16
印　　张　21
字　　数　310千字
版　　次　2020年8月第1版　　2020年8月第1次印刷
定　　价　88.00元

　　转基因技术是通过将人工分离和修饰过的基因导入生物体基因组中，借助导入基因的表达，引起生物体性状可遗传变化的一项技术，已被广泛应用于农业、医药、工业、环保、能源、新材料等领域。农业转基因技术与传统育种技术是一脉相承的，其本质都是利用优良基因进行遗传改良。但与传统育种技术相比，转基因技术不受生物物种间亲缘关系的限制，可以实现优良基因的跨物种利用，解决了制约育种技术进一步发展的难题。可以说，转基因技术是现代生命科学发展产生的突破性成果，是推动现代农业发展的颠覆性技术。

　　从世界范围来看，转基因技术及其在农业上的应用，经历了技术成熟期和产业发展期后，目前已进入以抢占技术制高点与培育现代农业生物产业新增长点为目标的战略机遇期。对我国而言，机遇与挑战并存，需要利用现代农业生物技术，促进农业发展，保障粮食安全和生态安全。

　　像任何高新技术一样，农业转基因技术也存在安全性风险。我国政府高度重视转基因技术安全性评价和管理工作，已建立了完整的安全管理法规、机构、检测与监测体系，并发布了一系列转基因生物环境安全性评价、食品安全性评价及成分测定的技术标准。国际食品法典委员会（CAC）、联合国粮农组织（FAO）和世界卫生组织（WHO）等国际组织也制定了相应的转基因生物安全评价标准。要在利用转基因技术造福人类的同时，科学评价和管控风险，确保安全应用。

虽然到目前为止，全球尚没有发生任何转基因食品安全性事件，但公众对转基因产品安全性的担忧是始终存在的。从人类社会发展历史来看，不少重大技术从发明到广泛应用，都经历过一个曲折复杂的过程，其中人们对新技术的认识和接受程度起着重要的作用。因此，转基因科学普及工作是十分必要的，科学界要揭开转基因技术的神秘面纱，帮助公众在尊重科学的基础上，理性地看待转基因技术和产品。我们组织编写《转基因科普书系》，就是希望提高全社会对转基因技术的认知程度，为我国农业转基因技术的发展营造良好的社会环境。愿有志于此者共同努力！

中国工程院院士
中国农业科学院副院长　吴孔明

编者的话

开篇明义，特别想说明的一点是，我们在准备写这本《转基因技术》之初，就有一个明确定位，即它是一本关于转基因技术的"科普书"，而非"教科书"。

教科书是为了培养专业人才，为有志于从事专业的人而写的书，一定要讲科学性、权威性和系统性，写作要规范，用词要专业，内容要经得起时间的考验。

相反，科普书是写给对转基因技术感兴趣，想了解转基因技术的普通读者看的，首先，要有时效性和趣味性，同时，又要保证科学性和知识性。

这个道理很好理解，但事后才明白，写科普书难，写好的科普书更难，而写一本通俗易懂的关于转基因技术的科普书尤为困难！

为什么这样讲，因为转基因技术的许多概念太专业，相关原理太深奥，涉及环节太复杂，特别是发展速度太迅猛，用"日新月异"这个成语来形容也不为过。

时间回到2014年年底，《转基因科普书系》第一次编委会召开。《转基因技术》《转基因产品》《转基因安全》和《转基因政策》编写组正式成立，当时计划2016年四本科普书陆续出版。

2015年7月，国际癌症研究所发布报告宣称，目前全球广泛使用的除草剂"草甘膦"属于较高致癌的农药，引发新一轮的转基因作物安全性的激烈争论。本书编写组决定调整书稿框架，增加安全性争论与安全评价内容。

2016年，基因编辑技术成为科技界的明星，创新成果不断涌现，如防褐变蘑菇、品质改良玉米、抗白粉病小麦、无角奶牛和快速生长优质猪等基因编辑动植物相继在美国和中国诞生，产业化前景一片光明。

2017年，美国发布《2016—2045年新兴科技趋势》预测报告，将合成生物技术列为21世纪优先发展的六大颠覆性技术之一。同年，"人工合成酵母基因组计划"国际协作组宣布完成了真核生物酵母菌5条染色体的从头设计与全合成，标志着合成生物时代的来临。一时间，关于合成生物技术的相关新闻抢占了各大媒体的头版。

鉴于前沿生物技术发展的迅猛态势，本书编写组再次对书稿框架做重大调整，并在广泛征求业内专家的意见基础上，对转基因技术的科学内涵进行重新定义，提出了"狭义和广义的转基因技术"概念。

狭义的转基因技术，专指将外源基因转入受体生物中，获得全新性状的育种技术，在农业育种领域已产业化应用20余年，被誉为人类科技史上应用速度最快的农业科技，同时，也是当今世界争论最大的育种新技术。

而"广义的转基因技术"概念，等同于我们熟悉的基因工程概念，即凡是涉及基因改造、转移、重组和表达以及应用的技术，不仅包括狭义的转基因育种技术，同时，也包括近年来兴起的全基因选择、基因编辑、合成生物和人工智能等颠覆性育种技术。

调整后的书稿第三章，增加了组学、表观遗传学等前沿学科、以及基因编辑和合成生物技术等前沿技术的相关内容。不仅如此，还新增了第四章"转基因操作平台"，系统介绍了高通量基因鉴定、高效率遗传转化、高水平蛋白表达、智能化设计育种与安全性科学评价等平台技术及其最新进展。

在科普书系编委会和方方面面权威专家的关心指导下，在中国农业生物技术学会和中国农业科学技术出版社的大力支持下，经过编写组同仁的不懈努力，《转基因技术》一书终于付梓出版了。

本书的编撰，力求做到深入浅出，通俗易懂，同时，保证其科学性与知识性，并通过全景式的写法和国际化的视野，力求全面系统地反映当今世界转基因技术的最新成果、最新动态和最新趋势，让读者能真正开卷有益。

本书虽耗时5年多，搜寻浏览大量外文资料，不断对书稿进行调整、充实、修改和完善，但由于转基因技术的高度专业性、特殊性和复杂性，加上本书编写组主要由一群工作在第一线的青年科研与管理骨干组成，写作热情虽高，但毕竟水平有限，书中错误在所难免，欢迎各位读者提出宝贵意见。

在编撰这本转基因技术科普书的过程中，有三点感触特别深刻。

一是大自然特别神奇之处，就在于所有生物拥有的基因看似如此简单，却造就了如此千姿百态、生机勃勃的地球生命奇观。大自然如同一个大魔术师，在不断上演基因的乾坤大挪移，而人类不过是舞台之下一位偷师学艺的小学生而已。因此，人类生存之道，要对自然存有敬畏之心，并与之和谐相处。

二是大自然特别慷慨之处，就是馈赠给人类如此海量的基因资源。但是，要从中获取真正有用的基因，简直就是大海捞针，犹如唐僧师徒西天取经，要历经九九八十一难，需神奇乾坤袋、无敌金刚钻、如意宝葫芦、八卦炼丹炉和伏魔照妖镜等十八般兵器或法宝相助，方能取得真经，修成正果。

三是转基因在中国特别可叹之处，就是形成了两个极端：即技术研发与产业应用冰火两重天和"挺转"与"反转"两派水火不相容，也因此出现了"只准吃外国转基因，不准种中国转基因"的荒唐局面。当今世界正经历百年未有之大变局，转基因技术等现代科技正在孕育新一轮农业革命，中国有什么理由能够置身其外？

人类文明与社会发展的历史，就是先进生产方式取代落后生产方式，即农耕文明被工业文明取代、工业文明被人与自然和谐发展的现代文明取代的一部科技进步史。然而，任何新兴科技与新兴产业的发展从来都不是一帆风顺的，转基因技术的产业化也不例外。

路漫漫其修远兮，吾将上下而求索。我们相信，转基因技术在中国，虽然历经坎坷，但定能确保安全，造福社会！

第二章　经典转基因方法

第三章　前沿转基因技术

第四章　转基因操作平台

第五章　转基因产业发展

概　述

转基因——熟悉的"陌生人"

转基因，近些年来热搜榜的"热"词。广罗大众，耳闻目染，即便不知其所以然，也耳熟能详，宛似一个屡屡在生活中不期而遇的、常常擦肩而过的"陌生人"。

既熟悉，又陌生，看似矛盾，其实是今天转基因在中国的最真实写照。

一方面，随着转基因农产品大豆大量进口，转基因在中国已进入千家万户，与我们的日常生活息息相关，但其是否安全的争论却越演越烈，转基因话题充斥各种媒体，令人应接不暇，亦难辨真假。

另一方面，由于对未知的恐惧深植于人类的意识深处，普通民众面对一项具有变革性的新技术时，不由自主就会对这位不请自来的"陌生人"心生戒备，也会犹豫甚至忧惧，干扰了理性的判断。

判断一个人是敌是友，是好是坏，最为明智可靠的是要听其言、察其行，明晰其行为动机、所作所为及行为后果。同理，裁断一项新技术是否合理可用，也不能妄下断言。

转基因技术涉及一系列前沿的科学发现和精确的分子生物学操作技

术。转入何种基因？如何转入？转入后的检测和评估，包括从转基因操作之前的科学与风险评估，到实验室的技术操作，再到转基因作物的各项安全评价等。只有对这些具体过程进行严谨深入的探讨，才能对某种转基因产品是否安全做出准确评价。

目前，鉴于上述种种，世界卫生组织（WHO）、经济合作与发展组织（OECD）、美国科学促进会（AAAS）、欧洲食品安全局（EFSA）相继做出"凡是通过安全评价上市的转基因食品，与非转基因食品一样安全"的结论。

科技作为人类认知世界的一项工具，自身并不具备主观能动性，本身无法实现道德价值判断。人类才是"科技"这把双刃剑的主宰。决定社会是否采用一项新技术的根本因素从来不是科学家的科研热情，而永远是社会需求。

自从进入农业社会以来，面对不断增长的人口，粮食产量不足一直是制衡人类发展的瓶颈。古时，人类发起战争或有计划的杀婴和弃老，以便将人口数量与土地可提供的食物数量相匹配，但仍难免摆脱饥荒的纠缠。

20世纪下半叶以来，科技进步让劳动生产率有了质的提高，人类生活资料的生产以前所未有的速度增长，人与人之间、国家与民族之间因生存资料匮乏引发的战争冲突越来越少，而与此同时，新的问题层出不穷，又给人类提出新的考验，人口增长、粮食安全、人类健康、水资源枯竭、生态环境破坏、能源危机等犹如笼罩地球的阴影，徘徊不去。

面对资源和环境的刚性制约，人类必须要有所作为，在人类发展和保护地球生态环境之间做到兼顾平衡，尽可能地采用科技手段逆转生态环境不断恶化的趋势。而生物产业的迅猛发展从社会需求端证实，转基因技术是解决上述问题的最佳手段之一。

转基因（Transgenic）技术就是将高产、抗逆、抗病虫、提高营养品质等已知功能性状的基因，通过DNA重组方法转入到受体生物体中，使受体生物在原有遗传特性基础上增加新的功能特性，获得新品种，生产新产品。人们熟知的遗传工程或基因工程等，均为转基因技术的同义词。国际上，转基因生物被称为"遗传修饰生物"（Genetically modified organism，GMO）。

人们可能要问：为什么不同来源的基因能跨物种转移，甚至低等生物基因向高等生物转移或反向转移，却都能获得稳定遗传和表达？

大量科学证据表明，地球上的所有生物起源于同一个祖先，其遗传物质都是DNA，在遗传上具有实质等同性。因此，地球上不同物种间能实现基因转移并稳定遗传，通过35亿年的遗传演化，逐步形成今天千姿百态、生机勃勃的生命系统。在漫长的自然进化过程中，任何一个新物种的产生，都是基因变异或基因转移的结果。

大自然如同一个大魔术师，在不断上演基因的乾坤大挪移。而人类，如同台下的一位小学生在偷师学艺，却受益无穷！

从古到今，人类的命运与自然界中的动植物息息相关。在农耕文明出现之前，人类靠捋草籽、采野果、猎鸟兽获得食物来源，维持生活非常艰难。但是，草籽野果通常难嚼难吞不好吃，野生植物可能有毒，野生动物可能携带致病菌，且来源和供应均不稳定。

一则著名的中国古代神话传说故事，讲述上古时候，人民众而禽兽少，食物短缺，华夏始祖"神农氏"因天之时，分地之利，亲尝百草，受小鸟衔种启发，创"稻、黍、稷、麦、菽"五谷农业。

现代考古和生物学证据表明，最初的农业育种是从人工驯化开始的。公元前8 000年左右，人类开始驯养繁殖动物和种植谷物，今天常见的主要农作物和家畜，在4 000~4 500年前就已基本被人类驯化。

以野生植物的人工驯化为例，在经过上万年的栽培后，由于各种环境条件的改变，加上人类对其所发生的可遗传变异（如籽粒更饱满、易去皮，产量更高，生长期变短等）进行人工定向选择、分离和繁殖，最终，野生植物就演化成今天的栽培作物。

在人类对农业生物驯化和改良过程中，基因起着决定性的作用，基因的变化决定了农艺性状的变化。可以说，数千年农业历史，就是人类筛选基因、改造自然的历史。也可以说，千百年来的传统育种方法与20世纪兴起的转基因技术在本质上一脉相承，都是在原有品种基础上对受体生物进行的遗传改造。

杂交育种是人类有目的地创造生物变异的一种传统方法，可以将双亲控制不同性状的优良性状基因结合于一体，或将双亲中控制同一性状的不同微效基因积累起来。传统育种方法一般只能在同一物种内进行，也可以在同一属比较近的物种间进行，但不能跨物种进行。

19世纪后期到20世纪中叶，一大批在高肥条件下高产的杂交作物品种，如美国杂交玉米、墨西哥矮秆小麦等，成功培育和大面积推广应用，引发了第一次农业绿色革命；20世纪90年代中国的杂交水稻则是第二次农业绿色革命时期的杰出代表。但同时也存在资源消耗大、环境不友好、不可持续发展等问题。此外，杂交育种方法本身优异基因来源有限，好坏基因通常连锁在一起，导致杂交后果难以预测，筛选优良杂交品种费时费工等。

转基因技术的出现则得益于20世纪生命科学和生物技术的巨大进步。1953年建立DNA双螺旋结构，1967年发现DNA连接酶，1970年发现Ⅱ型限制性核酸内切酶，1971年完成Ⅱ型限制性内切酶对DNA分子切割，1972年实现DNA体外重组，为转基因技术的育种应用奠定了理论和方法学基础（图1）。

转基因技术不受生物体间亲缘关系的限制，可打破不同物种间天然杂交的屏障，扩大可利用基因的范围。此外，转基因技术所操作和转移的目的基因，其结构和功能清楚，后代特征和表现可准确预期。因此，转基因技术是传统育种方法的重要补充，能解决常规品种改良技术不能解决的重大生产问题，引领产业发展的新方向。

转基因技术应用的第一波产业化浪潮，兴起于20世纪80年代的医学领域。如今，转基因技术已广泛应用于医药、工业、农业、环保、能源、新材料及食品领域，如人胰岛素、重组疫苗、抗生素、干扰素、啤酒酵母、食品酶制剂、食品添加剂等转基因产品，与我们的日常生活息息相关。

以治疗糖尿病的胰岛素为例，在转基因技术应用之前，胰岛素的制备需从猪、牛等活体动物胰脏中提取。每位患者一个月的用药量需4头牛提供，成本极其高昂，且还会出现人对动物胰岛素排异反应的风险。1982年，美国食品药品监督管理局（FDA）批准利用重组大肠杆菌生产的人胰岛素上市，是世界首例商业化应用的转基因药品。

在农业领域，关于转基因农作物及其应用，有三句话特别传神，一是"转基因技术是人类科技史上应用发展最快的技术"；二是"目前批准上市的转基因食品是人类有史以来研究最透彻、管理最严格的食品"；三是"转基因技术及其产业化在激烈争论中迅猛发展"，真实反映了农业转基因技术及其产业的发展历程与现状。

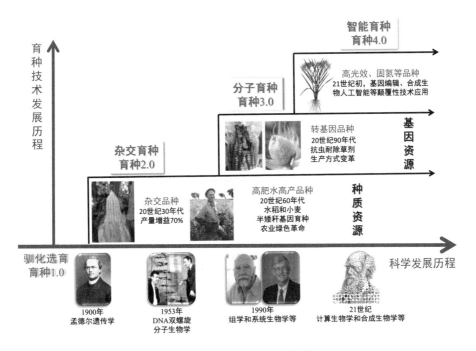

图1　农业育种技术发展历程

注：伴随千百年人类社会的进步，农业育种技术经历了三个发展阶段，即驯化选育1.0版、杂交育种2.0版和分子育种3.0版，目前正跨入"智能育种4.0版"的新时代，实现由"耗时费力的经验育种"向"高效精准的智能育种"的革命性转变。

当今世界，学科交叉融合愈加显著，科学技术发展日新月异，重大理论与技术创新不断涌现。以基因编辑、合成生物和全基因组选择等为代表的新一代转基因育种技术应运而生，正在孕育和催生新一轮农业产业革命。

然而，受一些机构和个人刻意煽动的偏离科学理性的错误舆论影响，公众对转基因技术或转基因食品这样新生事物总是存在着"陌生人恐惧"。

这让人想起一个美国高中生曾经在互联网发布了一条警示短信，提醒公众有一种广泛使用的无色无味的化学物质，叫一氧化二氢，每年造成数以千计的人死亡。据不完全统计，由于吸入一氧化二氢而导致的死亡率已经接近万分之一，位列人类非正常死亡的前十位。生物体中的一氧化二氢含量过多还会引起汗液和尿液过量分泌、恶心、呕吐和具有肿胀感等症状，在所有癌症晚期病人的体内都发现了这种化学物质。

收到这条警示短信的人，90%强烈呼吁政府查禁一氧化二氢，不足10%表示无法决定，而只有1%知道，这貌似危险的一氧化二氢，其实就是我们每时每刻都离不开的生命之源："水"，其化学式为H_2O。

如果这是无厘头的网络传言，那么在中国，类似案例却真实发生过。有人曾在网上举报，国人餐桌上的美味佳肴，一种有毒物质叫"氯化钠"严重超标，并称科学研究表明，长期过量氯化钠食用超标，会引起电解质失衡、偏头疼等不适，甚至导致高血压等疾病。有位知名主持人马上呼吁政府禁止生产氯化钠。其实，氯化钠是普通老百姓日常生活的必需品，俗称"食盐"，其化学式为$NaCl$。

这说明一个问题，公众易受五花八门的网络资讯影响，提高科学素养才能辨明真假。此外，世界上绝对安全的食品是不存在的，包括我们每天要喝的水，饮食需要的盐。

由于社会专业分工的不同，绝大多数公众没有接受过系统的分子生物学教育，不能准确理解和评价转基因技术。但他们仍保有对转基因技术的知情权以及质疑的权利。而充分享有上述权利的前提是保持科学理性的基本态度，尽可能地多学习和了解转基因技术的相关知识，避免被个人情绪和偏见左右。

转基因争论在中国尤为激烈，有其特殊原因，一是把国际上通行的遗传修饰生物（Genetically modified organism）翻译成"转基因生物"，这种译意容易引起公众恐慌，误以为外来基因会在物种间自由转移，进而改变人类基因，影响后代。二是近些年我国农业连年增产，农产品供给充足，公众现在主要关注质量安全，在安全问题上容易受负面言论影响，对一些谣言宁可信其有，加剧了对转基因技术和产品的担心和抵触。

纵观人类科技发展史，每次重大科技突破都会推动农业生产革命，如工业合成氨以及尿素生产技术的应用使全球粮食产量成倍增长，杂交育种技术的应用大幅度提高了农作物单产。然而，每次重大理论和技术的颠覆性突破都会引发激烈的争论，如达尔文进化论、牛痘接种和杂交育种等，转基因技术也不例外。

中国是一个传统农业大国，基本国情是人多地少，资源短缺，南咸、北碱、东北和西北部寒冷，半壁江山干旱，无后备耕地资源，同时还面临人口增加、环境恶化、气候异常、国际竞争加剧等严峻挑战。

如今，转基因技术正在给现代农业带来一场彻底的科技革命，作为世界人口和农业大国，中国有什么理由能够置身其外，又有什么资本拒绝？

当今世界正经历百年未有之大变局，处于这样一个科技大变革时代，是该我们静下心来，认真地了解一下转基因技术这个熟悉的"陌生人"，让事实和科学来裁定：它是好是坏？是敌是友？

第一章 转基因技术由来

讨论一个问题的重要前提，就是论辩方应该在问题所涉及的各类概念的内涵和外延上达成统一的基本认识，确保在讨论同一件事情，不要出现偷换概念等逻辑陷阱。争论从来不是单方面的演讲，要能畅快淋漓地表述，还要会耐心细致地倾听，否则双方就犹如建设一个巴比塔，沟通注定不能成功。首先，必须先了解什么是基因，什么是转基因技术，才有共同讨论和理性争论转基因问题的基础。然后，就可以真正走进转基因世界，了解为什么能用转基因技术，为什么要用转基因技术。

第一节 科学内涵

一、什么是基因？

要理解转基因技术的科学内涵，首先就要搞清楚什么是基因。

19世纪60年代，奥地利遗传学家孟德尔采用严格自花传粉和闭花授粉的豌豆进行杂交试验，发现了控制颜色和种子圆皱的遗传规律，推测一种具有稳定性的遗传因子决定豌豆的性状。

20世纪初，丹麦遗传学家约翰逊根据重新发现的孟德尔遗传定律，在《遗传学原理》一书中正式提出"基因"概念；美国生物化学家利文证明脱氧核糖核酸（DNA）含有的四种碱基与磷酸基团。

20世纪20年代，美国遗传学家摩尔根通过果蝇杂交实验，不仅验证了孟德尔的遗传分离和自由组合定律，还证明基因存在于染色体上，创立了基因连锁与互换的遗传学第三定律。

20世纪40年代，美国细菌学家艾弗里等发现，从致病力强的S型肺炎链球菌中提取的DNA能使致病力弱的R型转化成S型，首次在分子水平上证明DNA是遗传转化因子。

20世纪50年代，美国科学家沃森和克里克兴高采烈地用铁皮和铁丝，搭建了第一个DNA双螺旋结构的分子模型，阐明了DNA的半保留复制机制，进一步揭示了基因的化学和生物学本质。

什么是基因？简而言之，基因是含有特定遗传信息的脱氧核糖核酸序列。因此，基因具有物质性和信息性的双重属性。

DNA携带有合成RNA和蛋白质所必需的遗传信息，是生物体发育和正常运作必不可少的生物大分子之一。基因定位于DNA分子上，是决定生物特性的最小功能单位。

基因通过转录、翻译等一系列生物化学过程，指导生物体内蛋白质的合成。基因中遗传密码子的数量和排列顺序，决定了蛋白质中氨基酸的数量和排列顺序。由基因合成的蛋白质，有的直接发挥生理功能，有的则要作为酶指导脂类、多糖以及生化分子的合成，在细胞和组织器官层面调控身体的生命过程。

基因有两个特点：一是能忠实地复制自己，以保持生物性状的相对稳定遗传；二是无时无刻都有可能发生随机突变，并遗传给后代产生新的性状。

自然界中，一切生命现象和生物性状，如发芽结籽、酸甜苦辣、高矮胖瘦、生老病死等，都与基因密切相关。

　　"种瓜得瓜，种豆得豆"，是基因决定性状的通俗说法。龙生龙，凤生凤，这是遗传。一母生九子，九子各不同，这是突变。基因，存在于地球的每一个生物身上，是决定一切生命遗传变异的密码。

　　譬如，一个完整的玉米植株，包括根、茎、叶片等组织，每个组织都含有数量庞大的细胞，每个细胞里有10对染色体。染色体由DNA和蛋白质组成，基因位于染色体上，并呈线性排列。每个细胞中全部染色体含有的基因，称为基因组，控制生物个体的性状表现，如籽粒大小、颜色等（图2）。

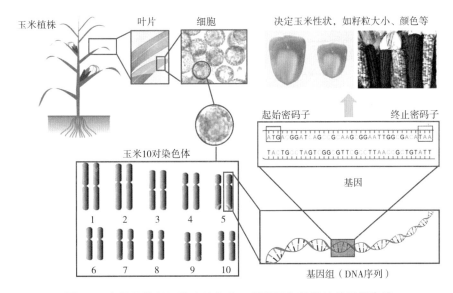

图2　玉米性状及其细胞中染色体、基因组和基因的关系示意图

　　自然界中，基因组一直在变化。不仅不同物种之间的基因组有差异，相同物种的基因组也不是一成不变的。基因组或者说基因的差异是物种分化的本质。因此，地球上才形成多姿多彩的生物界。

　　"物竞天择，适者生存"，这是一条亘古不变的自然法则。在适应进化和生存竞争中，形形色色的物种命运决定于神龙见首不见尾的"基因"。只有深入了解基因的奥秘，才能真正认识生命现象和大千世界。

　　DNA的造型很独特，由两条脱氧核苷酸链通过氢键组合在一起呈双螺旋状。两条链一条叫正义链，一条叫反义链。正义链就是可按照上面的密码子排序指导蛋白质合成的那条链（图3）。

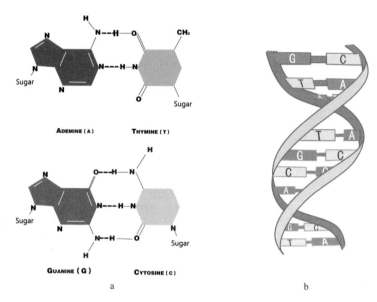

ADEMINE (A)　THYMINE (T)

GUANINE (G)　CYTOSINE (C)

a　　　　　　　　b

图3　核苷酸与DNA的结构示意图

注：a. 腺嘌呤和胸腺嘧啶靠两个氢键手拉手连在一起，鸟嘌呤和胞嘧啶手拉手靠三个氢键连在一起；b. DNA是由两条脱氧核苷酸链通过氢键组合在一起的呈双螺旋状的生物大分子。

DNA的双链螺旋状结构如果被拉展，就像一条铁路横在你的眼前。一根枕木与铁轨，正好组成一个"工"字。这个"工"字，可分解为一个正立的T和一个倒立的T，代表两个配对的核苷酸。四根枕木与铁轨排列组合为一个"目"字，"目"的4横代表四个配对核苷酸。以此类推，在DNA铁路上，数量不等的"工"组成"目"、数量不等的"目"组成不同的基因，故而不同基因的核苷酸数量也不相等（图4）。

每个核苷酸中有一个碱基。DNA分子中一共有4种不同的碱基，分别是腺嘌呤（A）、鸟嘌呤（G）、胸腺嘧啶（T）以及胞嘧啶（C）。DNA两条链上对应位置的核苷酸碱基是彼此配对的，A要对应T，G要对应C。这四种碱基，每三个一组时，代表着一个氨基酸代码，称为密码子（图5）。

基因是染色体上一段DNA片段，
像不像长长的铁路两站之间的一段呢？

图4 基因与DNA

注：DNA的双链螺旋状结构如果被拉展，就像一条扭曲的铁路蜿蜒向前。在DNA铁轨上，基因片段如同站与站之间的距离，长短不一。

第一个字母	第二个字母				第三个字母
	U	C	A	G	
U	苯丙氨酸 苯丙氨酸 亮氨酸 亮氨酸	丝氨酸 丝氨酸 丝氨酸 丝氨酸	丙氨酸 丙氨酸 终止 终止	半胱氨酸 半胱氨酸 终止 色氨酸	U C A G
C	亮氨酸 亮氨酸 亮氨酸 亮氨酸	脯氨酸 脯氨酸 脯氨酸 脯氨酸	组氨酸 组氨酸 谷氨酰胺 谷氨酰胺	精氨酸 精氨酸 精氨酸 精氨酸	U C A G
A	异亮氨酸 异亮氨酸 异亮氨酸 甲硫氨酸 （起始）	苏氨酸 苏氨酸 苏氨酸 苏氨酸	天门冬氨酸 天门冬氨酸 赖氨酸 赖氨酸	丝氨酸 丝氨酸 精氨酸 精氨酸	U C A G
G	缬氨酸 缬氨酸 缬氨酸 缬氨酸 （起始）	丙氨酸 丙氨酸 丙氨酸 丙氨酸	天门冬氨酸 天门冬氨酸 谷氨酸 谷氨酸	甘氨酸 甘氨酸 甘氨酸 甘氨酸	U C A G

图5 二十种氨基酸的密码子表

注：每个核苷酸都有一个碱基，DNA分子中一共有4种不同的碱基，分别是腺嘌呤（A）、鸟嘌呤（G）、胸腺嘧啶（T）以及胞嘧啶（C）。根据碱基互补配对原则，转录为编码蛋白质的mRNA时，RNA相对应的四种碱基分别为尿嘧啶（U）、胞嘧啶（C）、腺嘌呤（A）、鸟嘌呤（G）。四种碱基每三个排列组合成密码子，每个密码子编码一种氨基酸，同种氨基酸可由不同的密码子编码。

长长的DNA序列就是主要写满了ATGC四个字母的密码本。这些字母有特定的数量和顺序，有特定的阅读起点和阅读终点，构成了一个个基因，在DNA链条上按顺序排列。阅读的起点叫做启动子，终点叫做终止子。

编码RNA或蛋白质的碱基序列被称为结构基因。原核生物结构基因的编码序列是连续的，合成的mRNA不需要剪接加工，转录与翻译可以同时进行。相反，真核生物结构基因序列由外显子（编码序列）和内含子（非编码序列）两部分组成，转录合成的前体mRNA需要进一步加工为成熟mRNA（图6）。

图6　一个基因序列的结构示意图

注：真核生物的基因其编码区是非连续的，由外显子和内含子组成，外显子是编码序列，参与蛋白质的编码合成；内含子是非编码序列，参与真核基因的转录调控，在mRNA加工过程中被剪切掉。

基因功能要通过基因表达产物来实现。所谓基因表达，就是来自基因的遗传信息合成功能性基因产物的过程，包括两个生化步骤。

（1）转录。即以DNA为模板，由RNA聚合酶（RNAP）催化合成信使核糖核酸（mRNA）、转运RNA（tRNA）和核糖体RNA（rRNA）等RNA产物。

（2）翻译。以mRNA为直接模板，tRNA为氨基酸运载体，以21种氨基酸为原料合成多肽（蛋白质）产物。

基因表达在生物体内受到严格的调控，譬如，在DNA修饰水平、RNA转录的调控和mRNA翻译过程的控制，直接影响基因产物的总量和活性。此外，原核生物通过基因调控，改变代谢方式以适应多变的环境。高等生物通过基因调控，实现细胞分化、形态发生和个体发育等。

1957年，克里克提出遗传信息传递的中心法则。简单而言，中心法则就是遗传信息在DNA、RNA和蛋白之间的流向。DNA复制自己，遗传给后代，DNA通过转录将信息传递给RNA，RNA通过蛋白翻译将信息传递给蛋白质，最后蛋白质再执行必要的生理功能。此外，研究发现某些病毒（如烟草花叶病毒等）的RNA能自我复制，某些病毒（如RNA致癌病毒）能以RNA为模板逆转录合成DNA，DNA水平上存在表观遗传调控（如甲基化、乙酰化、磷酸化等）以及mRNA选择性剪接等，则是对中心法则进一步的完善和补充（图7）。

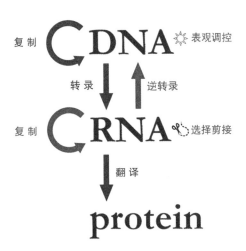

图7 遗传信息传递的中心法则

20世纪60年代，雅各布和莫诺发表了《蛋白质合成的遗传调节机制》一文，阐明了基因转录、翻译和操纵子等新概念，并分享了1965年的诺贝尔医学和生理学奖。

基因如此重要和活跃，似乎是生命活动中不可或缺的角色。难以想象的是，如果基因保持沉默会怎么样？

20世纪90年代，利用RNA反义技术研究秀丽线虫的*par-1*基因功能时发现，将与目的基因mRNA互补的反义RNA导入线虫细胞，引起目的基因沉默，并进一步证明上述现象属于转录后水平的基因沉默。这一现象被称为RNA干涉，一个新的基因功能研究领域从此诞生。

随着基因组测序技术的发展，形成海量的生物基因组大数据。生物基因组中，基因与基因之间存在大量"沉默寡言"的冗余序列。这种奇特现象，引起研究者的广泛兴趣。

已经发现，基因组中的基因并非一个接一个首尾相连排列在DNA上，而是中间存有间隔，这些间隔区域叫做非编码区，不携带蛋白质合成信息。这些非编码区，有些是基因调控序列，有些则是进化过程中形成的冗余序列。

目前认为，基因组中存在沉默冗余的所谓垃圾序列，是生物在长期的适应环境的进化过程中逐渐形成的固有特性之一，是一种常见的生物生存策略。

譬如，在漫长的进化过程中，被病毒、细菌等微生物感染、天然杂交以及其他一些偶然事件都会导致一些外来基因进入某个物种的基因组。"移民"入侵，基因组自有一套"同化+防御"机制。若外来基因能接受现有基因组的"价值观"，会被现有基因组招安"同化"，然后继续发挥正面的积极作用，如成为新的功能基因或者变为调控基因；而对那些没有正面作用，甚至可能带来坏处的外来基因，现有基因组也自有办法应对，将其"沉默"让其失活，成为所谓无用的垃圾序列，这也是冗余序列的由来。

最古老的生物化石来自澳大利亚西部，距今约35亿年的历史。从地球生命起源至今，自然界所有生物的基因均由A（腺嘌呤）和T（胸腺嘧啶）、G（鸟嘌呤）和C（胞嘧啶）两两构成"碱基对"，不同的排列顺序决定了不同的生命形式。

2017年，科学家首次合成了包含天然碱基对（A-T和C-G）和人工碱基对（X-Y）的人工DNA分子，通过质粒转入大肠杆菌中实现复制，创建了一种含6种碱基的全新细胞。天然基因由4种碱基组成，能编码20种氨基酸，而人工合成基因含6种碱基，理论上能编码生成多达152种新的氨基酸，预示着一个人工合成基因和全新生命形式的时代来临。

二、什么是基因突变？

基因决定性状，基因主宰生命，但是，基因是一成不变的吗？事实并非如此。

1910年，摩尔根首先在果蝇中发现基因突变；其后，马勒、奥尔巴克和斯塔德勒等分别用X射线和化学诱变剂等，在果蝇和玉米中诱发了突变；1943年，卢里亚和德尔布吕克证明大肠杆菌的噬菌体或链霉素抗性源于基因突变；1952年，莱德伯格夫妇发明影印平板法，证明细菌对抗生素和病毒的抗性突变是随机发生的；1959年，佛里兹提出基因突变的碱基置换理论；1961年，克里克等提出移码突变理论。

今天，我们已充分认识到，基因突变在自然界各物种中普遍存在，是基因组DNA分子发生的突然的、可遗传的变异现象，一般可分为碱基置换突变、移码突变、缺失突变和插入突变。

如果DNA分子中的碱基被其他碱基所取代，就叫做碱基置换突变，也称点突变。由于密码子的简并性，有时即使基因中的原有碱基被其他碱基取代，其代表的氨基酸也不会出现变化，不会影响生物大分子的生理功能，这种基因突变叫做同义突变。同义突变约占碱基置换突变总数的25%。

如果DNA分子中插入1个或2个等非3倍数量的碱基对时，密码子会大量错位，这就是移码突变。移码突变可使蛋白质的氨基酸序列发生改变，影响蛋白质或酶的结构与功能。

如果DNA分子中出现碱基的丢失，则是缺失突变。此外，基因也可以因为较长片段的DNA缺失而发生突变，甚至造成多位点突变。缺失突变通常对生物体产生不利影响，不会发生回复突变。

基因突变在自然界各物种中普遍存在。绝大多数的基因突变会对当代或后代产生不利的影响，导致被淘汰或死亡，但有极少数会使物种增强适应性。也有一些基因突变对生物体既无利，也无害，其突变效果是中性的。这些中性突变对生物的生存和繁殖能力没有影响，自然选择对它们也不起作用。它们在种群中的保存、扩散和消失完全是随机的，这种现象称为随机漂变，即遗传漂变。

从理论上讲，DNA分子上每一个碱基都可能发生突变。但实际上，染色体上的突变位点并非完全随机分布。DNA分子上的各个部分有着不同的突变频率，即DNA分子某些位置的突变频率会大大高于平均数，这些位置就被称为突变热点。

通常，基因突变后生物体会自行修复。逃过生物体修复机制的基因突变，如果发生在生殖细胞，如精子和卵细胞中，就是可遗传的变异，其基因突变的结果可以被遗传给下一代。可遗传的变异是生物演化的重要因素之一，也是农牧业最有价值的研究应用，即通过筛选有利的可遗传突变，来培育出更多作物和畜禽优良品种。

过去的很多年中，科学家一直认为新的基因只能从原有基因的突变中产生，新的基因获取新的功能，而老的基因仍执行原有功能。

但是现在已经发现，基因与基因之间神秘的非编码DNA片段——垃圾基因中也会产生新的基因。这类与来自生物体的其他已知基因没有相似性的基因，被称为孤儿基因。

2006年，美国进化和生态学家毕甘在比较了标准实验室果蝇和其他果蝇物种的基因序列后，发现不同种果蝇的基因组大部分是相似的，但有几个特殊的基因，仅仅在一两个物种中存在，意味着它们并非由物种已有的功能基因经过一代代的突变而来。他们推测这可能是果蝇非编码DNA通过突变转化成了功能基因。

之后，马普演化生物学研究所的生物学家陶茨在研究 *Pldi* 基因时，发现这段基因在大鼠和人中保持沉默，但在小鼠中保持活跃，能够被转录为RNA，且有重要的作用。雄性小鼠如果缺失这个基因，它们的精子将会游动得迟缓，睾丸会变小。他们追踪到了将这段沉默的非编码DNA转化为活性基因的一系列变异。结果表明，该基因的确是从头产生的，而非属于已有的基因家族。

现在已经确定了不少基因从头产生的例子：酵母中一个决定有性生殖还是无性生殖的基因；果蝇和其他双翅目昆虫中一个关键的飞行基因。在2015年分子生物学与演化学会年会上，巴塞罗那马尔医院研究所的演化生物学马尔阿尔巴及其合作者展示了使用RNA分析新技术的结果，他们在人类和黑猩猩的基因组中鉴别出了几百个从头起源的基因。

这些从头起源的基因通常很短，产生的蛋白质比较小。与传统的基因相比，它们表达出的新蛋白结构更为无序，能够和种类更多的分子结合，而不像传统的蛋白质那样必须要折叠成一个精确的结构，一旦这个过程出错就产生严重的后果，如阿尔茨海默病或疯牛病。所以这些基因一定有特殊的办法，使其序列可以被细胞读取、转录，继而产生蛋白质，并最终融洽地整合到细胞甚至生物体复杂的生理功能中。

基因突变可以是自发的也可以是诱发的。自发和诱发突变所产生的基因突变型之间没有本质的不同。

诱发基因突变所采用的物理手段包括：辐射诱变（如α射线、β射线、γ射线、X射线、中子和其他粒子）、紫外辐射、微波辐射以及氦气常压室温等离子体等。

常用的化学诱变剂包括：烷化剂[如甲基磺酸乙酯（EMS）、乙烯亚胺（EI）、亚硝基乙基脲烷（NEU）、亚硝基甲基脲烷（NMU）或硫酸二乙酯（DES）等]、核酸碱基类似物[如5-溴尿嘧啶（BU）或5-溴去氧尿核苷（BudR）等]、抗生素（如重氮丝氨酸或丝裂毒素C等）以及其他诱变剂[如亚硝酸、叠氮化钠（NaN$_3$）和秋水仙素等]。

上述物理或化学手段能影响染色体的数目或结构，使染色体发生断裂、易位或丢失，或者使DNA碱基发生修饰、导致遗传密码的改变，从而创造了全新的变异。

譬如，高能量射线导致染色体损伤，紫外辐射引起DNA分子形成嘧啶二聚体，烷化剂导致DNA断裂和缺失，碱基类似物促使DNA复制时发生配对错误，秋水仙素诱导产生多倍体等。

随着分子遗传学发展和高通量基因测序技术的出现，目前已能在全组学水平上确定导致各种表型变化的基因突变类型，或通过人工智能技术定向诱变获得新结构或新功能的基因。

三、什么是基因转移？

与我们的直觉不同，生物体内的基因并不总是足不出户的"宅男宅女"，有类基因或DNA序列能在物种以及生物体之间自由穿梭，在生命演化中扮演了重要的"搬运工"或"快递员"的角色。这就是下面要介绍的水平基因转移现象。

1959年，科学家发现大肠杆菌的高频转导（Hfr）菌株可以将遗传信息传递给特定的鼠伤寒沙门氏菌，大肠杆菌和鼠伤寒沙门氏菌是同科不同属的原核生物，这是第一次有关基因在不同菌种间水平转移的记载。

基因的水平转移是指基因从一个生物体的基因组上，跳到了另一个生物体的基因组上。相对于亲代传递给子代的垂直基因转移，这种转移既可以发生在相同物种之间，也可以发生在不同物种之间。

除质粒外，还有一类能够帮助基因水平转移的遗传因子，叫转座子，也叫跳跃基因，可以从基因组原有位点自行脱落，变成环状后，跳跃到基因组上的其他位点，指导其后的DNA序列表达。科学家们发现一种反转录转座子，它可以通过寄生螨虫从黑腹果蝇中通过水平转移进入到另一果蝇物种中。

科学家发现，在环境恶劣时，细菌会向环境中分泌自身的DNA，这些DNA会被其他细菌主动吸收，用来增加自己抵抗恶劣环境的能力，甚至不同种类的细菌之间也会通过菌毛建立特殊的"生命交通线"，传递针对抗生素的耐药基因，在外敌如抗生素"兵临城下"之际，装备新武器如抗性基因，共度时艰。

1985年，科学家通过碱基序列分析，发现仓鼠免疫球蛋白结合因子基因是一个病毒起源的杂合基因，说明不同物种之间的病毒转染可能是基因水平转移的方式之一。

譬如，一类专门侵染细菌等原核生物的微生物，叫噬菌体，就具有这种非凡能力。溶噬菌体在进入细菌内部后，并不急着分裂繁殖下一代，而是将自己的DNA整合到宿主基因组上，随着细菌的分裂繁殖，传递自己的下一代。

噬菌体在一定条件下可以进入营养生长状态而复制繁殖，导致细胞裂解而释放出噬菌体。某些时候会发生一个小概率事件，即噬菌体在繁殖过程中错误包装供体细菌的基因，在侵染下一个微生物细胞时，将供体细菌的基因整合到下家基因组上。如果噬菌体在再次离开时忘记了带走"随身物品"，就会留在下家基因组中并传递给下一代。

这个过程叫做转导，即由噬菌体将一个细胞的基因传递给另一细胞的过程。有些噬菌体专门侵染特定的一种细菌，有的可以同时侵染很多种细菌。转导现象非常普遍，在陆生环境、水生环境以及在动植物体内等均可发生。

在高等植物中，基因的水平转移也是广泛存在的。

譬如，高等植物中普遍存在异花授粉和天然杂交。植物中物种间的基因转移非常常见，这要归功于风和昆虫。植物大多靠风媒和虫媒传粉。可是风和昆虫却常常不是合格的"邮递员",不会点对点地传送花粉,它们走到哪里就把花粉随意地卸下,任意"拉郎配"。因此,在自然界,高等植物之间的基因漂移很普遍。

同科同属的植物花粉搞混了,有时甚至可以结出四不像的果实来。可惜的是,这些果实中的种子由于染色体配对出现了问题,常常是不育的。

此外,如果植物被细菌等微生物侵扰也会发生物种间的基因转移,譬如,农杆菌侵染植物伤口的过程就是物种间基因转移的典型案例。

农杆菌是普遍存在于土壤中的一种革兰氏阴性细菌,是天生的转基因高手,自然条件下能感染大多数双子叶植物的受伤部位,并诱导产生冠瘿瘤或发状根。根癌农杆菌和发根农杆菌的细胞中有一段T-DNA,通过侵染植物伤口进入细胞后,可将T-DNA插入到植物基因组中。平时我们看到许多树干上鼓起的一个个大包,就是根癌农杆菌的杰作(图8)。

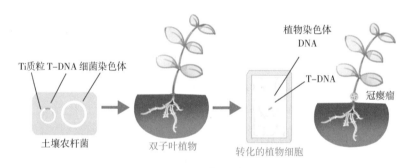

图8　农杆菌转化示意图

注:农杆菌是一种革兰氏阴性细菌,普遍存在于土壤中。在自然条件下能感染大多数双子叶植物的受伤部位,通过侵染植物伤口,农杆菌可进入植物细胞将自身T-DNA插入到植物的基因中。科学家以农杆菌为师,发明了农杆菌介导的遗传转化技术,已广泛应用于转基因育种。

不仅高等植物如此,昆虫之间也可以通过共生和寄生行为进行奇妙的病毒基因乾坤大挪移。

1999年,科学家发现copia反转录转座子从黑腹果蝇中通过水平转移进入到另一种果蝇中,寄生螨虫和昆虫病毒可能是发生基因水平转移的介质。在研究甲虫的时候发现，沃尔巴克氏体通过内共生关系已经将自身11kb的DNA片段转移到昆虫宿主绿豆象的X染色体上。这说明，病毒感染、寄生关系和共生关系，可能是基因水平转移的方式之一。

2015年，法国科学家发现帝王蝶实际上是自然形成的转基因蝴蝶，一种共生病毒基因的转移现象发生在帝王蝶和以蝶类/蛾类为宿主产卵的寄生蜂之间。在数百万年进化过程中，寄生蜂类彻底驯化了一类名为茧蜂病毒的共生病毒。

茧蜂病毒不具有自我复制的能力，复制病毒颗粒的基因已整合到寄生蜂的基因组中。寄生蜂产卵时也产生数百万的病毒样颗粒，这些共生病毒颗粒与蜂卵一起被注入帝王蝶体内，可以关闭蝶类/蛾类的免疫调节，使其无法抵抗寄生幼虫的入侵。大约500万年前，由于一系列偶发事件，一些病毒基因被整合到帝王蝶基因组中，保护其不受杆状病毒的感染。

这种天然的基因交换发生在共生病毒、寄生蜂和帝王蝶这三种完全不同的物种之间，并赋予相关物种独特的竞争优势，不仅如此，我们还惊讶的发现，小小昆虫是如何利用各种生存策略在进化压力中生存下来，其奇妙之处远远超出了人类的想象力。

更为神奇的是，基因跨界转移在蛋白质这类生物大分子演化中发挥重要作用。

科学家们在对融合蛋白和同源蛋白进行研究时发现，编码一个蛋白质中不同肽链的基因往往起源于细菌、古细菌和真核生物界三个大类群。譬如，绿色植物的光合作用起源于约25亿年前，光合作用的演化并非是一条简单到复杂的线性过程，而是多个独立演化的化学反应的合并，这其中依靠的也是基因的水平转移，有不同界别生物的基因参与。1985年，科学家通过碱基序列分析发现，仓鼠免疫球蛋白结合因子基因就是一个病毒起源的杂合基因。

人类基因组测序的完成，证实了基因水平转移不仅是普遍发生的，通常也发生在亲缘关系较远的物种上。譬如，在人类基因组上已发现了223个来源于细菌的基因。

基因的水平传递并不只是从低等生物向高等生物单向传递。高等生物的基因也会在原核生物基因组上发现。如引发人类结核病的结核分枝杆菌的基因组上至少含有8个来自人类的基因，这些基因编码的蛋白质能帮助细菌逃避宿主的防御系统。铜绿假单胞菌中发现一种类似于真核生物的磷酸酯酶，遗传学和生物化学分析表明这个基因就是由某种真核生物水平转移而来。

之前，在进化生物学领域一直有个疑问，基因突变的速率远远低于生物进化的速率，显然生物进化背后还有其他强有力的支撑。自从基因的水平转移和从头起源现象发现后，科学家找到了这个问题的答案。这两种现象为生物演化提供原始材料，带来跳跃性的变化，极大加快了生物演化的速度，使生物能够更快地适应环境。

四、什么是基因重组？

千百年来，大自然在不断上演基因的乾坤大挪移，而基因流落他乡后，其命运又如何呢？

2015年，美国杜克大学等11家单位的研究人员，联合发布第一个涵盖动物、植物、真菌、微生物约230万个已命名物种的"生命树"草图，追溯到35亿年前地球的生命起源，描述了生物随时间进化分支形成不同物种和各物种之间的关系。

从低等的原核细菌到万物之灵人类，从现存于地球上的到已消失得无踪无影的所有生物，都是地球生物进化树上的一片叶子，其遗传本质一脉相承。

原来如此，地球生命的血缘均来自同一祖先。

这也从遗传学上解释了，为什么在高等动植物与低等微生物之中或之间，均能发生基因重组的现象，因为地球上所有生物的遗传物质都是DNA

分子，这是基因重组的遗传基础。

从广义上讲，任何造成基因型变化的基因交流过程，都叫做基因重组。譬如，生物体进行有性生殖的过程中，两条染色单体在相应的位点发生断裂，断裂的两端成"十"字形重接，产生新的染色单体。每一条新染色单体之间接点的一端包含来自一条染色单体的物质，另一端包含另一条染色单体的物质。

这种有性生殖过程中的基因重组，是动植物杂交育种的生物学基础。

而狭义的基因重组仅指涉及DNA分子内断裂、复合的基因交流，在遗传工程中通常是指体外基因重组技术。简而言之，体外基因重组技术是指在体外对生物的遗传物质或人工合成的基因进行改造或重新组合形成新核酸分子或新基因的手段，其主要步骤包括目的基因的获取、表达载体选择、重组载体构建、重组基因转移、含重组基因的宿主细胞筛选和鉴定等。

既然自然界中基因是可以在个体与物种之间水平转移和重组，并影响受体生物的表型，那么，在实验室中可不可以通过体外基因重组，实现外源基因在受体细胞中复制、转录和翻译？

科学家从20世纪40年代起，开启了从认识基因到改造和应用基因的科技探索之旅。从20世纪初到中叶，生命科学的重大突破，为基因体外重组技术诞生提供了理论基础和技术支撑。

遗传物质是DNA的证明：1944年，艾弗里等人通过肺炎双球菌的体内和体外转化实验，证明了生物的遗传物质是DNA，可以从一种生物个体转移另一种生物个体。1969年，夏皮罗等从大肠杆菌中分离到乳糖操纵子，在离体条件下进行转录，证实了基因可以离开染色体独立地发挥功能。

DNA双螺旋结构的确立：1953年，沃森和克里克根据碱基互补配对原则和X-射线衍射数据，建立了DNA双螺旋结构模型，在分子水平上完美阐明了DNA储存遗传信息规律和DNA半保留复制机制，充分体现了基因复制的高度精确性及其变异的无穷多样性，具有外在的结构美和内在的科学美。

遗传密码的破译：苏联科学家乔治伽莫夫最早指出需要以3个核苷酸一组才能为20个氨基酸编码。1961年，马太与尼伦伯格在无细胞系统环境下，把一条只由尿嘧啶（U）组成的RNA转释成一条只有苯丙氨酸（Phe）的多肽，由此破解了首个密码子。1966年，科拉纳破解了其他密码子。

基因转移载体的发现：1967年，罗思和海林斯基发现细菌染色体DNA之外的质粒有自我复制的能力，并可以在细菌细胞间转移，这一发现为基因转移找到一种运载工具。

基因重组工具酶的发现：1970年，阿尔伯、内森斯、史密斯在细菌中发现了第一个限制性内切酶后，20世纪70年代初相继发现了多种限制酶和DNA连接酶，以及逆转录酶，为DNA的切割、连接以及基因重组实现创造了条件。

基因体外重组和表达：1972年，伯格首先在体外进行了DNA改造的研究，成功地构建了第一个体外重组DNA分子。1973年，博耶和科恩选用仅含单一$EcoR$Ⅰ酶切位点的载体质粒pSC101，使之与非洲爪蟾核糖体蛋白质基因的DNA片段重组。重组的DNA转入大肠杆菌DNA中，转录出相应的mRNA。

之后，1980年，科学家首次通过显微注射法培育出世界上第一个转基因小鼠，1983年，科学家又采用农杆菌转化法培育出世界上第一例转基因烟草。自此，以转基因技术为代表的基因工程时代来临。

第二节　前世今生

一、人工驯化

农业是人类文明之母，农耕技术是文明起源过程中不可或缺的技术之一，农业诞生以后人类才进入文明时代。

农业之所以诞生，是因为原始人难以采集到足够的食物，不得不人工驯化野生动植物。人类在公元前8 000年左右开始驯养繁殖动物和种植谷物，进入了原始农业阶段，其突出成就就是对野生动植物的驯化，今天常见的主要作物和家畜大多在4 000年以前就已基本完成驯化过程。

将野兽驯化为家畜是人类走向农业文明的标志之一，而家羊是最早被人类驯化的家畜物种之一。家羊包括盘羊属的绵羊和山羊属的山羊。绵羊可能由盘羊驯化而成，其雄羊以角大而成螺旋形为特征，山羊则由野山羊驯化而成，角为细长的三棱形，呈镰刀状弯曲。考古和生物学证据表明，最早被驯化的绵羊和山羊是在伊朗西南部的扎格罗斯及周边地区，距今有1万多年的历史。

原牛是大多数今天的家牛祖先，曾广泛分布于欧亚大陆，1627年最后一头原牛被捕杀而导致绝种。一般认为，现代欧洲牛类起源于公元前6 000年的新月沃地。但也有证据表明，除新月沃地外，非洲北部的埃及地区在公元前7 000年左右独立地驯化出了牛类。野牛和现代牛类线粒体DNA与Y染色体序列分析结果支持牛驯化的多中心起源假说。

猪的驯化是从新石器时代前期开始，距今有8 000—10 000年的历史。中国是世界上最早养猪的国家，距今7 000多年河姆渡遗址和距今约9 000年河南舞阳贾湖遗址出土过猪骨。基因组研究表明，现代家猪经历过两次独立驯化，均发生于约9 000年前，一次是在土耳其的安纳托利亚，另一次是在湄公河流域。

大约在距今12 000年前，中国的新石器时代早期阶段出现了原始农业的雏形，进入原始农业的重大技术突破是驯化野生植物和动物，标志之一是稻谷、家畜和农具的出现。

譬如，距今7 000—5 000年前的河姆渡遗址出土了许多农具和已驯化的牛骨和猪骨，还发现了色泽如新的成堆稻谷及稻谷壳，有的外形完好，甚至连稻谷壳上的隆脉、稃毛都清晰可见，充分证明河姆渡文明已告别了刀耕火种的原始农业模式。

中国是稻作农业的起源地。据考证，新石器时代早期的先民就已经开始种植水稻，随后经过漫长的栽培过程，逐步把种子易散落、谷粒少且小、匍匐生长且有休眠期的野生稻，驯化成今天高产优质的栽培稻。科学研究还发现，控制野生稻匍匐生长习性的*prog1*基因突变，使普通栽培稻表现出直立生长性状。

玉米的野生祖先是墨西哥类蜀黍，一种在墨西哥中部地区温暖潮湿环境中生长的草本植物，在距今10 000—6 000年前被人类首次驯化。基因组学研究发现，驯化改变了类蜀黍的4～5个基因，譬如，果穗形态分化关键基因*tga-1*突变把玉米粒从果壳里解放出来，才有了今天玉米的高大威武模样。

小麦起源于亚洲西部，该地区至今还广泛分布有野生一粒小麦、野生二粒小麦及与普通小麦亲缘关系密切的节节草。小麦是新石器时代的人类对其野生祖先驯化的产物，今天广泛种植的六倍体普通小麦体是其二倍体祖先一粒小麦、山羊草和节节草通过两次属间杂交，并经染色体自然加倍进化而成。

木薯是全球第六大粮食作物，起源于亚马孙河流域南部边缘地区，已有4 000多年的驯化和栽培史。基因组学研究发现，几乎每一种已知的木薯都带有来源于土壤农杆菌的基因，在8 000多年前被整合到甘薯基因组中，并使其进化成了今天的这种可食用块茎类作物。

作物驯化使人类可以把野生植物改造成稳定生产食物的栽培作物，但随着驯化和改良的不断深入，作物的遗传多样性和对生物与非生物胁迫的抗性逐渐降低，采用现代科技手段，对具备天然抗逆性的野生植物进行从头驯化有重要的理论与应用价值。

2019年，中国科学家选用天然耐盐碱和抗细菌疮痂病的野生醋栗番茄为基础材料，运用基因编辑技术精准靶向多个产量和品质性状控制基因的编码区及调控区，在不牺牲其对盐碱和疮痂病天然抗性的前提下，将产量和品质性状精准地导入了野生番茄，加速了野生植物的人工驯化。

二、传统育种

人类利用可食用的动植物资源的历史，大致经历了四个阶段：一是采集植物的果实和有用的部分，渔猎动物；二是对野生动植物进行驯化；三是利用经验选择、种间或远源杂交、物理化学诱变等方法培育优良动植物新品种；四是利用转基因为代表的基因工程技术定向改良动植物品种。

古代农民不具备遗传学知识，更不了解基因。他们只是凭着朴素的直觉，通过果实的大小、甜度、风味、多寡等，决定采集哪株植株的种子用于来年播种。只凭性状来选取，良种的选育一半靠勤奋，一半靠运气。

自然状态下，果实性状的改善是由阳光、水分、营养等外在条件引发的。风调雨顺的年份里，表现优异的植株所产生的种子，未必在下一年继续有优良的表现。良种往往要集多个优良基因于一身，综合素质才能提高。

有时，即使幸运地将外在的优良性状和内在的基因偶联在一起，但在接下来的育种中，也时常会在选取其他优良性状时，因不了解内在的基因组合规律，无意中将先前选出的优良性状基因丢失，这也是在人类早期的农业生涯中，良种的选育时常会出现大的后退和反复的原因。

在农业出现的早期，因为作物品种的退化和产量的低下，人们有时不得不重新回到狩猎采集生活中去。据历史学家推断，这种定居农业—狩猎采集—定居农业的反复拉锯，曾经历时很久，直到掌握了品质稳定的良种，人类才真正意义地进入农业社会。

选择育种是一种最古老的育种方法，在中国古代就有所记载。汉朝的《氾胜之书》和北魏的《齐民要术》中对利用单株选择和混合选择进行留种、选种有过详细的记载。

19世纪初，英国育种家曾用单株选择法改良小麦和燕麦品种，他称这种方法为系谱育种法，通过对所选单株分别种植，再在后代中选优去劣，育出了不少新的品种。法国科学家于1856年提出了对所选单株进行后裔鉴定的原则，后来成为现代育种工作者公认的选择指导思想。20世纪初，丹麦学者约翰逊发表了纯系学说，使得现代的系统育种建立在科学的理论基础上。

由于选择育种只能停留在根据植物现有的自然变异来选择优株，改良现有品种，而不能创造出新的基因型。于是育种学家开始进行研究，希望能够有目的地获得植物新品种。早在1761年，育种学家就开始把属于同一个物种但是性状不同的植物品系通过雌蕊、雄蕊进行杂交，从杂交后代中寻找性状不同的作物，这个方式叫作常规杂交育种。也就是说，这个品系有一个好的性状，那个品系有另一个好的性状，把它们拿来杂交以后形成一个新的品种，里面兼具了这两个品系好性状的优势。

这种育种方式只有亲本原来分别具有不同的优良性状时才可行，而且育种时间长，下一代是否符合要求也是随机的，因此具有局限性。此外，杂交的后代多种多样，既有好的，也有坏的。能集所有需要的性状于一体的杂种优势只是一个小概率事件。

为什么会这样？

杂交育种的本质，是在有性生殖中通过基因分离和自由组合，实现优秀基因在子代作物中的富集。这个过程既得益于也受限于基因的遗传行为。

那么，遗传过程中，基因有哪些行为？

基因自己没有腿，在有性生殖中要乘坐"染色体"快车才能实现从父母向子代的转移。在精子和卵子生成的过程中，生殖细胞会分裂两次，而同源染色体只分裂一次，这叫做减数分裂。

按照奥地利生物学家孟德尔发现的基因分离规律，减数分裂导致了等位基因在减数分裂时乘坐着被拆开的同源染色体，分别进入不同的生殖细胞中，然后独立地遗传给后代。譬如，图9中的豌豆，如果同源染色体上一条含有红花基因，另一条含有白花基因，那么这株豌豆会产生分别带红花基因和白花基因的两种精子。同理，另一株红花豌豆，如果同源染色体上基因有红有白，会产生分别带红花基因和白花基因的两种卵子。如果受精后，带白花基因的精子和带白花基因的卵子相遇，白花基因凑在一起，这个豌豆孩子长大后将注定只能开出白花了。

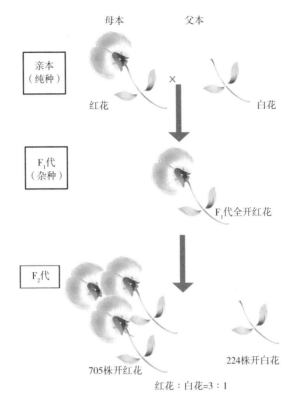

图9 孟德尔遗传分离定律的发现

注：纯种红花豌豆和纯种白花豌豆亲代杂交获得杂种F_1杂交子代，F_1代全部表现为红花性状。F_1代经自交获得F_2代，F_2代红花与白花数量比例为3：1。美国进化生物学家迈尔在《生物学思想发展的历史》一书中评价道，3：1这个比率在孟德尔之前被植物育种人员发现过许多次，甚至达尔文在他的植物育种试验中也曾很多次发现这一比率。然而直到孟德尔引进了适当的遗传因子概念之后，才使其发现的分离现象具有真正生物意义。

基因分离规律描述的则是一对染色体上同一对等位基因的分离情况，针对不同染色体上不同对的等位基因，孟德尔则提出了基因自由组合规律。受精卵中来自父亲和母亲不同染色体的等位基因之间自由组合，譬如红花和缺刻叶性状组合，就可以产生红花缺刻叶的豌豆后代。不同性状组合在一起，孩子们就会千变万化。每个后代既像父母，又有自己的特点。

不同生物的性状千差万别，那么，不同生物细胞中的基因数量是多少呢？

科学研究发现，大肠杆菌约有0.43万个蛋白编码基因、人类约有2.5

万个、水稻约有3.8万个、番茄约有3.5万个、水牛约有2.1万个，绵羊约有2.2万个。这些基因在生物体内行使着不同的功能，有的负责生命体的物质代谢循环，有的负责抵御外在环境的变化，有的则在基因的表达中充当着"加速器"或者"刹车片"的功能，根据外界环境变化的剧烈程度"智能"地调节着基因表达的多和少。

想要在某种生物体内集齐多种优异基因来满足人类的生存需要，传统的办法就是利用基因分离和基因自由组合的遗传规律。但这么多的基因进行遗传分离和自由组合时，所产生的遗传组合类型数量庞大，筛选一种符合自己期望的良种，往往需要耗费多年的辛苦工作，虽有效却低效。

基因的自由组合规律描述的是基因在不同染色体上时的遗传行为。当基因位于同一条染色体时，基因的自由组合受到摩尔根的连锁互换规律的限制。在没有发生染色体交换的情况下，同一染色体上的基因"成团队"地转移、偶联在一起，共同进入生殖细胞，共同进入子代。

通常当我们去筛选一个优秀的性状时，往往会被染色体"强行搭售"上不好的性状。这时就只能期待染色体在有性生殖时的另外一种"淘气"行为了——同源染色体交换。同源染色体是编号相同，形态相同，一个来自父方一个来自母方的两条染色体。它们在某个时期会发生彼此交叉互换一段染色体的现象。这种染色体水平的变异，结果有好有坏。可能会将好的基因和坏的基因解除连锁，也可能让好的基因和坏的基因连锁在一起。因此，交叉互换的遗传现象也许会给育种带来意外的惊喜，也许会增加令人头痛的麻烦，而大自然的馈赠，往往如此！

不同编号的染色体之间还常有易位、倒位、重复和缺失等现象的发生。一个染色体上的片段跑到了不同编号的染色体上去——易位，甚至一个片段脱落下来，到了自身或者其他染色体上进行反向拼装——倒位。这些在染色体和基因层面发生的故事，在上述的育种活动中多数都难以追踪和掌控。

这样机制不透明的育种，只能靠一次次的试错，短则几年，多则十几年地去寻找潜在的正确答案。这就如同买彩票，你可能拥有中奖数字，你已经看到了优良的性状，但是只有优良性状的某种组合才是那个中大奖的幸运数字。要得到幸运组合，就要增加彩票的购买量，以提高命中率。获得具备所需优良性状，且能稳定遗传的植株，继而形成一个新品种，这不仅要求大量的人力物力投入，还往往是长达十年以上的漫长征途。

尽管耗时长，工作烦琐，但是在一代代育种科学家的努力下，20世纪下半叶，杂交育种依然大放异彩，推动了全球第一次农业绿色革命，解决了发展中国家的粮食自给问题。

然而，杂交育种技术的应用并不是没有边界的。

杂交的本质，即从同种其他品系或者同属近缘种获取优秀的基因。本物种或者近缘种内基因资源的有限性，制约着杂交技术的应用。于是育种家们把目光投向跨度更大的种间、属间甚至科间杂交，这就产生了远缘杂交育种。

远缘杂交主要是指种间杂交，部分为属间杂交，亲缘关系越远越难以实现。远缘杂交实际上是杂交育种方法的延伸，不仅能培育出突破性的优良品种，而且可以创造新物种以及大量的新材料。但远缘杂交由于越出了种的界限，常遇到杂交不亲和、杂种夭亡、杂种后代结实率低甚至不育等问题。

近20年来，有111个野生种基因被转入了19种作物栽培种，其中80%与抗病性状相关。随着农业生产的进步，仅靠品种间的遗传重组是远远不够的，生物多样性的减少、遗传基础的狭窄对于育种的影响是致命的。于是，利用物理或化学手段诱变种子，为杂交育种提供全新变异的诱变杂交育种技术应运而生。

物理或化学手段诱导能使植物细胞的突变率比自然条件下高出千百倍，而且有些变异是其他手段难以得到的。但是诱变育种产生的有益突变体频率低，而且难以有效地控制变异的方向和性质。

尽管传统育种技术已经应用了近100年，而且仍是作物育种的主流方法，但其局限性也非常显著，迫切需要新一代高效、精准和安全的育种技术出现。

三、转基因育种

（一）发展历程

既然优良性状来自基因，人们开始思考：能否跳过染色体层面基因随机组合的低效方法，直接在基因层面进行遗传操作，从而加速优异基因的组合呢？20世纪后半叶，在对基因的遗传行为有了更深的了解和研究后，一种革命性的育种新技术——转基因技术横空出世，利用该技术培育的转基因作物也陆续粉墨登场。

1973年，转基因技术的诞生元年，将永远值得铭记。这一年，美国科学家科恩等将大肠杆菌的抗四环素质粒$pSC101$和抗新霉素及抗磺胺的质粒R6-3，在体外用限制性内切酶$EcoR$Ⅰ剪切后，拼接形成杂合质粒并转入大肠杆菌，获得具有双重抗药性的重组大肠杆菌。同年，将非洲爪蟾的一段含rRNA基因的DNA与大肠杆菌的质粒"拼接"后转入大肠杆菌中，重组大肠杆菌产生非洲爪蟾的rRNA，表明两栖动物的基因能在细菌中复制和表达。

1979年，比利时根特大学的蒙塔古教授提出并建立了借助根癌农杆菌体内的Ti质粒将外源基因转入植物细胞的理论和方法。1980年，华盛顿大学齐尔顿教授改造根癌农杆菌的Ti质粒，制造出了人类历史上第一个转基因植物。1981年，孟山都公司首次将细菌耐抗生素基因转入植物细胞并实现快速筛选，极大地提高了转基因植物的筛选效率。

1983年，全球首例转基因作物抗病毒转基因烟草和首例生长快速的转基因冠鲤诞生。1987年，全球首家转基因烟草研发公司成立，利用苏云金芽孢杆菌杀虫蛋白基因培育出抗虫转基因烟草。

1994年，全球首例产业化的转基因农作物耐贮存转基因番茄在美国批准上市。1995年，美国批准了抗虫转基因马铃薯，抗除草剂或抗虫转基因油菜、玉米、棉花和大豆等商业化种植，全球转基因农作物种植面积迅速扩大。2012年，全球转基因农作物种植面积达1.7亿公顷，约占全球耕地面积的11%。

2013年，"世界粮食奖"首次颁发给在植物转基因领域做出了开创性贡献的三位科学家，孟山都公司首席技术官傅瑞磊博士、比利时根特大学蒙塔古教授和美国华盛顿大学齐尔顿教授，以表彰他们在改良粮食品质、提高粮食产量和有效供给方面做出的突出贡献。

（二）技术发展动态

自1996年转基因农作物商业化种植以来，转基因技术及其产业在经历了"技术成熟时期"和"产业发展时期"两个阶段之后，目前已进入至关重要的抢占技术制高点与生物经济增长点的"战略机遇时期"，正在从抗病虫和除草剂等第一代产业化特性向节水抗旱、改良营养品质、改变代谢途径等第二、第三代特性发展，为解决全球性粮食、环境、健康和能源安全问题提供了不可替代的技术支撑作用。

1. 转基因产品应用领域不断拓展

在转基因作物创新方面的科技成果：

一是产品研发由单一性状耐除草剂、抗虫改良，朝抗虫耐除草剂多基因叠加复合性状改良发展。以孟山都公司为代表的国际生物工程育种跨国企业推出的8个基因叠加产品，对多种害虫多种除草剂具有良好抗性，实现了农田害虫和杂草的综合防治。

二是在保障高产稳产的同时，性状改良更加注重优质、增加营养功能、抗旱、养分高效利用等改良，实现高产高效、优质安全、综合农艺性状全面突破。1996—2016年，全球转基因技术应用使农作物单产提高22%，这个时期美国和巴西的转基因玉米单产分别提高41.8%和90%以上。

此外，转基因技术应用能够减少农药施用量60%～90%，显著减少农业生产的劳动投入和成本，提高化肥和水资源利用率等。产品用途由非食用或间接食用的玉米、大豆、棉花、油菜、甘蔗、杨树、桉树等作物向直接食用拓展，品质改良马铃薯、抗褐化苹果等新的重要产品不断推向市场。

三是功能型专用产品不断涌现，产品逐步向医药领域拓展。生物反应器技术日趋成熟，到目前为止全世界从事植物生物反应器研究的公司超过100家，至少128个蛋白或多肽通过植物生物反应器生产或表达，已有9个重组蛋白进入原料或试剂市场，17个重组蛋白处于临床研究I期、5个重组蛋白处于临床Ⅱ期、3个重组蛋白处于临床Ⅲ期、6个重组蛋白已获得批准在临床应用。利用胡萝卜根系细胞表达的一种可静脉输注的溶酶体酶已于2012年被FDA批准上市，预计市场规模为12亿美元。欧盟的Pharma-Planta采用烟草生产的单克隆抗体P2G12已通过第Ⅰ期临床研究，证明人体对植物源多克隆抗体具有很好的耐受性。

在转基因动物创新方面的科技成果：

美国1990年获得转人乳铁蛋白基因牛；2002年获得敲除了$\alpha-1$，3-半乳糖苷转移酶基因用于异种移植的猪；2006年获得转$fat-1$基因克隆猪，其n-6/n-3不饱和脂肪酸比值明显下降。2001年，加拿大培育出携带植酸酶基因的"环保猪"，已在美国和加拿大完成转基因生物安全评价。我国早在1985年就成功培育出世界首例转基因鱼。此后，美国、加拿大、英国、韩国等不仅培育出快速生长的转基因大西洋鲑、银大麻哈鱼和泥鳅等新品种，而且还针对性别控制、抗病、抗逆等重要经济性状，对罗非鱼、鲑鳟和鲇类等30多种世界重要的养殖鱼类进行了遗传改良。

2. 新一代颠覆性技术引领发展

随着多个重要物种全基因组测序的相继完成，世界各国和跨国公司均加大力度开展基因功能基础研究，争夺知识产权。如1980—2014年批准授权基因专利数量排名，美国以6 023个基因专利位居第一，远远超过其他国家。国外公共研究机构和公司一方面加强对传统Bt抗虫基因和耐除草剂基因的新专利保护和产品研发，另一方面继续加大新基因资源挖掘力度，如孟山都和先锋公司大力开展规模化基因克隆与功能评价，特别是聚焦有重要育种价值的抗病虫、抗逆、资源高效利用、产量、品质等相关基因，增强生物技术核心竞争力。

随着组学、系统生物学、合成生物学和计算生物学等前沿科学交叉融合，农业转基因技术无论在研发深度还是应用广度上都发生了革命性的变化，已从"狭义的单项技术"转变为"广义的平台技术"，等同于我们熟悉的现代基因工程概念，技术内涵包括狭义的转基因技术、以及近年来兴起的颠覆性技术，如基因编辑和合成生物技术等，研究内容涉及基因克隆与人工改造、基因表达与精准调控、基因转化与定向重组，以及基因修饰品种与细胞工厂产品等。

作为新一代的转基因技术，基因编辑技术为改良动植物重要性状提供了更加强大的快速精准育种工具，培育出的优质高产农业新品种正逐步实现产业化，而作为改变世界的十大颠覆性技术之一的合成生物技术，将开创人工设计和合成农业生物新品种的新纪元，为光合作用（高产增收等）、生物固氮（节肥增效等）、生物抗逆（节水耐旱等）和生物质转化等世界性农业生产难题提供革命性的解决方案，引领未来农业发展的方向。

3. 竞争加剧导致国际贸易格局变化

随着经济全球化、贸易一体化的不断加快，由于经济与技术发展的不平衡，发达与发展中国家、出口与进口国之间农产品贸易冲突有可能进一步加剧。在此背景下，美国等农业发达国家利用自身技术和资本优势，全力争夺全球基因工程产品国际市场，世界农业经济与贸易格局正在发生深刻转变。美国是基因工程技术研发的世界头号强国，也是基因工程产品生产、出口和消费大国。为维系其在全球农业霸主地位，近年来美国加大了新一代基因工程技术研发力度，2017年批准了品质改良转基因马铃薯、抗褐变转基因苹果和转基因三文鱼商业化（图10）。

每克胚乳中类胡萝卜素含量
第一代金稻：1.6微克
第二代金稻：37微克

图10　美国批准食用许可的转基因植物

注：美国是世界上转基因技术研发的头号强国，也是转基因食品生产、食用和出口的第一大国。据不完全统计，美国国内生产和销售的转基因大豆、玉米、油菜、番茄和番木瓜等植物来源的转基因食品超过3 000个种类和品牌，加上凝乳酶等转基因微生物来源的食品，美国市场销售的含转基因成分的食品则超过5 000种。美国对转基因食品没有强制性标识要求。许多品牌的色拉油、面包、饼干、薯片、蛋糕、巧克力、番茄酱、鲜食番木瓜、酸奶、奶酪等或多或少都含有转基因成分。可以说，美国是吃转基因食品种类最多、时间最长的国家。近年来，美国又批准了新一代转基因作物如抗褐变马铃薯（左1）、转基因抗褐变苹果（中），转基因粉心菠萝（右1）和转基因黄金水稻等的食用许可。

巴西、阿根廷等发展中国家，20世纪70年代前大豆种植面积小、单产水平低，但通过应用基因工程改造传统大豆品种后，大豆种植面积迅速增加，大豆种植面积迅速增加，单产分别增加16千克/亩以上，每亩生产成本比中国低至少260元，出口量逐年增长，排名分别位居全球第二、第三。南非引进种植转基因玉米后，单产水平大大提高，一举由玉米进口国变为出口国。印度1997年引进转基因棉花种植后，由净进口变为净出口。由此可见，基因工程产品的推广应用带来了巨大的经济和社会效益，已成为美国等农业发达国家的主导产业和新的经济增长点，并通过国际贸易控制全球农产品市场。

（三）技术特点比较

从遗传本质而言，转基因育种技术与杂交育种等传统育种技术一脉相承，即都是对基因进行改造、转移和重组。传统杂交育种技术只能在生物种内个体间进行以整条染色体为单位的"基因组"交换，对分离后代的表型选择，无法准确地对目标基因进行操作和选择。譬如，玉米有10对染色体，运用传统的杂交育种需要把父本和母本进行杂交，父母本之间"基因组"进行整体、随机交换而培育出新品种。由于每一个染色体里面有数以万计的"基因"组成的"基因组"，所以父本和母本杂交重组的结果，会产生数量庞大的基因重组类型，创制出各种性状特征差异的玉米杂交材料。但是，从这些数量庞大的材料中选择农艺性状优良的纯合品种是一个非常耗时耗力的过程，要育成一个优良品种一般需要几年甚至十几年的时间。

而且，杂交育种还是一种典型的"拉郎配"。育种家看上了马跑得快的优点，又喜欢驴耐力好的品性，未经征求双方的意愿就强行婚配，结果生出具备父母双方优点但却没有生育能力的杂交后代骡子。

相比之下，转基因育种更像国家提倡的优生优育，通过选择一个结构明确、功能优良的好基因，采用更加科学的婚配方式，获得更聪明的健康宝宝。

譬如，通过常规育种方法，培育出来的棉花和玉米，不抗棉铃虫，在田间只能通过人工喷施农药，费时费工也不安全。为此，科学家从微生物里面克隆出可以抗棉铃虫的Bt蛋白基因，并把这个基因转入棉花基因组中，这样获得的转基因棉花就具备抗棉铃虫的优良性状。然后从转化体中筛选性状优良的株系，并借助常规育种方法，经过回交转育获得稳定遗传的抗虫棉品种（图11）。

常规育种材料   抗虫转基因材料

图11 抗虫转基因玉米和棉花

注：害虫对农作物的为害极大，全世界每年因此损失数千亿美元。目前对付作物害虫的主要武器仍是化学杀虫剂，它严重威胁人体健康和自然环境的生物多样性。利用转基因技术培育抗虫作物新品种，是今后农业害虫防治的主要方向之一。

同样方法培育出耐除草剂转基因大豆。与传统大豆比较，转基因大豆在生产上表现出巨大的优势。由于免除了人工除草过程，实现了免耕密植，种植模式发生了革命性变化。美国自1996年首次推出抗除草剂转基因大豆以来，采用窄行间距方式使大豆增产35%。同时，转基因大豆更适宜集约化种植，因此生产成本大规模下降，相对于传统大豆的生产费用低30%～50%。此外，通过免耕可以简化耕作流程和降低劳动强度，既提高了种植效益，还能保护耕地肥力、防止土壤遭侵蚀流失（图12）。

与传统农业系统比较

☐ 杂草控制效果好

☐ 减少作物受到伤害

☐ 改进种子质量

☐ 减少人工除草成本

☐ 免耕：减少土壤流失

☐ 窄行种植：增产35%

图12 耐草甘膦转基因作物

注：20世纪60年代，发现了除草剂草甘膦的靶标：EPSP合酶。时隔十几年之后的1974年，草甘膦作为除草剂在美国商品化应用。1992年，美国孟山都公司把农杆菌CP4的耐草甘膦的基因转到大豆中。1997年，抗草甘膦的转基因大豆商品化种植。目前，全球60%以上的转基因品种都是抗草甘膦的。

总之，转基因技术与传统育种技术相比较，有以下两个优点：第一，传统技术一般只能在生物种内个体上实现基因转移，而转基因技术不受生物体间亲缘关系的限制，可打破不同物种间天然杂交的屏障，拓宽了可利用基因的来源；第二，传统技术一般是在生物个体水平上进行，操作对象是整个基因组，不可能准确地对某个基因进行操作和选择，选育周期长，工作量大，杂交后代的表型不可预测。而转基因技术所采用的基因功能明确、操作环节可控性更强，获得的遗传转化事件性状可以预测（表1）。

表1　转基因育种技术与传统育种技术的异同点

育种内容	转基因育种技术	传统育种技术
品种改良目标	明确	不确定性
遗传变异基础	外源单个或少数基因整合	基因的重组和突变
供体遗传物质	序列已知，功能清楚	信息和功能模糊
供体目标基因	严格选择	选择不严格
可利用的基因资源	广，不受生殖隔离限制	窄，受生殖隔离限制
多目标基因聚合	相对容易	相对困难
受体变异方式	多源基因遗传转化	有性杂交或理化诱变
选择群体	转基因后代	重组分离后代
选择方法	表型加分子鉴定	表型鉴定
选择周期	短	长
安全性评价	有、全面、周期长	无
生产性评价	有	有
技术途径	基因工程为主，杂交、系统选育为辅	杂交、系统选育
品种改良成效	育成目标性状的效率高	育成目标性状的效率低

注：杂交育种和诱变育种无法控制及确定影响的基因数量，育种进程缓慢；基因工程育种可定向转入或干扰目标基因，育种目标更加明确，可控性强，极大地提升了育种的效率。

（四）育种价值评估

通过转基因技术获得的育种新材料是否具有生产应用价值，还需要对其目标基因和相关性状进行科学评估，相关评估过程包括两个方面：一是建立和完善目标基因的评估技术体系及其技术规范或技术标准；二是对遗传转化事件的目标性状开展综合评估，选育具有重大育种价值的目标基因及其转基因新材料。

目前，我国已初步建立了如下一套对于目的基因育种价值的评估标准。

（1）抗棉铃虫基因。参考国家现有棉铃虫抗性标准，抗性达1级以上。

（2）小麦各类抗病基因。抗性达1级以上。

（3）植物抗逆基因。在半致死剂量逆境条件下，与对照相比，转基因作物存活率提高10%以上；在正常环境下，对作物生长发育没有显著负面影响。

（4）抗除草剂基因。抗草甘膦EPSP合酶基因，可以耐受4倍生产上使用剂量的草甘膦；抗草甘膦N-乙酰转移酶基因，可以耐受4倍生产上使用剂量的草甘膦。

（5）作物高产相关基因。通过转基因或分子标记辅助选择在作物中进行了基因功能验证，提高作物产量5%以上。

（6）作物品质相关基因。极显著改进外观品质，如籽粒外观、加工品质、食味、营养价值等性状；极显著改进度量品质，如纤维长度、强度、细度；作物蛋白质、淀粉、油分、油酸、不饱和脂肪酸、赖氨酸、含硫氨基酸等性状，性状值提高5%以上。

（7）养分高效利用基因。能明显提高养分的吸收或利用效率，与对照相比，在产量不变的前提下，能减少5%～10%氮、磷或钾肥的用量，或在同等施肥条件下，产量比对照提高5%以上。

（8）高光效基因。能明显提高目标作物的光能吸收或利用效率，与对照相比，光能利用效率或抗光氧化能力提高5%以上，或生物量/产量比对照提高5%以上。

当然，在进行育种应用价值评估的同时，还需要按照国家相关法规，进行转基因材料的生物安全性评价，最终获得生物安全和品种审定的转基因作物品种，就可以进行商品化销售和种植。

目前，国内外大规模商业化种植的转基因作物主要是第一代、第二代转基因产品，涉及耐除草剂、抗虫、抗病毒、抗旱、抗寒和抗涝等。近年来，为了满足种植、生产、加工或消费的多样化需求，商业化转基因作物的目标性状不断扩展，耐除草剂性状有耐草甘膦、耐草丁膦和耐麦草畏等；抗病性状有抗黄瓜花叶病毒病、番木瓜环斑病毒病、抗烟草花叶病毒病等；抗虫性状有抗棉铃虫、抗玉米螟、抗马铃薯甲虫、抗水稻螟虫和抗茄子食心虫等；抗逆性状有抗旱、耐盐碱和氮磷钾养分高效利用等；品质改良性状有高赖氨酸、高不饱和脂肪酸、延熟耐贮和增加维生素含量等。

相对于作物转基因技术，动物转基因技术的产业化应用相对迟缓，但其研发已涉及动物生产的诸多方面，主要包括提高动物品质、繁殖能力、生长能力、抗病虫能力和减轻环境污染等。

第三节　安全争论

一、安全之争源自科学内部

20世纪70年代初，DNA重组技术问世，引起科学界的广泛关注，同时也陷入了巨大争议之中。而主动发起这场争议的主角，恰恰是当时正在从事分子生物学和基因工程研究的科学家。

1972年秋，欧洲分子生物学实验室举行了一次工作会议，针对利用限制性内切酶构建DNA重组体及由此带来的潜在风险进行专门讨论。

1973年，美国新罕布什尔州举行的高登会议（Gordon Research Conference）讨论了重组DNA研究可能带来的潜在危害。到会的许多生物学家对即将到来的大量基因工程操作的安全极为担忧，建议成立专门的委员会来管理重组DNA的研究并制定指导性法规。

会议通过了致信美国国家科学院和国家药品研究所的决定，信函的部分内容如下："我们以众多位科学家的名义给你们写信，转达一件应该予以关注的事情。在今年的高登会议上，有些学术报告表明我们现在已具备将来源不同的DNA分子连接在一起的技术能力，这种技术可以将动物病毒DNA和细菌DNA，或不同的病毒DNA连接起来。这些实验为生物学的发展和人类健康问题的解决展示了令人鼓舞的前景。但是，有些杂合分子可能会对实验室工作人员和公众带来危害，虽然目前这种危害尚未发生，但出于谨慎，我们建议对这种潜在的危害应予以严肃的考虑"。

1975年2月，全球首次"重组DNA生物安全性"国际会议在美国加利福尼亚阿西洛马会议中心召开。这就是著名的阿西洛马会议（Asilomar Conference），后来被誉为生命科学领域的"制宪"会议。这一有关转基因技术安全性问题具有里程碑的会议邀请了来自世界各国的顶尖科学家与会，同时一些知名律师、一些新闻媒体的记者和政界人士等也参加了会议。这次会议达成《阿西洛马会议建议书》，确立关于重组DNA技术的基本策略，包括认可它对于生命科学的意义，正视其潜在的生物安全风险，在保证安全的前提下鼓励继续研究（图13）。

1975年2月，被誉为生命科学领域的"制宪"会议——阿西洛马会议召开了！

这次伟大的"制宪"会议最终确立了关于重组DNA技术的基本策略，在保证其安全的前提下鼓励研究！

图13 阿西洛马会议

阿斯洛马会议不仅在科学界奠定了有关转基因技术安全性研究的规则及采取措施规避由此带来风险的相关法律基础，更重要地表明除最早介入研究外，科学家比公众更早更关注转基因的生物安全问题。同时，科学家开发了生理功能受局限的大肠杆菌生物安全菌株，这些菌株不能在实验室以外的环境下生存，即使发生逃逸，也不会对人和生态环境造成危害。为了防止逃逸发生，生命科学实验室开始实施生物安全等级管理制度。

阿斯洛马会议之后，科学界有关重组DNA技术的首次争议告一段落。这一阶段的争论，是一种在科学家圈子里的理性争论。在科学界推动下，各国政府和国际社会对生物安全的认识不断增强，并开始采取各种行动。由此，转基因技术成为人类科技和经济史上尚未产业化即已被广泛关注并纳入各国严格监管的首例高新技术。

二、安全管理法规不断完善

1976年，美国国立卫生研究院（National Institutes of Haealth，NIH）在阿西洛马会议提出的建议基础上，制定了世界上第一部专门针对生物安全的规范性文件，即《NIH实验室操作规则》，第一次提到生物安全（biosafety）的概念，同时发布《重组：DNA分子研究准则》，详细规定了从事转基因研究应该遵守的安全规定，涉及实验室建设、实验材料、实验方法及整个实验过程中的安全管理规定及相关安全管理检测方法等，确保转基因研究在整个研发过程中的安全性。随后德国、法国、英国、日本、澳大利亚等国也相继制定了有关重组DNA技术安全操作指南或准则。1990年，欧盟也颁布了《关于控制使用基因修饰微生物的指令》和《关于基因修饰生物向环境释放的指令》等文件。

此外，率先商业化种植转基因作物的美国以及虽未种植转基因作物但作为主要粮食进口国的欧盟、日本等发达国家，均制定了严格的转基因产品应用和管理相关的法律法规，包括生态环境安全、安全证书审批、市场准入、检验检测和市场监管等内容。譬如，为了防止转基因抗除草剂品种的基因漂移和抗虫品种目标害虫抗性的累加，美国等转基因种植国家分别制定了严格的种植隔离带制度和庇护所种植制度，并建立了严格的监管体系。

早在转基因技术发展之初，许多国际组织对其安全性给予了高度重视。1984年，经济合作与发展组织（OECD）发布《重组DNA注意事项蓝皮书》，是第一个提出转基因生物环境风险及安全评估的国际性文件，其中许多原则和概念被应用到许多国家的法律法规和指导框架中。1993年，OECD专门召开了转基因食品安全性会议，发布《现代生物技术食品安全性评价：概念与原则》，首次描述了实质等同性原则。

2001年，FAO/WHO进一步讨论了转基因植物的过敏性问题，发布了《生物技术食品致敏性评价》报告，2009年，审议了转基因微生物食品的安全性评价标准。其后，OECD出版了一系列由成员国相互认可的转基因植物生物学特性与营养组成等方面的生物安全共识文件，提供了作物及其产品的基本数据，涉及各类作物中需要检测的主要营养成分及抗营养因子、天然毒素及次级代谢产物等，为食用和饲用转基因产品的安全检测提供了科学依据。

国际食品法典委员会（CAC）是FAO/WHO联合设立的政府间国际组织，专门负责协调政府间的食品标准。进入21世纪以来，CAC先后通过了现代生物技术食品的安全风险分析原则、重组DNA植物/微生物/动物食品安全评价指南，对转基因生物及其食品上市前的食用安全性，包括新表达物质毒性、新蛋白致敏性、营养成分、食品加工的影响、抗生素抗性等方面进行风险评估。

在国际法中，第一次提出生物安全问题的是1990年制定的《生物多样性公约》。根据公约制定的《卡塔赫纳生物安全议定书》是一个调解进口国与出口国贸易和环境安全的国际性协定，主要对象是目前贸易量最大的转基因农产品，因其具有与WTO相当的法定效力，"提前知情同意程序、同意进口的决定程序、食物饲料越境转移程序、风险评估与风险管理、运输和标志、责任赔偿和补救"等条款，已被进口国，特别是欧盟等国，用来作为设置技术壁垒的措施和手段。

我国是世界上较早制定和实施转基因生物管理法规的国家之一。1990年，我国成立了重组DNA工作安全管理条例领导小组，并确定了《农业转基因生物安全管理条例》（以下简称《条例》）制订的4条原则：一是在促进我国DNA技术发展的同时，有效防范对人类健康和生态环境可能造成的危害；二是《条例》为行政性法规，必须具有可操作性，并与我国现行的有关法规相衔接；有关归口管理权限、审批程序及监督检查机构要与我国现行管理体系相适应；三是《条例》中有关控制性规定，应根据实际情况科学对待，宽严适度；四是《条例》应对审批程序、评价系统等作明确的原则性规定，具体实施细则由有关主管部门负责制定。

1993年，中华人民共和国国家科学技术委员会发布基因工程安全管理办法。1996年，农业部发布农业生物基因工程安全管理实施办法。1997年第一届农业生物基因工程安全委员会成立，并正式受理农业生物遗传工程体及其产品安全性评价申报书。

2001年5月23日，国务院正式颁布《农业转基因生物安全管理条例》。随后，农业部发布安全评价、进口管理、标识管理、加工审批4个配套规章，国家质量监督检验检疫总局发布进出境转基因产品检验检疫管理办法。2016年，农业部修订了农业转基因生物安全评价管理办法。目前，已经形成了一整套适合我国国情并与国际惯例衔接的法律法规、技术规程和管理体系，依法实施安全管理取得显著成效（图14）。

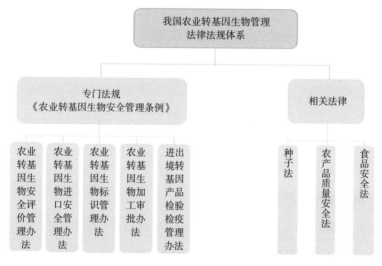

图14 我国农业转基因生物管理法律法规体系

三、安全研究证明风险可控

2013年，意大利的科学家团队总结了全球从2002—2012年1 783个关于转基因食品安全性与对环境影响的研究数据。在食品和饲养研究文献中，没有证据表明经过批准的转基因生物会引入任何新的过敏原或毒素到食物供应中。对环境的影响是转基因研究的主要领域，占到1 783个研究的68%，发现几乎没有证据表明转基因作物对它们周围的环境有负面影响。

2014年，一项有史以来最全面的转基因生物和转基因食品研究分析了转基因动物饲料应用前后29年的牲畜产量和健康数据，实际数据覆盖了1 000多亿只动物，时间跨度从1996年动物饲料完全不含转基因成分之前，到转基因饲料引入并且占比跃升至90%以上之后。分析数据表明，转基因饲料营养价值与非转基因饲料相当，没有证据显示从1996年转基因作物被首次种植并用于饲料以来，动物健康出现了任何异常趋势。

2016年，中国科学家对美国Web of Science数据平台的全部转基因作物生物安全SCI论文进行检索，共检索出11 047条文献记录，其中食品类论文451篇，生态类论文1 074篇，生产影响论文1 763篇，研发过程安全论文4 727篇，并分析科学界有关转基因作物生物安全研究的主流结论。在全部451篇食品安全论文中，得出不安全结论的论文为35篇。为了验证转基因不安全结论的科学性，该研究对全部得出转基因食品不安全的32篇论文进行了前期研究和后期研究的追踪分析，发现所有给出不安全结论的论文没有一个开展了后续的分子机制研究，且其研究结论在发表后也全部被科学界否定。

2017年，美国毒理学会发表了一项关于转基因食品和饲料安全性的立场声明，该声明表示，在20年中，没有任何可证实的证据表明转基因作物有可能对健康产生不利影响。该声明的主要观点包括：转基因作物中表达的蛋白质经过系统的安全性评价程序，新作物和母体作物在营养和非营养成分方面没有明显差异；其他如基因组/转录组和代谢物表达、动物致敏性试验等方面也未见异常；转基因食品的标识与其安全性无关，而是出于消费者知情权的需要。

2018年，由欧盟资助历时6年并耗资1 500万欧元的"转基因生物风险评估与证据交流"和"转基因作物2年安全测试"两个项目以及由法国单独资助的"90天以上的转基因喂养"项目公布研究总结报告，指出所有参与实验的转基因玉米品种在动物实验中没有引发任何负面效应，也没有发现转基因食品存在潜在风险，更没有发现任何慢性毒性和致癌性相关的毒理学效应。

四、安全事件其实子虚乌有

随着转基因产品的大规模推广，有关转基因产品的安全性引起了更广泛的社会关注与巨大争论。在国外媒体上就爆出"马铃薯试验大鼠中毒""美洲斑蝶死亡""墨西哥玉米基因混杂"等一连串所谓的"转基因事件"，中国也先后出现过"先玉335玉米致老鼠减少、母猪流产"等虚假报道。

巴西坚果过敏原与转基因大豆事件

1994年，美国先锋种子公司的科研人员将来自巴西坚果中富含甲硫氨酸和半胱氨酸蛋白质（2S albumin）编码基因转入大豆中，获得转2S albumin蛋白编码基因的大豆，其含硫氨基酸的含量高于非转基因大豆。后续研究发现，蛋白质2S albumin是巴西坚果的主要过敏原，转这种蛋白基因的大豆就存在食用过敏的安全问题，相关结果发表在《新英格兰医学杂志》上。鉴于此，该公司立即终止了这项转基因大豆研发计划。

事实上，国际上早已有关于可能产生过敏反应的食品清单及过敏原数据库。按照国际食品法典委员会转基因食品安全评价标准的要求，各国在转基因安全评价时，均要求提供是否为过敏源的数据资料，对于目的基因有可能表达过敏原蛋白的转基因作物，会被要求终止试验，从源头上有效地防范转基因食品成为过敏源的安全风险。

英国普斯泰与转基因马铃薯损伤免疫系统事件

1998年秋，苏格兰罗威特研究所普斯泰博士在电视节目中公开宣称，大鼠食用转雪花莲凝集素基因的马铃薯后，体重和器官重量严重减轻，免疫系统受到破坏，由此掀起了国际社会对转基因食品安全性广泛争论的序幕。绿色和平等极端环保组织把这种转基因马铃薯说成是"杀手"，策划了焚烧破坏转基因作物试验地、阻止转基因作物产品进出口、示威游行等活动。

英国皇家学会组织了专门的同行评审，并于1999年5月发布评审报告，指出普斯泰的实验设计存在严重错误和缺陷，如选择未做熟的生马铃薯作饲料来喂养大鼠，而马铃薯在生吃状态下含有很多自然毒素，容易导致问题；在研究凝血素毒性反应的实验组并未使用转基因土豆，而是直接在普通的生马铃薯中添加外源低毒性凝血素，且用量超过正常适用范围的5 000倍；对食用转基因马铃薯的大鼠，未补充蛋白质以防止饥饿；统计方法不当，试验结果无一致性等。通俗地讲，该实验设计不科学，因此结果和相应结论根本不可信。

美国转基因抗虫玉米花粉与帝王蝶事件

1999年5月，美国康奈尔大学的昆虫学教授洛希在《Nature》杂志发表研究结果，用拌有转基因抗虫玉米花粉的马利筋杂草叶片饲喂美国帝王蝶的幼虫后，其生长变缓慢，死亡率高达44%。这一结果被解释为抗虫转基因作物威胁非目标昆虫，立刻在世界范围内掀起了一场有关转基因作物生态安全的辩论，环保主义者提出应在全球范围内限制种植与销售转Bt基因玉米。

美国环境保护局（EPA）组织昆虫专家们对转基因作物是否对帝王蝶有影响进行了专题研究，得出结论是，抗虫玉米花粉在田间对帝王蝶并无威胁，原因一是玉米花粉大而重，扩散不远。在田间，距玉米田5米远的马利筋杂草上，每平方厘米草叶上只发现有一粒玉米花粉。二是帝王蝶通常不吃玉米花粉，它们在玉米散粉之后才会大量产卵。三是在所调查的美国中西部田间，田间帝王蝶的实际数量很大。事实上，科学界一直在密切关注转基因作物是否会对环境造成影响，各国农业环境保护专家，包括来自美国国家科学院、环保局，欧盟政府研究机构，还有中国农业科学院植物保护研究所等专家，对转基因作物种植及其环境影响一直在进行长期科学监测。

墨西哥玉米基因污染事件

2001年11月，就在帝王蝶事件余波未平之际，美国加利福尼亚州立大学伯克利分校的两位研究人员在《Nature》杂志发表文章，称在墨西哥南部地区采集的6个玉米地方品种样本中，发现有CaMV35S启动子及与转基因抗虫玉米Bt11中*adhl*基因相似的序列。墨西哥作为世界玉米的起源中心，已制定法律严禁种植转基因玉米。该文章发表后引起了国际间的广泛关注，绿色和平组织甚至称墨西哥玉米已经受到了"转基因污染"。

但是，该文章的结果遭到同行科学家普遍质疑。2002年4月，《Nature》杂志发表文章，批评该文作者在基因检测时，错误解释了试验结果，他们的结论是对不可靠实验结果的错误解释，如测出的CaMV35S启动子，经复查证明是假阳性；测出的*adhl*基因是玉米中本来就存在的*adhlF*基因，与转入Bt11玉米中的外源*adhlS*基因，两者的基因序列完全不同。事后，墨西哥小麦玉米改良中心也发表声明指出，经对种质资源库和从田间收集的152份材料的检测，均未发现35S启动子序列。

中国转Bt基因抗虫棉环境安全事件

2003年6月，南京环境科学研究所与绿色和平组织在北京发布了题为《转Bt基因抗虫棉环境影响研究综合报告》，称转基因抗虫棉产业化应用后，田间棉铃虫寄生性天敌寄生蜂的种群数量大大减少；棉蚜、红蜘蛛、盲蝽象、甜菜夜蛾等次要害虫上升为主要害虫；室内和田间观测，棉铃虫可以对Bt棉产生抗性等。

随后科学界进行了严密的调查分析，中国、美国、德国、加拿大、比利时、印度等国科学家联名反驳该报告的观点，譬如，针对"棉铃虫寄生性天敌寄生蜂的种群数量大大减少"，专家指出这份报告只提供了实验室结果，并不能代表田间情况。报告中提及"棉蚜、红蜘蛛、盲蝽象、甜菜夜蛾等次要害虫上升为主要害虫"，这是一般的生物学常识。化学农药杀虫也有选择性，某种害虫杀死了，另一些害虫又会抬头。抗虫棉不是"无虫棉"，抗虫棉中的Bt基因主要是针对鳞翅目的某些害虫，并不杀死所有害虫，包括盲蝽象、红蜘蛛、甜菜夜蛾。相反，中国农业科学院植物保护研究所进行的长期实验结果表明，由于少用农药，种植抗虫棉田间的捕食性天敌数量大幅度增加，而棉蚜数量大幅度减少（图15）。

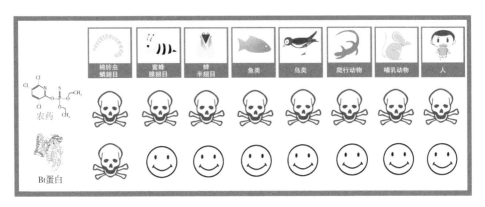

图15　农药和Bt蛋白杀虫效果比较

注：有机氯、有机磷等化学农药对鳞翅目害虫有很好的杀虫效果，但同时也会造成蜜蜂等有益昆虫和人畜的中毒（骷髅）；Bt蛋白是一种高度专一的杀虫蛋白，目前已产业化应用的Bt蛋白基因精准杀灭鳞翅目靶标害虫，不会杀伤蜜蜂（膜翅目）、蚊子（双翅目）等昆虫纲的表亲，更不会对人类和哺乳动物造成伤害（笑脸）。

法国转基因玉米品种对大鼠肾脏和肝脏毒性事件

2009年，法国卡昂大学的研究团队在国际生物科学杂志上发表了三种转基因玉米品种对哺乳动物健康影响的报告，宣称孟山都公司生产的转基因玉米对大鼠的肝脏和肾脏具有毒性。欧洲食品安全局转基因小组对论文进行了评审，重新进行了统计学分析，认为文中提供的数据不能支持作者关于大鼠肾脏和肝脏毒性的结论，其研究方法存在如下缺陷：所有的结果都是以每个变量的差异百分率表示，而不是用实际测量的单位表示；检测的毒理学参数的计算值与有关的物种间的正常范围不相关；检测的毒理学参数的计算值没有与用含有不同参考品种的饲料饲喂的实验动物间的变异范围进行比较；统计学显著性差异在端点变量和剂量上不具有一致性模式；原作者单纯依据统计学分析得出的结论，与器官病理学、组织病理学和组织化学相关的3个动物喂养实验结果没有一致性。

2009年10月，欧洲食品安全局转基因生物小组按照转基因植物及相关食品和饲料风险评估指导办法及复合性状转基因植物风险评估指导办法提出的原则，对转基因抗虫和耐除草剂玉米用于食品和饲料的进口和加工申请给出了科学意见，认为在对人类和动物健康及环境的影响方面，这种转基因玉米与非转基因亲本一样安全。

中国先玉335玉米致老鼠减少、母猪流产事件

2010年9月21日，《国际先驱导报》报道称，"山西、吉林等地因种植'先玉335'玉米导致老鼠减少、母猪流产等异常现象"，认为这些动物异常现象均与吃过杜邦公司培育的先玉335玉米有关，而先玉335父本PH4CV与转基因技术有种种联系。

针对《国际先驱导报》报道，山西省、吉林省有关部门对报道中所称"老鼠变小、老鼠减少、母猪流产"等现象进行了核查。据核查，该地区常见的老鼠有两种，一种是体型较大的褐家鼠，一种是体型较小的家鼠，是两个不同的鼠种，并不存在"老鼠变小"现象；当地老鼠数量多年来确有减少，这与吉林省榆树市和山西省晋中市连续统防统治、农户粮仓水泥地增多使老鼠不易打洞等直接相关；关于"母猪流产"现象，与当地实际情况严重不符，属虚假报道。此外，经专业实验室检测和与相关省农业行政部门现场核查，山西省和吉林省等地没有种植转基因玉米，"先玉335"也不是转基因品种。《国际先驱导报》的这篇报道被《新京报》评为"2010年十大科学谣言"。

总之，上述所谓事件或虚假报道由于缺乏科学依据，最终被科学界和相关生物安全管理机构一一否定。事实上，转基因技术问世几十年来，全球范围内的食品安全事故，没有一例是由转基因食品中转入的基因或者蛋白质引起的。

而这样的安全保证，不仅在于之后的安全评价过程，更在于技术研发过程。今天，越来越多的分子生物技术，让基因可以定点、定量，甚至定时在生物体内表达，既可以让一些基因表达，也可以让一些基因在特定的

部位和时间不表达。生命科学研究成果的爆炸性推进，也让人类越来越多地了解生命体内在的运作规律。回望那个历史时刻，阿西洛马会议中科学家们的担忧大部分已经通过生命科学的发展得以解决，而对科研和产业化过程中科学家个人的职业行为进行道德和伦理约束，则不仅是转基因产业面临的问题，也是工业革命以来，所有的产业领域，无论是传统的还是新兴产业都必然面临的一个问题，转基因研发也不例外。

五、安全问题由我答疑释惑

转基因技术的重要已毋庸置疑，能最大限度地绕过了物种生殖隔离的障碍，实现了生物界遗传物质的自由交流，使农作物能够获取整个生物界的遗传资源，快速提高良种的品质。自转基因技术诞生至今近40年中，研发出的转基因植物已涉及50多个物种，其中转基因棉花、水稻、玉米、大豆、烟草、多种蔬菜等已经起到重大的增产稳产作用，且降低了农药的使用量，利国利民利环境。

相对而言，经典育种方法在基因与育种之间隔着个黑箱。譬如，某个优良性状的丢失到底是由目标基因突变和缺失造成的，还是仅仅是基因失活而已，很难得到确认。而转基因技术如同一盏探照灯照亮了这个黑箱。转基因育种所要研究的性状和基因都是预先设计好的，即从基因的分子组成、代谢途径和性状表达3个层次可跟踪研究目的基因，而这就是技术发展的优势。

譬如，苏云金杆菌可以分泌一种杀虫晶体蛋白，鳞翅目害虫吃了这种蛋白后，就会肠道穿孔，活活地饿死。科学家从苏云金杆菌中提取表达这种蛋白的基因，经过一番生物工程操作后，把它送入到棉花或玉米植株中，这些植株就"华丽变身"成了能够抵御棉铃虫的转基因抗虫棉（图16）或能够抗击玉米螟的转基因抗虫玉米。

图16　转基因抗虫棉

也许有人会问：虫子吃了抗虫转基因作物会死，人吃了为什么没事？这句流传甚广的话乍听似乎非常有道理，但这种简单的类比思维方式同样是不科学的。

科学研究表明，能杀死棉铃虫的Bt蛋白对其他昆虫如蚊子或苍蝇无效，更不用说会对其他动物甚至人类产生危害了，其安全性是有充分科学依据的。这是因为抗虫转基因作物中的Bt蛋白是一种高度专一的杀虫蛋白，只能与鳞翅目靶标害虫肠道上皮细胞的特异性受体结合，引起靶标害虫中肠穿孔并死亡，而其他的非靶标害虫吃了安然无恙。只有靶标害虫的肠道上含有这种蛋白的结合位点，而人类和哺乳动物肠道细胞没有该蛋白的结合位点，因此不会对人体造成伤害。另外，Bt蛋白来源于100多年前分离的苏云金芽孢杆菌。该菌作为生物杀虫剂的安全使用记录已有70多年，大规模种植和应用转Bt基因玉米、转Bt基因棉花等作物也已超过20年，均无苏云金芽孢杆菌及其蛋白引起过敏反应等危害健康案例发生（图17）。

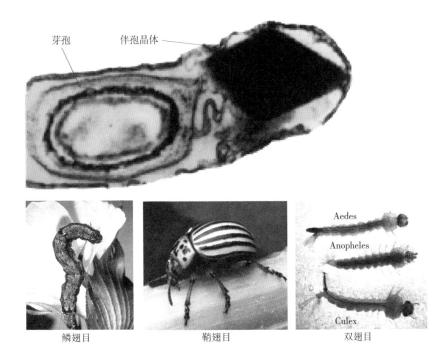

图17 苏云金芽孢杆菌及其伴孢晶体

注：苏云金芽孢杆菌在形成芽孢的同时，会在芽孢旁形成一颗菱形、方形或不规则形的碱溶性蛋白质晶体，即伴孢晶体。当害虫吞食伴孢晶体后，先被虫体中肠内的碱性消化液分解并释放出蛋白质原毒素亚基，对鳞翅目、双翅目和鞘翅目等200多种昆虫和动、植物线虫有毒杀作用。利用苏云金芽孢杆菌所制成的杀虫剂是目前世界上用途最广、产量最大、最为成功的微生物杀虫剂。

科学界确实存在另外一种担忧，即转基因技术的广泛应用可以带来"基因漂移"等不良环境风险，譬如，种植转基因抗除草剂作物是否会产生"超级杂草"并破坏生态环境？

其实，"超级杂草"只是一个形象化的比喻，目前并没有证据证明"超级杂草"的存在。大量研究表明，转基因抗除草剂作物不会成为无法控制的超级杂草，种植转基因抗除草剂作物也不会使别的植物变成无法控制的杂草。譬如，1995年在加拿大的油菜地里发现了个别油菜植株可以抗1～3种除草剂，因而有人称它为"超级杂草"。这种油菜在喷施另一种除草剂2，4-D后即可全部被杀死。此外，基因漂流现象自古就有，并不是从转基因作物开始的。因为如果没有基因漂流，就不会有物种进化，世界上也就不会有这么多绚丽多姿的野生植物种类和高产优质的作物栽培品种。当然，油菜是异花授粉作物，为虫媒传粉，花粉传播距离比较远，且在自然界中存在相关的物种和杂草可以与它杂交，因此对其基因漂流的后果需要加强跟踪。

2013年，《Nature》杂志出版"转基因作物的事实与谣传"特刊，认为在现代农业生产系统中，完全放弃化学除草剂并不可行。特别是由于耐除草剂转基因作物的应用，大量使用化学除草剂来控制杂草比传统翻土耕作更具效率。

人吃了转基因食品后会不会改变自身的基因，影响下一代的健康？这是普通消费者特别关心的一个问题。

科学研究表明，任何一种食物，包括转基因食物、非转基因食物多含有大量的基因，进入胃肠后，脱氧核糖核酸（基因）、蛋白质、脂肪、碳水化合物等分解成小分子被人体吸收。此外，由于不同物种间存在基因交换的天然屏障，没有特殊的载体、特定的条件，转基因食物中的基因不可能转移到人的基因组中，更不可能遗传给后代。现代科学没有发现一例通过食物传递遗传物质整合进入人体遗传物质的现象。这也是为什么人类吃了几千年的猪肉，并没有人变成猪。

也有人还会追问：转基因食品现在吃了没事，能保证子孙后代也没事吗？

关于长期食用的安全性问题，在转基因食品的安全性评价实验过程中，借鉴了现行的化学品、食品、食品添加剂、农药、医药等安全性评价理念，采取大大超过常规食用剂量的超常量实验，应用一系列世界公认的实验模型、模拟实验、动物实验方法，完全可以代替人体实验并进行推算长期食用对人是否存在安全性问题。转基因食品与非转基因食品的区别就是转基因表达的目标物质通常是蛋白质，在安全评价时，绝对不允许转入表达致敏物和毒素的基因。只要转基因表达的蛋白质不是致敏蛋白和毒蛋白，这种蛋白质和食物中其他蛋白质没有本质的差别，都是营养物质，蛋白质进入胃肠就消化成小分子成分，为人体提供营养和能量。

人类食用植物源和动物源的食品已有上万年的历史，这些天然食品中同样含有成千上万种基因，从生物学的角度看，转基因食品的外源基因与普通食品中所含的基因一样，都被人体消化吸收，不可能也没有必要担心食物中来自动物、植物、微生物的基因会改变人的基因并遗传给后代。

许多网民还有一个疑问：转基因食品的安全性评价为什么不做人体试验？

在开展转基因食品安全评价时，没有必要也没有办法进行人体试验，是有科学依据的。首先，遵循国际公认的化学物毒理学评价原则，转基因食品安全评价一般选用模式生物小鼠、大鼠进行高剂量、多代数、长期饲喂实验进行评估。以大鼠2年的生命周期来计算，3个月的评估周期相当于其1/8生命周期，2年的评估则相当于其整个生命周期。科学家用动物学的实验来推测人体的实验结果，以大鼠替代人体试验，是国际科学界通行做法。其次，进行毒理学等安全评价的时候科学家一般不会用人体来做多年多代的试验。第一，现有毒理学数据和生物信息学的数据足以证明是否存在安全性问题。第二，根据世界公认的伦理原则，科学家不应该也不可能用一个食品让人连续吃上十年、二十年来做实验，甚至延续到他的后代。第三，用人体试验解决不了转基因食品安全性问题。人类的真实生活丰富多彩，食物是多种多样的，如果用人吃转基因食品来评价其安全性，不可能像动物实验那样进行严格的管理和控制，很难排除其他食物成分的干扰。

当然，转基因产品是否做人体试验，要个案分析。譬如，目前正在研发的大名鼎鼎的转基因黄金水稻，在完成生物安全试验并证明可以安全食用后，其药用效果评价就必须进行人体试验。

长期以来，媒体上有个错误观点认为，转基因食品的安全性还没有定论。

这种说法混淆了转基因技术、研发中的转基因产品与通过安全评价的特定转基因产品三个概念。转基因技术与其他高新技术一样存在潜在的安全风险，需要进行严格的安全评价和有效监管。转基因产品是否安全关键看转入的基因、表达的产物以及转入过程是否增加了相关的风险。

因此转基因是否安全，首先要遵循科学分析原则。

什么是科学分析原则？简而言之，转基因技术或转基因食品的安全性评价必须以科学数据为依据。

转基因食品入市前都要通过严格的毒性、致敏性、致畸性等安全评价和审批程序。就食用安全性而言，目前还没有任何一种传统食品，经过了像转基因食品一样如此严格的安全评价。因此，转基因食品是人类有史以来研究最透彻、管理最严格的非传统食品。世界卫生组织以及联合国粮农组织认为，凡是通过安全评价上市的转基因食品，与传统食品一样安全，可以放心食用。

除此之外，转基因的安全性评价还必须遵循比较分析原则。

转基因产品的安全性必须与相应的非转基因产品进行比较分析，笼统争论转基因安不安全毫无科学意义。

从环境安全性来看，抗虫耐草甘膦转基因大豆与非转基因大豆比较，可以采用低毒的草甘膦除草，同时少用杀虫剂，因此更有利于生态环境的保护。人类社会发展的历史就是先进生产方式取代落后生产方式，即农耕文明被工业文明取代、工业文明被人与自然和谐发展的现代文明取代的过程，在这一过程中，利用先进的农业高新技术如转基因技术与传统杂交育种技术结合，培育出风险更小、更经济、更环保的作物新品种，替代过度依赖农药化肥、综合效益低下的传统农业技术和传统农作物品种，是人类社会发展的必然趋势。

还有一个不科学的说法，即"要确保转基因食品绝对安全，才能进入市场"。

为什么不科学？因为世界上没有绝对安全的食品。非转基因的传统食物也有不安全因素，作为主食的谷物含有许多天然的毒素和影响消化吸收的抗营养因子，如植酸和胰蛋白酶抑制剂等，营养丰富的豆制品和牛奶，却可能导致少数特定人群过敏。目前广泛应用的抗虫耐草甘膦转基因大豆的食用安全结论，也是在与非转基因的传统大豆相比较的前提下，通过科学试验得出的。

转基因安全归根到底还是一个科学问题。但是，目前转基因争议已经超出了单纯的科学范畴。转基因安全之争的原因错综复杂，其中包括文化背景如人与上帝和自然之间的关系等；新兴行业与传统行业之间冲突的商家利益；国际贸易中农产品出口国与进口国之间的矛盾；穷国富国极为复杂的关系；以及媒体舆论不可忽视的影响；加之政治家对民众支持率和国家利益选择的政治背景等。转基因安全争论的背后，其实是国际贸易之争、国家利益之争。

六、安全论战中国尤为激烈

对于转基因安全这一问题的关注和争论，早在十几年前就已开始，但是在中国，转基因争论由理性到非理性的大暴发，2009年是一个关键转折点。

这一年，农业部颁发抗虫转基因水稻和饲用转基因玉米的安全证书。一时间，"一石激起千层浪，两指弹出万般音"。

这"一石"就是一个转基因食用安全问题，引发整个中国社会对转基因安全的空前关注，转基因研发备受争议，并不断掀起舆论风波；这"两指"就是挺转和反转两派，在转基因食用安全、环境风险、产品标识、政策法规和哲学伦理等方方面面展开激烈论战，正反观点水火不相容。

挺转派抱怨农业部在转基因商业化决策上犹豫不决，贻误发展机遇。而反转派认为农业部对转基因作物监管不力，贻害子孙后代。有人神化转基因，也有人妖魔化转基因。有人对转基因的优点津津乐道，却回避其可能的安全风险。也有人谈转基因色变，反对转基因，却拒绝了解转基因。

近几年，关于转基因问题争论的焦点先是科学层面的食用安全和环境安全，后来逐渐延伸到了产业安全等问题。公众普遍担心会危害身体健康、影响下一代，或转基因作物释放后引起杂草耐药性、害虫抗性和危害生物多样性等生态环境问题。同时，特别忧虑一旦放开转基因作物的商业化种植，可能会影响我国的产业安全。

在转基因安全问题上的非理性争论，凸显我国物质文明不断进步的同时，科学精神匮乏缺位，生物伦理意识淡薄等问题。

2012年发生在中国的转基因黄金大米儿童试验事件就是一个典型案例。

"黄金大米"是一种转基因大米，因色泽金黄而得名，不同于普通大米之处在于其主要功能为帮助人体补充维生素A。该转基因黄金大米儿童试验旨在检验美国先正达公司研制的转基因黄金大米对补充人体维生素A的作用，其研究结果发表在《美国临床营养学杂志》上，事后引起轩然大波。据我国权威机构相关调查报告，该研究未在我国相关主管部门报批备案，违反了中国的相关法律规定。

另一方面，该事件发生表明，目前我国伦理监管体制不健全、主体责任不明、监管能力不足等问题突出。尽管转基因黄金大米论文的相关数据和结论得到了业内专家的认同，然而，由此引发的科学伦理之争仍然是一个值得深思的话题。

2013年，在有关转基因大豆油致癌的报道中，一位主持人在节目的最后说："如果有关专家一时半会对转基因食品是否安全研究不清楚，最起码应该把所有转基因产品都清楚标识出来，让消费者有选择权"。

这个提法看似客观公允，其实远离了食品安全问题讨论的实质。国内许多媒体在介入转基因安全讨论时存在一个认识误区，即把转基因食品标识与转基因食品安全混为一谈，错误地认为经过批准上市的转基因产品之所以要标识，是因为其安全性不确定。事实上，转基因标识与安全性无关。对转基因产品进行标识，是为了满足消费者的知情权和选择权。

目前，中国是世界上唯一采用定性按目录强制标识方法的国家，即只要目录产品中含有转基因成分就必须标识，也是对转基因产品标识最多的国家（表2）。

表2　中国第一批实施标识管理的农业转基因生物目录

作物	种类
大豆	大豆种子、大豆、大豆粉、大豆油、豆粕
玉米	玉米种子、玉米、玉米油、玉米粉（含税号为11022000、11031300、11042300的玉米粉）
油菜	油菜种子、油菜籽、油菜籽油、油菜籽粕
棉花	棉花种子
番茄	番茄种子、鲜番茄、番茄酱（目前我国没有生产和进口）

世界其他国家的转基因产品标识制度分为自愿标识和强制性标识两种。美国、加拿大以及阿根廷等国家采取自愿标识管理政策，欧盟国家则采取强制定性标识管理政策，即产品中转基因成分的含量高于0.9%阈值才需标识。

为什么0.9%已上要标识，难道低于0.9%就安全吗？显然不是。0.9%已上要标识与安全没有什么关系，完全是检测技术问题。此外，世界上没有任何一个国家对所有含转基因成分的产品进行定性标识，因为检测技术水平还做不到，检测成本也难以承受。

2015年，国内南方一所大学的哲学老师发文质疑转基因违背自然规律，认为传统杂交技术更安全。

这种论调与中国"天人合一"的传统哲学思想契合，但并不科学。其实，转基因现象也并不神秘，自然界中，有一种原核微生物叫根癌农杆菌，是天生的转基因高手，能将细菌基因转入高等植物中，形成冠瘿瘤。因此，转基因现象在自然界中普遍存在，转基因并不违背自然规律。传统杂交育种技术也是一种广义上的转基因技术，安全不安全关键在于选择什么性状，譬如，传统杂交技术曾经培育出生物毒素浓度比传统品种高的转基因马铃薯。

20世纪中叶兴起的远缘杂种育种与细胞质融合技术，打破了物种生殖隔离，培育出"不自然"的作物新品种。第二次世界大战之后兴起的化学诱变或辐射诱变育种技术，诱发种子产生基因突变，从中筛选出更加"不自然"的作物新品种。培育"不自然品种"，不是始于转基因技术，而是始于我们目前已广泛应用的传统育种技术，譬如马和驴杂交产出不能生育的骡子，以及四倍体与正常二倍体杂交培育的三倍体无籽西瓜。

2016年，一位资深的反转人士端着"两杯水"出来叫板转基因，声称：你认为草甘膦安全，你敢把它当茶喝吗？如果你敢，我愿意以喝茶奉陪。

一时间，"两杯水大败转基因专家"的新闻充斥网络平台。什么是草甘膦？为什么讨论转基因安全总要扯上草甘膦？草甘膦是目前广泛使用的一种灭生性除草剂，被列为低毒农药，被用于耐除草剂转基因作物苗期的除草。国际癌症研究所把草甘膦列为致癌的2A类，其致癌性等级与咖啡和红酒差不多。

茶是一种饮料，而草甘膦是除草剂农药，是药就有三分毒。这位反转人士自己喝茶水，却要别人喝农药，这样打赌就不科学。如果打赌，不能把草甘膦与茶水比，只能与被草甘膦替代的高毒农药比。草甘膦是目前毒性最低、除草效果最好的除草剂农药。在转基因作物种植过程中，采用草甘膦取代毒性大、残留高的其他除草剂，利在当代，造福子孙。何况，不仅转基因作物用草甘膦，其实农业生产中非转基因作物也用草甘膦除草。以草甘膦的毒性反对转基因，是典型的屁股决定脑袋的荒唐之举。

2017年，黑龙江省人民代表大会常务委员会通过新修订的《黑龙江省食品安全条例》，禁止种植转基因粮食作物，引起国内舆论一片哗然。

为此，《科技日报》就相关热点问题采访了业内专家，并发表了标题为"黑龙江立法禁种转基因作物引争议，专家称别让被误导的民意左右科学决策"的文章。许多专家认为，该地方条例的出台，不仅有悖于中央发展转基因技术的大政方针，而且与当今世界农业的发展方向背道而驰。

对于黑龙江省这样一个传统农业大省，发展转基因技术与其发展绿色食品产业、保护生态环境与生物多样性不矛盾，依靠科技进步增强产业竞争力，才是黑土地绿色农业和传统大豆产业振兴的唯一出路。黑龙江省出台地方条例禁种转基因作物，反映出相关地方政府和产业部门思想观念落后，科学决策缺位，干了一件以局部利益损害国家利益、逆现代科技潮流而动的荒唐事。

纵观人类科技发展史，每次重大科技突破都会推动农业生产革命。然而，每次重大理论和技术的颠覆性突破都会引发激烈的争论，转基因技术也不例外。

转基因技术诞生之初，欧美的研发水平一直领先全球，当时欧洲是植物基因工程的发源地。20世纪70年代，尽管某些保守参议员提出议案反对转基因技术商业化，但是，美国始终积极开展转基因技术研发，迅速抢占了产业发展先机，目前已成为全球转基因技术的头号强国和转基因农产品最大出口国。相反，欧盟各国受到复杂政治、社会因素的影响，长期陷入转基因是否安全之争中，近年来在转基因技术和产业化方面已全面落后于美国。

转基因在中国形成了两个极端：一是技术研发与产业应用冰火两重天，二是支持方与反对方水火不相容，因此出现了"只准吃外国转基因大豆，不准种中国转基因作物"的荒唐局面。

同时，还有两个转基因作物成败案例值得我们深思：一是坚持不懈地发展国产抗虫棉，最终赢得了99%的国内市场，也占据了产业发展的主动权；二是拒绝转基因技术，国产非转基因大豆成本居高不下，在竞争中一败涂地。

历史经验与教训告诫我们，在转基因这样的高科技领域，不发展就会落后，落后就要挨打。跟转基因技术相比，传统育种技术如同中世纪的弓箭长矛。如果我们一意孤行抵制转基因，那么最终的结果就是中国农业要凭借弓箭长矛与竞争对手的飞机大炮较量。一旦西方发达国家和国际跨国公司对转基因形成技术垄断，中国农业将全面受制于人，到那时，我们的玉米和小麦等也有可能蹈东北大豆沦陷之覆辙。

第二章　经典转基因方法

在转基因技术发展早期，科学家的主要关注焦点是如何让基因转入微生物、动物或植物的细胞内。为此，他们研究了自然界中基因在生物个体间以及在物种间的转移方式和方法，之后，最终在实验室里再现了自然界中的基因水平传递，即转基因过程。因此，转基因技术本质上是来源于大自然中生物之间发生的现象，是向各界生物体的学习结果，但在人类的改进过程中，实现了目标性和高效性，青出于蓝而胜于蓝。

第一节　微生物转基因方法

转基因技术获得的最早成功源自无所不在无所不能的微生物。

微生物是细菌、病毒、真菌、支原体、衣原体、单细胞藻类和原生动物等一系列微小生物的统称，主要表现为单细胞结构或者无细胞结构。如病毒为无细胞结构，是由蛋白质外壳包裹着的DNA或者RNA。也有一些外套有一层脂质囊膜的病毒种类，如埃博拉、新冠病毒。

按照有无细胞核为标准，微生物分为原核生物和真核生物。细菌是原核生物，遗传物质分布在细胞质中。酵母菌是真核生物，遗传物质主要集中在细胞核中。有了细胞核的保护，遗传物质不再"裸奔"，减少了外部环境的干扰造成的突变或破坏，在代际遗传中更加一致和稳定。

转基因技术的第一步，是要确定基因离开细胞后是否可以独立发挥作用。

1961年，美国科学家雅各布和莫诺德根据对大肠杆菌参与乳糖分解的一个基因簇的研究，提出了著名的操纵子学说，即操纵子是细菌、蓝藻等原核生物基因调节的主要方式。

在细菌中，功能相关的结构基因，如编码同一个代谢途径中不同的酶，常连在一起，形成一个基因簇。基因簇接受统一的调控，一起开关，如lacZ、Y、A这三个基因与乳糖分解代谢相关，组成了一个很典型的基因簇，这个基因簇连同其上的顺式作用调节元件和反式作用调节基因，共同组成了乳糖操纵子。它们的产物可催化乳糖的分解，产生葡萄糖和半乳糖（图18）。

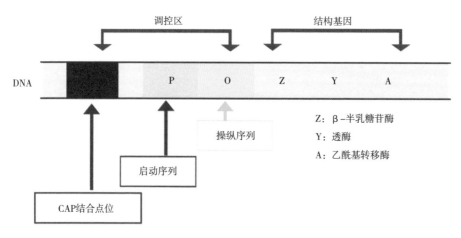

图18　大肠杆菌的乳糖操纵子示意图

注：原核生物以操纵子作为主要基因表达调控方式，在功能基因上游存在一段DNA用于调控各个基因的表达。

1969年，美国科学家夏皮罗等在离体条件下转录了从大肠杆菌中分离到的乳糖操纵子，从而证实了离开染色体的基因可以独立地发挥作用，成为首个被阐明遗传学调控机制的乳糖操纵子，也被视为原核生物基因调节的经典案例。

1973年，斯坦福大学教授斯坦利·科恩成功地将非洲爪蟾染色体上的一小段DNA放入了大肠杆菌的质粒中。这是首例出现的人工转基因的生物，也标志着新学科——生物工程学（基因工程学）的诞生。

加州大学旧金山分校生化学家赫伯特·波伊尔意识到转基因技术在实际生活中的巨大潜力。1976年，他得到了风险投资商的认同，成立了全世界首家生物技术公司，取名基因泰克（Genentech）。1978年，波伊尔成功地在转入了人类胰岛素基因的大肠杆菌中生产出了人胰岛素。

此后，人们通过转基因的方式利用微生物生产出了多种蛋白质药物，其中包括人干扰素、人类生长激素、红细胞生成素和重组疫苗等。

基因是怎么被转入微生物中的呢？借助自然界存在的几个现象：转化、转导、转染和接合，一切皆有可能。

一、转化

转化（Transformation）是指同源或异源的游离DNA分子（质粒和染色体DNA），被其他细胞摄取，实现基因转移的过程。摄取DNA的细胞可以是自然状态下或人工制备的感受态细胞。

微生物中转化现象非常普遍。到目前为止，转化现象已经在流感嗜血杆菌、链球菌、沙门氏菌、奈瑟氏菌、根瘤菌、枯草杆菌等几十种细菌中被发现，涉及的性状包括荚膜、抗药性、糖发酵特性、营养要求特性等。

转化现象的发现是个著名的"人与自然"的科学故事。主角分别为：英国科学家格里菲斯，病原微生物肺炎双球菌。

先介绍一下不同肺炎双球菌的特征，S型的菌株产生荚膜，有毒，让人患肺炎，让小鼠患败血症并死亡，其菌落是光滑的；R型菌株不产生荚膜，无毒，在人或小鼠体内不会致病，其菌落是粗糙的。

故事的发生是这样的，1928年科学家格里菲斯发现，两种不同类型的肺炎双球菌光滑型（S型）和粗糙型（R型）混在一起时会发生有趣的现象。

格里菲斯分别在小白鼠体内注入活的、无毒RⅡ型（注：罗马数字Ⅱ/Ⅲ表示细菌表面抗原血清亚型）肺炎双球菌，或加热杀死的有毒SⅢ型肺炎双球菌，小白鼠均安然无恙。在小白鼠体内注入加热杀死的SⅢ型肺炎双球菌和无毒、活RⅡ型肺炎双球菌的混合液，小白鼠却患败血症死亡，从小白鼠的血液中可以分离出活的SⅢ型菌，并能产生有毒性的SⅢ型后代。这一奇特的现象被格里菲斯称为转化作用。格里菲斯由此推论，在已经加热杀死的SⅢ型细菌中，必然含有一种"转化因子"，促使RⅡ型转化为SⅢ型，并且这种转化是可遗传的。

1931年，道森和西亚把上述R型细菌培养在含有抗R型的抗血清以及经加热杀死的SⅢ型细菌的培养液中，结果繁殖出SⅢ型细菌。1932年，阿洛维进一步证明不用完整的死细胞，仅用SⅢ型肺炎球菌的无细胞抽提液用样即可使肺炎球菌从RⅡ型转化成SⅢ型。

之后科学家一直在不断地试验，试图鉴定出SⅢ型的无细胞抽提液中能使R型细胞转变成SⅢ型细胞的"转化因子"究竟是什么物质。

当时大多数科学家认为引起这种转化现象的是S型细胞的荚膜多糖，或是S型细胞内的蛋白质。1944年，美国细菌学家艾弗里等人从提纯了S型肺炎球菌的这种转化因子，并从元素分析、酶学分析、血清学分析以及生物活性鉴定等方面证实了无细胞抽提物中引起转化的是脱氧核糖核酸（图19）。

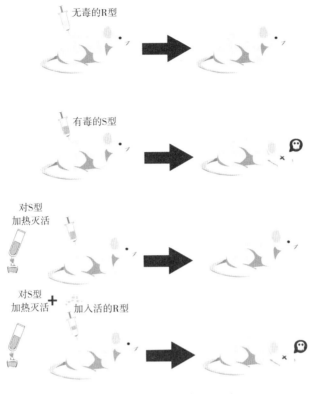

图19 肺炎双球菌的转化实验

注：该实验证明了S型细菌中含有一种转化因子，可将R型细菌转化成了S型细菌，实际这种转化因子正是后来被科学家定义的DNA。

于是科学家想到，既然自然界中基因已经在微生物之间进行水平传递，为什么不顺势而为呢？

然而，说起来容易做起来难。虽然微生物的转化现象普遍存在，但是在实际工作中，并不是所有的微生物菌株都能开展遗传转化工作，许多细菌迄今还没有发现过转化现象。即便可以进行转化的微生物，很多转化频率也很低。也就是说并不是所有的受体细胞都能摄取外来的DNA，而是在特定条件下培养的细胞中只有一部分能摄取外来的DNA。

于是科学家想到，能不能采取办法帮助微生物放弃"闭关锁国"，搞搞"改革开放"？

他们发现，在细菌快速生长的对数期，细菌细胞在低温（0℃）和低渗溶液（$CaCl_2$）中易于膨胀成球形，同时丢失部分膜蛋白，细胞膜通透性增加，外源DNA很容易进入，他们把这种变得"好客"的细胞状态叫做感受态。接着，待转入DNA的大小、形态和浓度调整到某些特定数值后，将质粒DNA黏附在感受态细菌表面，在42℃短时间的热激处理，即可促进细胞吸收外源DNA。由此，发明了感受态细胞的制作方法。

之后，科学家又通过在细胞膜上施加高压脉冲电流，让细胞膜瞬间出现一些小孔，形成各种大分子（包括DNA）进入细胞的通道。而当高压脉冲电流移除后，细胞膜又会恢复正常。这样又发展出了电击转化法。

DNA分子的转化过程较为复杂，大致分为4个环节。

（1）吸附。双链DNA分子在受体菌表面形成吸附。

（2）转入。双链DNA分子解链，其中的一条单链DNA分子进入受体菌，另一条链被降解。

（3）自稳。进入受体的外源质粒DNA分子在细胞内通过复制再次形成双链环状DNA分子。

（4）表达。供体基因随同质粒上的复制子同时复制，并被宿主转录和翻译。

这种实验室下的转化，不仅为许多不具有自然转化能力的细菌（如大肠杆菌）提供了一条获取外源DNA的途径，还成为质粒或病毒载体引入宿主细胞的一种重要手段。转化已成为基因工程的基础技术之一，至今仍在育种和遗传性疾病的基因治疗继续发挥着作用。

二、接合

转化是DNA分子被细胞吸收到细胞内部的过程，主角是DNA和细胞。而接合则是发生在两个细胞之间的遗传物质转移，主角是供体细胞、受体细胞以及需要转移的DNA。两者最大的区别是是否需要供体细胞与受体细胞的接触。

接合现象是1946年由美国微生物遗传学家莱德伯格与美国生物化学家兼微生物遗传学家塔特姆发现的。

先介绍一下细菌的营养缺陷型。

就像人类的生存需要吃饭一样，细菌的存活也需要各类营养物质的供给。这些物质要么从外部摄取，要么自己合成。所以实验室里是把细菌接种在培养基上培养。

在一些特定的突变下，细菌会丧失合成某一种或者几种营养物质的能力，这个品种的细菌就叫XX型营养缺陷型菌株。实验室培养营养缺陷型菌株时，必须在基本培养基中加入所缺失的营养物质才可以使它们正常生长。用于培养正常菌株，无须额外添加营养物质的细菌培养基，叫做基本培养基。

莱德伯格和塔特姆将各具有3种互不相同的营养缺陷型的大肠杆菌K-12品系菌株接种在基本培养基上。按照常理推论，培养基上应该长不出任何菌落。然而奇迹出现了，培养基上竟然长出了正常菌落。难道是被正常菌株污染了？这些营养缺陷的菌株发生了回复突变，重新具备了合成营养物质的能力了？两种菌株之间通过转化实现了互通有无？他们在逐一排除上述可能性后认为这些新出现的菌落，是由两个不同基因型的大肠杆菌相互接触后实现了DNA的转移和重组，重新获取了合成营养物质的能力。

假如在显微镜下观察细菌，你会发现细菌的表面也不是完全光滑平整的。在纳米尺度上可以观察到一些类似人类"皮肤汗毛"的物体，这就是细菌的菌毛。在一些革兰氏阴性菌的表面，有一种比一般菌毛更粗一些的性菌毛。性菌毛由一些质粒编码蛋白质聚合而成的。当两个细菌"挨"得很近时，性菌毛可以与另一个细胞表面的受体相结合，在细胞之间建起一座"桥梁"，性菌毛的"所有者"通过这个桥梁把自己的质粒传递给另一个细菌，这个过程叫做细菌的接合（Conjugation）。

从生物学意义来说，细菌接合相当于高等动植物的有性生殖。1952

年，英国微生物遗传学家海斯和美国微生物遗传学家莱德伯格等各自证明了大肠杆菌细胞也具有性别，并与大肠杆菌细胞中是否存在F因子的质粒（F-factor或F-plasmid）有关。具有F因子的细菌细胞（F+）有性菌毛是接合的供体（雄性）。而没有F因子的细菌细胞（F-）没有性菌毛，则是受体（雌性）（图20）。

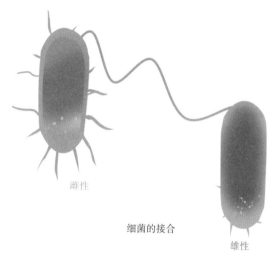

雌性

细菌的接合

雄性

图20　大肠杆菌的"有性"生殖

　　F因子为单拷贝游离体，携带有自主复制起点（OriV）、转移起点（OriT），以及约40个基因组成的与DNA转移机制相关的tra和trb序列。其中包括*pilin*基因，它可以决定让细菌细胞表面形成性菌毛。当发生细菌接合时，通过细胞表面的性菌毛，供体细胞与受体细胞相接触，同时供体细菌的单链DNA通过性菌毛的孔道向受体细胞转移，从而使受体细菌获得供体细菌的遗传性状。

　　细菌的抗生素耐性就是通过性菌毛由耐药性质粒来传递的。细菌很容易获得耐药性，这可以从两方面解释：一方面，细菌基因组纠错机制不完备，遗传物质复制时差错率高，产生耐药基因的可能性高；另一方面，耐药基因可以通过接合作用快捷地在同一种细菌的不同个体甚至不同种细菌之间传递。

从某种程度上来说，F因子颇有一些怪癖，然而善于变废为宝、出奇制胜的科学家们，利用这样的怪癖却做了好多事情。

首先，F因子既可以通过同源重组整合到细菌染色体，也能够游离存在。F因子已经整合到染色体上的细胞被称为高频重组（Hfr, High Frequency of Recombination）细胞。当发生接合时，供体细胞的部分染色体DNA也会转移到受体细胞中。所以，F因子是转移细菌基因组DNA的好帮手。

其次，F因子搭桥转移DNA时，被转移染色体DNA的片段大小取决于发生接合时两个细胞接触时间的长短。如果时间长，整个细菌染色体都能转移过去。如果时间短，则只会转一部分序列。实验室常用的大肠杆菌菌株转移整个细菌基因组染色体通常需要大约100分钟。1956年，法国微生物遗传学家雅各布和沃尔曼首创了中断杂交实验，通过分析小于100分钟的时间内Hfr细胞与F-菌株接合后受体细胞所获得的性状和基因，由此发明了以时间为单位来表示图距的大肠杆菌遗传学图绘制方法，从而获得了最初的大肠杆菌基因组物理图谱。通俗地说，就是确定了大肠杆菌染色体上不同基因的长度、位置和顺序。

最后，F因子转移的DNA能通过同源重组整合到受体细胞的染色体中，像个优秀的快递员一样，不仅能送货到门，还愿意负责安装到位。

最具有想象力的是，科学家利用F因子还发展出了一种巧妙的三亲接合技术。除供体菌和受体菌外，还额外增加了含有可自由移动的游动质粒的协助菌。将三种菌株混合在一起，协助菌中的游动质粒进入供体菌，识别供体菌要转移质粒的转移起始点和活动位点后，拖曳着供体质粒主动地进行接合，通过两步连续的接合过程就把目标质粒转入受体菌。

分枝杆菌也会发生接合，过程与大肠杆菌类似，需要供体与受体菌稳定持续接触，耐受DNA酶，转移的DNA通过同源重组整合到受体菌的染色体中。然而与大肠杆菌Hfr接合系统不同的是，分枝杆菌的接合不是基于质粒，而是基于染色体。这种大量的亲本基因组混合非常类似于有性繁殖中的减数分裂，供体菌染色体所有区域的转移效率相差并不多。

采用接合技术进行基因转移是很具优势的，对受体细菌的细胞膜破坏程度小，能够一次性转移相对较多的遗传物质。

现在，接合已经不仅用于微生物之间的转基因操作，利用接合现象，已成功实现了从细菌向不同受体细胞，包括酵母、植物、哺乳动物细胞、分离的哺乳动物线粒体转移基因。

三、转导

1951年，美国遗传学家莱德伯格和他的学生津德为了证实大肠杆菌以外的其他菌种是否也存在接合作用，用二株具不同的多重营养缺陷型的鼠伤寒沙门氏菌进行了一项实验。

他们将色氨酸缺陷型LT22A（try-）鼠伤寒沙门氏菌和组氨酸缺陷型LT2（his-）鼠伤寒沙门氏菌混合在一起放在基本培养基上进行培养，结果发现在107个细胞中会出现100个左右的正常菌落。

前面提到，细菌的接合需要细菌之间通过性菌毛亲密接触。这次他们决定让两种营养缺陷型的细菌"分居"。用一根中间带有玻璃做的细菌滤片的"U"形管进行强制隔离后，他们把上述两个营养缺陷型的菌株分别接种在滤片两边的培养液中，经过一段时间培养后，在接入LT22A的一端竟然出乎意外地出现了正常菌株。由于"U"形管两臂之间是用细菌滤片隔开的，两边的细菌没有直接的"身体"接触，因此可肯定的是，导致原养型出现了基因重组的原因不是通过细菌接合，而是存在某种滤过因子将LT2的基因传递给了LT22A。通过全面鉴定滤过因子的大小、质量、抗血清以及热处理的失活速度和寄主范围，证实了滤过因子就是沙门氏菌的P22噬菌体。

噬菌体（Phage），顾名思义，即吃细菌的生命体。

噬菌体20世纪初首先在葡萄球菌和志贺菌中被发现是一种专门感染细菌、真菌、放线菌或螺旋体等微生物的病毒，分布极广，凡是微生物的存在之处都可能是它们的藏身之处，如在人和动物的排泄物或污染的井水、河水中，土壤中都能找到噬菌体。

　　作为病毒的一种，噬菌体个体微小，可以通过0.22微米的滤菌器；不具备完整的细胞结构，主要成分是蛋白质构成的衣壳和包含于其中的核酸；只能通过活的微生物细胞进行复制增殖，离开了宿主细胞的噬菌体既不能生长也不能复制。但其不仅没有感恩图报，反而"客大欺店"，总在"欺负"养育自己的宿主（图21）。

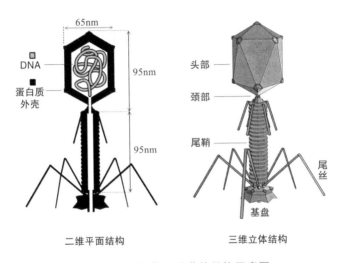

图21　大肠杆菌T4噬菌体结构示意图

　　注：噬菌体通常由核酸和蛋白质构成，其核酸只有一种类型，即DNA或RNA，双链或单链，环状或线状。蛋白质外壳起保护核酸的作用，并决定噬菌体的外形和表面特征。

　　噬菌体感情专一，有严格的宿主特异性，只"欺负"特定的某种微生物。因此请噬菌体帮忙，可以进行精准的细菌流行病学鉴定与分型，追查传染源。噬菌体结构简单、基因数少，堪称是最简单的生命系统，可作为良好的分子生物学与转基因技术的实验系统。

　　不同的噬菌体侵袭微生物，有自己独特的一套方式。

　　一些暴脾气的噬菌体，擅长攻城略地，进入宿主细胞后，利用细菌内的DNA以及蛋白质复制机制，三下五除二地繁殖出很多子代噬菌体，然后离开支离破碎的宿主细胞，急匆匆地四处扩散寻找下一个的"倒霉"宿主，这些简单粗暴的噬菌体叫做溶菌性噬菌体。

此外，还有一些慢性子的噬菌体，更喜欢殖民统治，进入细菌内部后，并不急着分裂繁殖下一代，而是将自己的DNA插入（整合）到宿主的基因组上，随着宿主细胞的分裂繁殖，传递自己的下一代。这类以不活动的状态安安静静地潜伏在宿主细胞中的噬菌体被称为原噬菌体，因其性情温和也被称为温和噬菌体。在一定条件下，原噬菌体可以进入营养生长状态而复制繁殖，并最终导致宿主细胞裂解而被释放出来。

在莱德伯格和津德的实验中，被证实起到转移基因作用的沙门氏菌的P22噬菌体就是一种温和噬菌体。它们在LT22A的培养过程中被少数菌自发释放出来，并穿过玻璃滤片感染LT2，使之裂解。在这一过程中，有一部分P22噬菌体"顺手牵羊"地将宿主LT2的某些基因包在自己的蛋白质外壳中，当这些噬菌体再度穿过细菌滤片感染LT22A细菌时，就将所携带的LT2的某些基因带进LT22A细胞。在上述实验里，P22把LT2的 *try+* 基因带进LT22A细胞，使LT22A细胞由 *try-* 转变成 *try+*，即从色氨酸缺陷型变成了原养型（野生型）。

这一新发现的遗传现象被称为转导（Transduction），即通过噬菌体将细菌基因从供体转移到受体。细菌中普遍存在转导现象，无论是陆生环境还是水生环境都可以发生，甚至可以"跨界"，由细菌向动植物基因组发生。

转导现象的发生需要3个组成部分：供体细菌、转导噬菌体和受体细胞。在转导实验中，噬菌体通过感染细菌复制产生DNA，并将宿主DNA错误地装入噬菌体外壳中，形成含宿主基因的转导颗粒，噬菌体再次感染同类宿主，供体基因与受体基因发生重组形成转导子。

转导则分为两种，普遍性转导和局限性转导。

普遍性转导是通过极少数完全缺陷的噬菌体把供体基因组上任何小片段DNA"误包"，将其遗传性状传递给受体，其媒介是温和噬菌体（如P22或P1噬菌体），菌株可以是鼠伤寒沙门氏菌或大肠杆菌。

局限性转导是通过部分缺陷的噬菌体把供体菌的少数特定基因包装携

带到受体菌中，并与后者的基因组发生整合、重组，形成转导子的现象，其媒介是温和噬菌体（λ噬菌体），其菌株是*E. coli* K12。局限性转导与普遍性转导的区别在于：在局限性转导中被转导的基因与噬菌体DNA共价相连，一起进行复制包装并被导入到受体细胞中，而普遍性转导中的转导颗粒（子代噬菌体）包装的除嗜菌体的基因组外，可能是宿主菌染色体的任意部分；局限性转导携带特定的染色体片段或基因，并将固定的个别基因导入受体，而普遍性转导所携带的宿主基因具有随机性。

转导也是微生物转基因中的常用手段，同转化一样，它也能实现基因在不同种属间的传递，并且为转基因技术的开发和应用提供了新途径。

第二节　动物转基因方法

动物转基因技术是借助基因工程技术将体外重组的结构基因导入受精卵或胚胎，培养出转基因动物的技术。与微生物中天然存在的转化、接合、转导等现象不同，在自然界，两个动物之间除通过有性生殖让彼此的基因在下一代融合外，并没有其他明显的动物个体间转移基因的手段。但是功夫不负有心人，自然界中向动物基因组转移基因的现象，终于被科学家们发现，而我们也将在本节的最后对此进行揭秘。

一、显微注射

先讲讲精子与卵细胞相遇后发生的故事吧。

当精子进入卵子时，将自己的小尾巴留在了卵子外面，只有头部钻入卵子的细胞内。头部是精子的细胞核所处位置。精子小，卵子大，精子的细胞核和卵子的细胞核，个头上差距也很大。面对眼前巨无霸般的卵细胞核，精子作为男方代表实在是有点自卑呀！

于是，精子的细胞核会举办一场成人礼。精子的头部进入卵子内，通常会将运动方向转向某个特定的角度，然后头部逐渐膨胀起来，直至其恢复成普通的细胞核大小。是的，你没看错，精子的细胞核一下子从侏儒长成了巨人。此时，精子细胞核尚未与卵子细胞核融合，这个变大的细胞核叫做雄原核（Male Pronucleus）。相应的，卵子里尚未与精子细胞核融合的细胞核叫做雌原核。也就是说，在精子进入卵子后，两个细胞核并不是一见面就紧紧拥抱并融为一体的，而是要经过一个短暂的仪式。

显微注射技术是早期动物转基因操作中最常用的技术方法，它的第一次尝试就是在小鼠的雄原核上进行的。

1981年美国科学家戈登等人在显微镜下用玻璃微管将重组质粒DNA（含有HSV和SV40的DNA片段）送入小鼠受精卵的雄原核中，经过一系列操作，首次得到了转基因小鼠，宣布了动物转基因技术的创立。

回顾一下这个重大事件的历程，这个技术中不能忘却的主角有：

假孕母鼠A，它将作为转基因动物的养母。

可育母鼠B，受精卵的提供者。

雄鼠A，输精管结扎后的绝育雄鼠，负责与假孕母鼠A交配。

雄鼠B，没做过绝育手术，生育能力正常的雄鼠，负责与可育母鼠B交配。

显微注射的步骤是这样的：

第一步，为上述的男女主角们准备两场婚礼。一场注定是丁克家庭，一场则要谋求多子多福。

第一场婚礼。让假孕母鼠A与绝育雄鼠A交配，由于雄鼠不能提供精子，因此，假孕母鼠A无法怀孕。但是这次交配却刺激假孕母鼠A的子宫发生了一系列类似妊娠反应的变化，可以随时接受受精卵，这使它成了一个合格的养母，可以随时接受转基因技术处理过的小鼠胚胎。

第二场婚礼。向可育母鼠B注射孕马血清与绒毛膜促性腺激素（HCG）

促使其超排卵。超排卵就是用一系列的促排卵激素类药物刺激机体，最终促使卵巢短时间内快速产生多个成熟卵子，以便提高精子的命中率。然后让可育母鼠B与可育雄鼠B交配。第二天，从可育雌鼠B的输卵管内收集受精卵备用。

第二步，向得到的受精卵中转入基因。这可是个精细活。

在高倍倒置显微镜下，利用管尖极细（0.1~0.5微米，1微米=0.001毫米）的玻璃微量注射针，在显微操作器的帮助下，将含有目的基因的溶液注射到受精卵中的雄原核中。

第三步，胚胎移植。

将受精卵（已转入靶基因）自假孕母鼠A的背部穿刺植入其输卵管内，使其重回胚胎发育环境，逐步在"养母"体内发育成熟。

第四步，幼鼠的鉴定。

在新出生的小鼠断奶后，取尾部少量组织提取DNA，利用目的基因序列的分子探针对其进行鉴定，有靶基因整合的个体即可筛选出作为首建鼠。

然后，将首建鼠与普通小鼠交配，得到的F_1子代有50%左右带有靶基因，据此初步建立转基因鼠系（后续也可将合适的组织进行细胞培养建立细胞系）。

最后，通过对转基因小鼠个体不同组织或胚胎进行靶基因的mRNA或表达产物进行检测，鉴定外源基因的整体表达和组织特异性表达情况。至此，如果实验顺利，就得到了一个转基因小鼠品系。

戈登之后，显微注射方法得到了广泛的应用。

1982年美国科学家博米特等将大鼠GH（生长激素）基因导入小鼠受精卵中，所生7只小鼠中有6只小鼠体重为正常个体的二倍，被称为"超级小鼠"。由此开启了一系列新的进展（图22）。

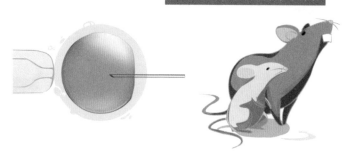

科学家给我导入了大鼠的生长激素基因，现在我也变成巨人啦！

图22　显微注射方法获得的转基因动物

注：世界上第一只转基因动物巨鼠，是将大白鼠生长激素导入小白鼠的受精卵中，再将这个受精卵移入借腹怀胎的母鼠子宫中，产下的小白鼠比一般的大一倍。

1985年，美国科学家用转移生长激素（GH）基因、生长激素释放因子（GRF）基因和胰岛素样生长因子1（IGF1）基因，生产出转基因兔、转基因羊和转基因猪；同年，德国波姆（Berm）将人的生长激素基因转入猪和兔的胚胎中，生产出转基因兔和转基因猪。

1987年，美国的戈登等人首次报道在小鼠的乳腺组织中表达了人的组织型纤溶酶原激活物（tPA）基因，为治疗人类动脉硬化、心肌梗死等血栓性疾病提供了新的思路。

显然，显微注射方法优势较多：适用范围广（任何DNA在原则上均可转入任何种类的细胞内），外源DNA整合率高，外源基因容量大（DNA长到50kb仍然有效），实验周期缩短，是制备转基因动物的一种常用方法，已成功运用于包括小鼠、鱼、大鼠、兔子及许多大型家畜如牛、羊、猪等转基因操作中。但也有相应的缺点：转移基因往往串联整合，表达不稳定，不能将外源基因导入发育较晚的胚胎细胞，且效率低，价格高。

但毋庸置疑，转基因小鼠确实是研究外源基因构筑型态、染色体嵌插、转基因表现及调节的最佳模式动物，也是建立转基因技术最好的工具。在转基因家畜之前，用小鼠预备试验往往事半功倍。

二、体细胞核移植

动物转基因技术另一个常用的方法就是核移植技术，也叫动物克隆。克隆羊"多莉"的诞生即有赖于这种技术。

动物克隆是指通过无性繁殖方式由单个动物细胞产生遗传性状相同的新个体。与植物扦插、嫁接一样是无性繁殖，通俗地说，就是从动物身上取下一个体细胞，然后采取一系列办法，让这个细胞长成一个与原有的动物在基因组上完全相同的新个体，就像用"复印机"原样复制出一个新动物。其采用的技术叫做体细胞核移植。

最早的动物克隆是在两栖动物和鱼类中进行的。

1952年，美国科学家布里格斯和金成功地克隆了蝌蚪。这是细胞核移植方法的首次成功，也是人类首次成功实现的动物克隆，由此开辟了高等动物发育生物学研究的新领域。卵子受精后，受精卵要进一步分裂才能发育成新的个体。受精卵的早期分裂，是发育成一个细胞团，这个细胞团叫做囊胚。两位美国科学家将青蛙囊胚期的细胞核取出来，再将青蛙的卵细胞去除细胞核，然后将囊胚细胞的细胞核，放入去掉细胞核的卵细胞中，重新搭积木一般拼成了一个新的细胞。由于青蛙是体外受精和体外发育，受精卵可在自然界中自行发育，而不需要在母体内发育，这个细胞发育正常，最后变成了一只蝌蚪。

1962年，英国科学家戈登进行蛙胚胎移植，产生有生殖能力的蛙。

1963年，中国的著名科学家童第周教授曾在国内进行鱼类细胞核移植工作并获得克隆鱼。

1981年，小鼠胚胎的细胞核移植实验首获成功，首只克隆鼠诞生。

1986年，首只克隆绵羊诞生。

1993年，首次克隆牛获得成功。

然而，以上核供体还均为胚胎细胞，并非普通体细胞（胚胎细胞具有体外培养无限增殖、自我更新和多向分化的特性），是否可以用动物个体的任何一个细胞来进行动物克隆是科研人员接下来的探索方向。

1997年，英国苏格兰爱丁堡罗斯林研究所维尔穆特领导的研究小组，成功地用绵羊的乳腺细胞，获得了克隆羊"多莉"（Dolly）（图23）。该项成果在《Nature》杂志发表后，在全世界引起轰动。此后，动物体细胞克隆技术成为世界各国科研人员的研究热点：绵羊、山羊、牛、猪、小鼠等多种体细胞克隆动物相继出现。

多莉作为人类首次利用成年动物体细胞克隆成功的第一个生命，在1998年、1999年相继产下多只羊宝宝，证实了克隆动物具备生育能力。2000年，中国第一只体细胞克隆羊阳阳诞生，并顺利于2001年和2003年两次产子。

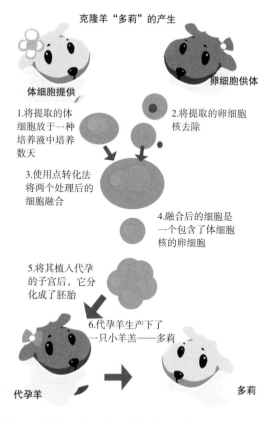

图23　世界上第一只克隆羊"多莉"的诞生记

多莉的出世堪称曲折。在培育多莉羊的过程中，科学家采用的体细胞克隆技术，主要分4个步骤进行。

步骤一

从一只6岁芬兰多塞特白面母绵羊A的乳腺中取出乳腺细胞，在特定浓度的细胞培养基中培养，使其分裂停止，获得"供体细胞"。

步骤二

从一只苏格兰黑面母绵羊B的卵巢中取出未受精的卵细胞，去除细胞核，得到"受体细胞"。

步骤三

利用电脉冲方法，首先得到供体细胞和受体细胞的"融合细胞"，由于电脉冲的作用，"融合细胞"会像普通受精卵一样进行细胞分裂、分化，最终形成"胚胎细胞"。

步骤四

将"胚胎细胞"移植到另一只苏格兰黑面母绵羊C的子宫内，着床、分化和发育，最后分娩得到了小绵羊——多莉。

简言之，多莉没有父亲，却有3个母亲："基因母亲"是提供乳腺细胞的芬兰多塞特白面母绵羊A；"借卵母亲"是提供去核卵细胞的苏格兰黑面母绵羊B；"代孕母亲"是为胚胎提供发育成熟环境的另一只苏格兰黑面母绵羊C。

多莉继承了"基因母亲"的遗传特征，脸部颜色是白色，而非黑色。分子生物学的测定也表明，它与"基因母亲"有完全相同的细胞核遗传物质，甚至可以说，它们就像是一对隔了6年的双胞胎。当然，因为细胞质内还有少量遗传物质，譬如多莉的借卵母亲的线粒体DNA就遗传给了多莉。所以，多莉和她的基因母亲实际上，还是会有些许的遗传差异（图24）。

图24　听多莉宝宝讲述自己的故事

注：多莉是用细胞核移植技术将哺乳动物成年体细胞培育出来的新个体，多莉的诞生开启了"克隆"这项前沿生物技术快速发展之旅。

理论上，利用同样方法，"克隆人"技术也可以实现，这意味着以往科幻小说和电影中各种人类克隆的桥段可能成为现实。因此，"多莉"的诞生在全球各界引起了轩然大波，"克隆人"技术所衍生的道德问题成了人们讨论的热点。各方人士均表示克隆人类有悖于伦理道德。但克隆技术独到的理论和巨大的实用价值仍不容小觑：可作为普通繁殖技术的补充，加速优秀畜牧动物品种培育，如加快高产奶牛的选育并减少种畜数量，更好地实现优良品质的保存。通过动物克隆技术可增加濒危动物个体的数量，避免该物种的灭绝，如新西兰科学家成功克隆了当地一头土种牛，挽救了这个濒临灭绝的物种；中国科学家也在探索大熊猫体细胞异种核移植技术，以期为"国宝"繁衍后代助一把力。

不过，动物体细胞克隆技术也存在缺陷，其中最显著的就是克隆动物的早衰问题。有性繁殖中，受精卵内的基因组会进行重启操作，消除父母因为年龄增长而在精子卵子上留下的表观遗传学印记，并让随着细胞分裂不断变短的染色体端粒得到修复，而端粒的长短和寿命相关。但体细胞克隆则不存在这些过程，因此克隆动物多少都存在早衰等生理缺陷，譬如多莉在5岁半就开始出现了正常羊10岁以后才出现的老年疾病。诸如此类的问题还有很多，这些都需要在生命科学领域相关研究向前发展的过程中不断解决。

三、转染

转染是指把外源核酸导入细胞内的过程之一。

对于原核生物来说，转染是转化的代名词，特指感染细胞的DNA或RNA来自病毒或者噬菌体。

在真核生物中，则使用转染这个词来代替转化。这是因为之前人们已经习惯了用转化来表示真核细胞转变为恶性增殖的癌细胞，如是以示区别。

转染技术可分为瞬时转染和永久转染。

在瞬时转染中，将多个拷贝数的外源DNA/RNA转入宿主细胞，可以产生高水平的表达，但由于没有整合到宿主染色体中，转入的基因会随着细胞分裂而逐渐稀释丢失，通常只持续表达几天。转染后只在24~72小时可分析结果，多用于分析启动子和其他调控元件。

永久转染中，外源DNA整合到宿主染色体中或者作为游离的质粒能长期存在，然而整合的概率很低，大约$1/10^4$转染细胞，通常需要通过一些选择性标记才能得到稳定转染的同源细胞系。

随着生命科学研究中对基因与蛋白功能研究的不断深入，转染已成为外源基因进入细胞的重要技术和基本方法之一。

转染大致可分为物理介导、化学介导和生物介导三类途径。常用的主要有电击法、磷酸钙法、脂质体介导法和病毒介导法。1973年，美国科学家格雷厄姆和范德艾布首次通过混合含有DNA的氯化钙溶液和HEPES磷酸盐缓冲液，DNA结合在磷酸钙细小沉淀表面而随着部分沉淀被吸收而进入细胞。尽管此过程的机理并不完全清楚，但因为磷酸钙法成本低，也曾在一段时间作为流行的转染方法来鉴定致癌基因。

电穿孔法利用电流可逆地击穿细胞膜形成瞬时的水通路或膜上小孔促使DNA分子进入胞内。高电场强度会杀死大量细胞，但现在针对细胞死亡已开发出了一种电转保护剂，可以大大降低细胞的死亡率，提高转染效率。

病毒介导的转染技术细胞毒性很低，是目前转染效率最高的方法。但是，该方法前期准备工作复杂，且对细胞类型有较高的选择性，导致病毒法转染普及度不高。目前实验室最方便的转染方法是脂质体法，它利用脂质体表面与核酸的磷酸根通过静电作用形成包裹DNA的复合物，这个复合物被表面带负电的细胞膜吸附后，经膜融合或细胞内吞进入细胞。脂质体法转染率较高，优于磷酸钙法；但也有一定缺憾，脂质体对细胞有一定的毒性，且转染时间一般不超过24小时。

国际上目前流行的还有一些阳离子聚合物基因转染技术，宿主范围广，操作简便，细胞毒性小，转染效率高。其中树枝状聚合物（Dendrimers）和聚乙烯亚胺（Polyethylenimine，PEI）的转染性能最佳。PEI经常做为复杂基因载体的核心组成成分应用于基因治疗。现在最新的转染试剂采用纳米材料制作，主要原理是通过分子内氨基在生理pH值下质子化而中和DNA质粒表面的负电荷，使DNA分子压缩为体积相对较小的粒子并包裹在其中形成转染复合物，从而免受核酸酶的降解。通过纳米技术的转染试剂具有结合保护DNA能力强、毒性低的独特性能。

转基因生物有纯合体和嵌合体之分，取决于外源基因整合到受体基因组的时机。如果整合发生在受精卵第一次卵裂之前，外源基因会随染色体的复制分裂而均匀分布到每一个细胞中，由此发育而来的转基因动物就是纯合体；否则，得到的就是嵌合体，也就是说在转基因动物体内，一部分细胞带有外源基因，而一部分细胞没有外源基因。

　　随着转基因技术的发展，生物医学的研究已经越来越离不开转基因动物，如研究基因对致癌病毒与癌细胞的关系、基因与免疫细胞调控、基因的生长调控机制等，人类组织及器官移植，胚胎干细胞及干细胞的体外诱导分化研究等。此外，在制造蛋白质药物、器官移植、疫苗、毒理实验、动物品种改良及养殖鱼类改良等方面，转基因动物也将大有可为。

第三节　植物转基因方法

　　自然界中天然就存在一些植物转基因的现象。科学家要做的就是效法自然。当然，效法只是起点，创新技术、掌控自然才是科学的使命。

　　目前已发展了许多用于植物基因转化的方法，这些方法可分为三大类：第一类是载体介导的转化方法，即将目的基因插入到农杆菌的质粒或病毒的DNA等载体分子上，随着载体DNA的转移而将目的基因导入到植物基因组中，农杆菌介导和病毒介导法就属于这种方法。第二类为基因直接导入法，是指通过物理或化学的方法直接将外源目的基因导入植物的基因组中，物理方法包括基因枪转化法、电激转化法、超声波法、显微注射法和激光微束法等；化学方法有PEG介导转化方法和脂质体法等。第三类为种质系统法，包括花粉管通道法、生殖细胞侵染法、胚囊和子房注射法等。

　　在规模化遗传转化方面，提高转化效率、完善条件设施是关注重点。2008年启动"转基因生物新品种培育重大科技专项"重点支持水稻、小麦、玉米、大豆、棉花、猪、牛、羊八大生物的转基因技术研发。项目实施以来取得了多项技术突破，在规模化转基因技术体系构建方面也取得了重要进展，为转基因生物新品种培育提供技术和平台支撑，但总体来看，与发达国家相比还存在一定差距。今后，需要进一步提高转化效率，整合高效和安全转基因技术并加以集成创新（图25）。

图25 我国主要农作物规模化转基因平台建立

一、农杆菌介导法

20世纪70年代，比利时科学家蒙塔古发现土壤中的细菌正在进行一种自然基因工程。这种细菌将其遗传物质的一部分注入植物细胞内后，植物细胞就会为这种细菌生产食物。

几乎同时，美国科学家齐尔顿在研究一种常见植物感染——细菌性根癌病，也发现了同样的现象。一种被称为根癌农杆菌的细菌将其自身DNA注入植物细胞基因组后，这种植物就会为该细菌提供食物，形成细菌性根癌病，这就是农杆菌转化的技术源头。

农杆菌是一类广泛存在于土壤中的革兰氏阴性细菌。农杆菌会富集到一些植物根部，通过摄取植物根部的营养物质来繁衍生息。农杆菌主要有发根农杆菌和根癌农杆菌两大类。顾名思义，发根农杆菌可在侵染部位诱导产生大量的须状根，它通过自身含有的一种Ri质粒，可在转基因瞬时表达实验中进行基因转移。而在转基因植物研究中应用最广泛的根癌农杆菌，其在自然条件下可侵染140多种双子叶植物或裸子植物，当其转入植物的基因簇时，会诱导植物被侵染部位产生冠瘿瘤，如豆科植物大豆、花生、苜蓿等在根部都有冠瘿瘤产生，被子植物的杨梅、裸子植物的罗汉松也存在冠瘿瘤。

根癌农杆菌中有一种特殊的Ti质粒，其中有一段名为"T-DNA"的转移DNA。在农杆菌侵染植物时，T-DNA即可通过一种较为复杂的机制，进入植物细胞并整合到植物细胞核内的基因组上。

农杆菌介导法就是把改造后的Ri/Ti质粒变成运输队，将外来的新基因送进植物细胞，从而赋予植物新的特征，如高产、抗病、抗虫、抗逆等。由于Ri/Ti质粒上含有使植物产生冠瘿瘤的基因簇，在转基因操作时需"取其精华去其糟粕"，对这两种质粒进行改造，从而达到只将目标基因转入而不带入使植物致病或其他有安全风险的基因的目的（图26）。

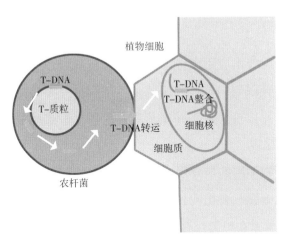

图26　农杆菌介导法转基因技术原理示意图

注：根癌农杆菌和发根农杆菌中细胞中分别含有Ti质粒和Ri质粒，其上有一段T-DNA，农杆菌通过侵染植物伤口进入细胞后，可将T-DNA插入到植物基因组中。科学家通过"偷梁换柱"，将目的基因如耐除草剂基因替换T-DNA上的一段序列，这个外源基因就可以在T-DNA帮助下整合到植物基因组中。

之所以被誉为"自然界最小的遗传工程师",是因为农杆菌在进化中建立了一种天然的植物遗传转化体系。农杆菌介导法起初只被用于双子叶植物。后来发现,农杆菌挑剔的原因竟是因为双子叶植物中有乙酰丁香酮,而单子叶植物中没有。投其所好,在转化时加入乙酰丁香酮,就可以诱导T-DNA的转移,于是农杆菌介导法在单子叶植物(如水稻、玉米等)中也成功得以应用。

农杆菌介导法是目前应用最为广泛、技术方法最成熟、研究最多、理论机理最清楚的植物转化方法,具有转化效率高、基因拷贝数低、转基因沉默相对较少、转移的基因片段较长、受体范围广、操作简便、成本低廉、实用性强等优点。但农杆菌介导法也存在一定不足,如易受基因型特异性、宿主范围的限制。

迄今为止,人们获得的200余种转基因植物中,80%以上是采用农杆菌介导法产生的,如转基因抗虫棉、转基因抗草甘膦大豆和转基因苜蓿等。

二、基因枪介导法

在植物转基因技术应用史中,还有一种转基因方法比农杆菌介导出现的更早且不受物种限制,这种方法就是"基因枪介导的转化方法"(以下简称基因枪法)。以枪为名,并非其需要使用军事活动中的枪支,而是借用了枪支的工作原理。

我们知道植物细胞的最外层有坚硬的细胞壁,里面是磷脂双分子层和膜蛋白构成的细胞膜。要想向植物细胞转入外源基因,就得至少突破这两层屏障。于是科学家在想能否有其他简单的方法实现植物转基因过程。

1987年,美国康奈尔大学发明了火药型台式基因枪,这是基因枪家族系列中最原始的类型。1988年,美国科学家麦凯布发明了电击式基因枪,并成功地将包裹有DNA的钨粉转入了大豆茎尖分生组织,并衍生出可检测到外源基因表达的再生植株。1989年,以气体作为驱动力的气动式基因枪诞生，并成功获得了瞬时表达外源基因的烟草。1990年，美国杜邦公司推出首款商品基因枪PDS-1000系统。与现在新型手持型基因枪不同，台式基因枪体积相对大，除基因枪的核心枪室外，还需配备一台真空泵和一个高大的装有高压惰性气体氦气瓶。因此只能放在实验室使用，不能灵活应用于田间地头。高压气体需要抽真空，压缩机工作时噪声较大。台式基因枪的每枪轰击成本也很高，金粉与控制气压用的可裂膜和载物膜均造价不菲。

基于市场需求和台式基因枪的不足，伯乐公司于1996年研发出便携式基因枪Helios。该基因枪可通过调节氦气的脉冲强度，驱动小塑料管内壁包有核酸的金粉颗粒，利用物理冲击力将外源基因随金粉颗粒送入细胞内。与第一代台式基因枪相比，便携式基因枪Helios放弃了真空泵，因此损失了一些气体压力，但可以直接对活体动物的皮肤、肌肉进行转基因操作。不过对于植物细胞而言，冲击较小的便携式基因枪不能穿透成熟叶片的细胞壁，一定程度上影响了其在植物中转基因的应用范围。经与台式基因枪互补，Helios很好地延伸了基因枪的应用领域。随后，人们发现相比于皮肤、肌肉，活体动物的脏器要脆弱得多，如小鼠活体的肝和脾最多只能承受40psi*的压力，在100psi的高压气体冲击下器官会被严重破坏而导致实验失败。而过低的气体压力并不能使基因微载体具有足够的动量打入细胞内部。气体压力与粒子传递速度的矛盾成了基因枪发展的瓶颈。这个问题在之后的10年一直困扰着各大生命科学仪器厂商的研发团队，直到2009年，Wealtec公司推出GDS-80低压基因传递系统，引领了第三代基因枪技术发展方向。

第三代基因枪的超低压（10～80psi）推动，不仅没有牺牲反而大大增加了微粒子的传输动量，因此不仅使基因枪能够成功应用于仅在低压状态下才能完成的动物活体器官层面的转殖；而且相比较于第二代手持式基因枪，GDS-80射出的携基因微粒子因其本身的高动量，居然能够像台式基因枪发

---

* psi表示磅/平方英寸，1psi=0.068 95kg压力

射出的粒子一样穿透植物细胞壁穿入植物细胞完成转殖，而在此之前，完成这一工作的第一代台式基因枪需要至少1 000～2 000psi的高压气体。在动物细胞，尤其是活体动物转殖实验中，本身具备高动量的生物粒子无须借由微粒子载体（如金粒子）的携附方式就可转移至目标体中，这在避免了靶细胞内异物残留问题的同时，大大降低了实验成本。GDS-80基因枪"子弹"的制备也从干式转为湿式，节省了烘干的时间，简化了流程。蒸蒸日上的基因枪技术被学界寄予厚望，视为转基因领域的明日之星。

三、花粉管通道法

除了农杆菌介导法和基因枪介导法，花粉管通道法也是植物转基因的常用技术。花粉管通道法利用了花粉萌发产生的花粉管通道，将外源基因直接转入受体植物卵细胞，也称为授粉后外源基因导入植物技术。

花粉管通道法的技术灵感来自20世纪七八十年代两个重要的实验观察。一个是科学家潘迪在1975年以烟草作为研究材料时，发现经过高能射线灭杀的烟草品种A花粉与另一个烟草品种B的正常花粉混合后，被授粉的烟草竟然获得了烟草品种A的性状，因此认为失活的烟草品种A花粉遗传物质虽然失去了正常授粉途径，但仍有其他途径可进入受体烟草。1980年，另一个科学家赫斯也通过实验证明外源DNA可以被花粉粒吸收。这说明外源DNA可以随着正常花粉进入受体植物的卵细胞，这是花粉管通道法的技术灵感。

在花粉管通道法这一领域，我国科学家取得了令人骄傲的成绩。20世纪80年代，我国学者在远源杂交的基础上，将匀浆的异源花粉通过授粉的方法导入受体植物，并且在后代植物中检测到了相应的变异性状，从而推测外源DNA可能因参与了受精过程而进入植物细胞。随后，周光宇研究员提出了DNA片段杂交假说，奠定了花粉管通道法的理论基础。该假说认为，外源基因进入植物细胞后，大部分DNA会被受体细胞内的核酸酶系统降解，但仍然会有一小部分DNA逃过一劫。另外，如果降解过程被延迟，那么会存在一些没来得及被降解的小片段DNA，这些少量的DNA最终会整合到植物基因组中，并稳定地遗传下去，得到事实上的转基因植物。在此理论基础上，1981年，周光宇研究员首次成功地将外源海岛棉DNA导入陆地棉，在后代中发现了对应性状的变异，并培育出了抗枯萎病的栽培品种，创立了花粉管通道法（图27）。

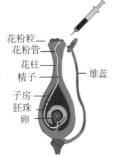

图27　花粉管通道法转基因技术原理示意图

　　注：在授粉后向子房注射含目的基因的DNA溶液，利用植物在开花、受精过程中形成的花粉管通道，将外源DNA导入受精卵细胞，并进一步地被整合到受体细胞的基因组中，随着受精卵的发育而成为带转基因的新个体。该法的最大优点是不依赖组织培养人工再生植株，技术简单，不需要装备精良的实验室，常规育种工作者易于掌握。

　　和其他植物转基因技术不同，花粉管通道法无须诱导形成愈伤组织再组培成苗的烦琐过程，可以直接通过授粉获得含有目的外源基因的转基因种子，回避了回交转育，大大缩短了转基因材料的创制周期。农作物一般都是一年生草本植物，所以基本上在一年之内就获得了常规育种想要的转基因材料。因为直接将外源基因导入受体植物的卵细胞，所以获得的后代中，可以直接通过目标性状的表型鉴定或者直接针对目标基因的分子检测即可获得转基因株系，无须筛选标记基因。

　　花粉管通道法不受物种限制，任何开花散粉的植物，都能进行物种之间的基因转移，从而扩大了外源基因的来源和受体植物的范围。因其操作简便、经济，技术简单，不需要复杂的仪器设备和昂贵化学试剂耗材，能直接在大田操作，一般的科研工作者就可掌握，因而迅速在国内普及推广。

迄今为止，在作物转基因技术应用中，应用花粉管通道法技术将各种外源DNA导入不同受体获得了抗病、抗虫、高品质、高产等优良性状。应用该技术育成并推广的品种遍布棉花、小麦、玉米、大豆等作物的多个品系，如抗枯萎病和黄萎病的棉花新品系、抗盐碱棉花新种质、早熟耐旱水稻新品系等。我国首个转基因作物抗虫棉，就是由花粉管通道法培育而来，目前已成为中国推广面积最大的转基因作物（表3）。

表3　各种植物遗传转化方法的优缺点比较

转基因方法	优点	缺点
农杆菌介导法	操作简单、周期短、转化率高、方法成熟可靠、基因沉默现象少、转育周期短、转化片段较大且插入片段明显	自然条件下只侵染双子叶植物，限制了其在禾谷类植物中的应用，同时在实验设计阶段需要考虑的因素太多
基因枪法	操作简单，转化时间短，数量大、对受体植物几乎没有要求，可转化基因片段大	不利于外源DNA稳定表达和遗传，后代突变率高，转化率低，设备昂贵
花粉管通道法	数量大、对受体植物无种类要求，无组织培养过程	机制不清，缺乏分子生物学证据，受自然条件限制，可重复性差
电击法	无宿主限制，操作简单	周期太长、转化效率低，设备贵
PEG介导转化法	操作简单，应用广泛，且应用前景比较高	需要原生质体，对环境要求高

第三章　前沿转基因技术

对人类而言，"科技"是个什么概念？

从人类社会的发端开始，科技就与每个人息息相关。古老的石器时代钻木取火是科技，让人类不再茹毛饮血，开始成为区别于其他所有动物的万物之灵；农耕时代印刷术、火药是科技，人类开始学习掌握自然规律，从大自然中获得更多的馈赠；直至进入21世纪，当信息时代来临，科技的内涵和发展方式已经有了颠覆性的改变。科技的发展不再取决于某个人或某个地区，而以国家或者全球为单位来推动，自此，人类逐步摆脱对自然界的依赖和束缚，开启了掌控自然、掌控生命的时代。

转基因技术标志着不同种类生物的基因都能通过基因工程技术进行重组，人类可以根据自己的意愿定向地改造生物的遗传特性，创造新的生命类型。但转基因操作中，不管采取何种技术，外源基因并不能百发百中被转入、被整合以及被表达。基因的转入涉及很多具体的环节，任何一个环节出现差错，都会触发细胞的防御机制，导致转基因操作失败。

因此，在转基因过程中，及时准确判断外源基因是否成功转入，转到了基因组的什么地方，转入了多少剂量，以及如何调控表达等尤为重要。

解决这些问题，一方面能确保转基因效果的要求，另一方面也是转基因生物安全的需要，为此，科学家发展了一系列前沿转基因技术。

当今世界，科学技术发展异常迅猛，学科交叉融合加快，重大理论与技术创新不断涌现，基因沉默、基因编辑、合成生物和安全标记等前沿生物技术应运而生，作为广义的新一代高效、精准、智能转基因技术，正在孕育和催生新一轮农业科技与产业革命。

第一节　基因删除与叠加技术

能不能直接将标记基因删除，彻底打消消费者的顾虑？其实，这也是众多科学家共同的愿望。

标记基因本身不会让植物的性状发生改良，其作用只是作为标签，引领科学家寻找成功转化体，筛选完成后它的使命便告终结。因此，剔除标记基因，既能根除公众顾虑的根源，又能降低后期的安全风险，还有利于农业科学家反复进行转基因操作，将多个基因整合至植物基因组，同时改进转基因植物的多个农艺性状。

一个良种，往往是好几个方面都很优秀。为此需要用多次转化方法进行基因叠加，以实现多个优质基因的转入。这个过程中，每一次转入基因，都需要筛选出成功的转化体，以便像接力棒一样继续转化。但适用于植物转基因筛选的标记基因只有少数几个，不能满足多次转化对多个标记基因的要求，因此只能在一次转化后从植物基因组中删去该标记基因，以便在下一次转化时使用同一个标记基因。

科学上的考量，加之消费者的顾虑，采用剔除标记基因（Selectable marker-free，SMF）的手段来构建无选择标记基因的转基因植株，成了转基因植物研究中的新课题。

删除标记基因的办法主要有两个步骤：一是利用通常的标记基因筛选

出初级转基因植株。二是利用位点特异性酶将标记基因切除，或利用遗传重组在转基因植株后代中将标记基因与目的基因分离，从而获得无标记基因的转基因植株。

删除标记基因的方法有分离剔除和重组剔除两大类。

分离剔除：将标记基因与目的基因分别插入到植物基因组的非连锁位点上，即不同的染色体上，然后在有性生殖中经减数分裂实现标记基因与目的基因的分离，从而剔除标记基因。

重组剔除：将标记基因构建在DNA裁剪单元中，由起裁剪作用的酶，如重组酶或转座酶识别出裁剪单元后将其删除，实现将标记基因从植物基因组中剔除。

目前去除转基因植物选择标记基因的方法很多，主要有共转化系统、双T-DNA边界载体系统、转座子系统和位点特异性重组系统等。

一、共转化系统

共转化系统同时用两个表达载体转化受体植物。其中一个载体上是标记基因，另一个载体上是目的基因。

将这两个载体一起转入植物体细胞中，筛选出转入两个基因的共整合植株，然后让后代之间进行有性生殖，通过遗传重组，让目的基因与标记基因分离，之后筛选出只含有目的基因，而不带有标记基因的后代植株。

使用这种方法，目的基因和选择标记基因的遗传分离必须经过有性杂交才得以实现，会导致育种时间延长，不适用于无性繁殖的植物品种。

值得说明的是，在共转化系统中，两个载体转入的目的基因和标记基因，一同进入植物细胞，共整合的频率很低。即使幸运地同时进入，也容易整合在受体基因组的同一条染色体上，形成连锁基因。除非发生同源染色体重组等染色体改变事件，否则这两个连锁基因不能通过之后的有性生殖进行分离。

二、双T-DNA边界载体系统

为了解决共转化系统的基因连锁问题，科学家对共转化法做了进一步改进。将两个独立的T-DNA区改进成一个左边界T-DNA和双右边界T-DNA。在此载体中，目的基因在两个右边界T-DNA间，选择标记基因在左边界T-DNA和右边界T-DNA间。

由于T-DNA的插入是随机的，因此插入后的标记基因与目的基因可能分别位于同一染色体相距较远的位点上，或位于不同染色体上的非连锁位点上；这样在减数分裂后，目的基因就可以与标记基因相互分离，从而在下一代中获得无标记基因的转基因植物。

用该载体转化水稻，有35%～64%的可能性将选择标记基因和目的基因成功分离。这种方法的优点在于此质粒比含两个独立T-DNA区的质粒更小，而且转化频率有所提高。

再说说标记基因的重组剔除法。

与分离剔除法不同，重组剔除法不需要将目的基因和标记基因分别插入到两个T-DNA中，两者以紧密连锁的方式构建在一个T-DNA中。

重组剔除法，就像裁缝做衣服。先在布料上画上线，然后用剪刀干净利落地把布头剪下来。其本质是DNA重组，包括位点特异性重组系统和转座系统。两类系统都分为两部分，由识别序列界定的裁剪单元和具有裁剪作用的酶。

识别序列界定的裁剪单元类似于裁缝在布料上画的线。具有裁剪作用的酶就是剪掉布料的大剪刀。通过酶的裁剪作用，染色体上两个相邻识别位点之间的DNA发生重组，识别位点间的DNA片段从染色体上脱落；不同的是，转座系统中脱落的DNA片段有可能会重新插入到其他染色体或者同一染色体其他位置，而位点特异性重组系统中被脱落的DNA片段则丢失了。

在这个裁剪过程中有两个关注点：一是时间节点的准确性，即应在标记基因完成筛选之后进行裁剪；二是筛选的手段，即裁剪事件发生后，要有办法分辨出哪些转化细胞中发生了裁剪事件。

三、转座子系统

转座子，也叫跳跃基因，名如其实，是会在染色体间跳跃的DNA片段。它能从一个染色体脱落下来，跑到另一个染色体上，也能跳跃到同一染色体的其他位置，实在是一个活泼的基因。

1951年，美国科学家麦克林托克首次在玉米中发现了转座现象，之后在很多动物中如线虫、昆虫和人体中都发现了这种可移动的遗传因子。

转座发生时，一段DNA序列从染色体原位上单独复制或断裂下来，环化后插入另一位点，并对其后的基因起调控作用。

目前的实验一般采用玉米的Ac/ds转座系统删除选择标记基因。在标记基因或目的基因中任选其一，和转座子相连。为了叙述方便，假设转座子是带着标记基因的。如果它脱落后，离开了原来的染色体，跳跃到别的染色休上，接下来，让这些植株有性生殖，就可通过减数分裂实现目的基因与标记基因的分离。如果转座子带着标记基因仍然跳跃到原来的染色体上的其他位点，事情就有点麻烦。这种情况下要删除标记基因，则必须期望减数分裂中发生同源染色体交换，才能在下一代中筛选得到不含标记基因的转基因植株。而这要凭运气了！

转座子不安分，习惯了在染色体之间跳跃。用这种方法删除标记基因的转基因植株后代容易产生突变，性状不稳定。因此转座子系统在不同的植物中转座效率不同，不具有应用的普适性。

四、位点特异性重组系统

位点特异性重组由重组酶和重组酶识别位点两部分组成，是除去标记基因的一种有效途径，目前已广泛应用于不同植物的转基因体系中。

重组酶是剪刀，重组酶识别位点就是裁缝在布料上画的线。

重组酶的识别位点由一个回文结构组成，在回文结构的两侧有个长

13bp的核心序列。所谓回文结构，举个独特文字游戏"回文诗词"例子，一看便知：地满红花红满地；雾锁山头山锁雾；客上天然居，居然天上客。DNA序列的四个碱基ATGC组成的回文结构，顺着读，倒着读，顺序和词意完全一致。

重组酶可以促使同源染色体在识别位点间发生重组转移。目前用来删除标记基因的大致有4种位点特异性重组系统。

（1）来自鲁氏接合酵母的R/RS重组系统，R和RS分别是重组酶和整合位点。

（2）来自酿酒酵母的FLP/FT系统，FLP重组酶作用在FRT位点。

（3）来自噬菌体P1的Cre/LoxP系统，Cre酶可以识别特异位点LoxP。

（4）来自噬菌体Mu的改良Gin/gix重组系统，gix重组蛋白的表达不影响转基因植物的分化和生长。

然而，以上4种重组系统都来自微生物，植物中却没有。所以需要把重组酶基因也转入植物中表达。一种方法是在两个重组位点之间构建选择标记基因，并与重组酶一同转入转基因植物，转入后重组酶可将标记基因删除；另一种方法是将含有目的基因的转基因植物和只含有重组酶系统的转基因植物进行杂交，并通过后代的性状分离删除标记基因。

源于大肠杆菌噬菌体P1的Cre/loxp系统最早应用于去除选择标记基因的研究中。以Cre/LoxP或LP/FRT系统为例，介绍一下标记基因删除的过程。

Cre/LoxP系统来源于噬菌体P1，于1981年首次发现，1993年正式作为一种基因操作手段应用。它由两个重要的组成部分构成：一个是识别LoxP位点的Cre重组酶；另一个是LoxP位点，这是一段DNA序列。

Cre重组酶是个奇怪的家伙，它总是根据打靶载体两端LoxP位点DNA序列的方向异同，来决定自己的"工作内容"，很任性是吧。

若两个LoxP位点位于一条DNA链上，方向相同（头尾相对）时，Cre重组酶就切除它们之间的DNA序列连同一个LoxP位点；方向相反（头头相对）时，就调转它们之间DNA序列的方向。如果两个LoxP位点分别位于两条不同的DNA链或两条染色体上，Cre酶介导两条DNA链发生交换或染色体易位。

以转基因小鼠为例，先说说该系统是怎样实现外源基因的组织特异性表达。为此需要准备两只性别不同的转基因小鼠。

第一只是转入目的基因的小鼠。构建载体时，将目的基因置于两个同向的LoxP位点之间。然后将其导入小鼠胚胎干细胞中，通过同源重组置换细胞基因组内原来的基因序列，LoxP位点被引入到相应基因的内含子内。之后在假孕小鼠的子宫内重新植入胚胎干细胞，并发育成为一只转基因小鼠。由于LoxP位点存在于内含子中，转基因小鼠与正常小鼠表型无异，并不会表达该目的基因，也仅在基因组上目的基因的两端含有LoxP位点。

第二只是转Cre基因小鼠。将Cre序列的前端插入组织特异性的启动子，使得Cre基因跟随着启动子，只在特定的细胞或组织中表达，在其他组织细胞中不表达。

然后让这两只小鼠"结婚"生儿育女。它们产下的后代中，会出现同时携带两种转入基因的小鼠。在这只兼具父母两种转入外源基因的小鼠身体内，Cre重组酶遇到LoxP位点后，LoxP位点间的目的基因就会被敲除，这样就实现了组织特异性的基因敲除。

基于上述操作，如果将目的基因置于两个反向的LoxP位点之间，且将目的基因的方向与其上游的启动子方向相反，当Cre重组酶遇到LoxP位点后，LoxP位点间的目的基因方向被调转后表达，从而实现了组织特异性的基因嵌入或者替换。

组织特异性的基因敲除、基因嵌入和基因替换，也叫做条件性基因打靶。

那么如何实现基因的时间特异性表达？

同样也需要准备两只转基因小鼠。

第一只转基因小鼠。将目的基因插入两个LoxP位点之间。技术诀窍是，两端的LoxP序列方向相反；目的基因与其上游的启动子方向相反。这样，Cre重组酶要先将目的基因调转方向，之后目的基因才能表达。

第二只转基因小鼠。需要Cre重组酶身上"加点料"。1995年，门茨格等将Cre重组酶基因与人雌激素受体（Estrogen Receptor，ER）基因融合在一起，用其制备了*Cre-ER*转基因小鼠，这种小鼠能产生Cre重组酶和人雌激素受体的融合蛋白，给这种转基因小鼠注射人雌激素，可诱导*Cre-ER*基因的大量表达。这样就可以通过注射人雌激素控制*Cre-ER*基因表达的时间点。

譬如，为了使导入的目的基因只在B细胞中特定时间内表达，可利用B细胞特有的CD19启动子控制*Cre-ER*基因的启动，制备一个转基因小鼠。该转基因小鼠仅在B细胞中表达*Cre-ER*基因，实现基因表达的组织特异性。根据设定的表达时间，注射人雌激素就可以启动*Cre-ER*基因的表达，实现基因表达的时间特异性。

接下来，将目的基因插入两个序列方向相反的LoxP位点之间，制备另一只转基因小鼠。目的基因必须在Cre重组酶将其调转方向后才能在B细胞中表达。

然后照样让两只小鼠"结婚"生儿育女，在它们的后代中寻找出同时表达两种转入外源基因的转基因小鼠。然后在特定的时间内向其注射人雌激素让*Cre*基因表达，得到的Cre重组酶将使目的基因仅在B细胞中被调转方向并表达。这样就做到了转入基因的组织特异性及时相对可控性表达。

转基因植物标记基因去除方法的核心是将目的基因与标记基因进行分离。在分离剔除法中，目的基因与标记基因被分别构建在两个T-DNA中，所以在转化植物组织以前就已经"人工分离"了；在裁剪剔除法中，构建在T-DNA中的目的基因与标记基因紧密连锁起来，而标记基因是在植物基因组中通过裁剪系统来剔除，因此其目的基因是在转化后的植物组织中进行分离。

在分离剔除法中，在转化植物组织以前目的基因与标记基因就已经分离，伴随着共整合关系的解除，标记基因对目的基因插入的标记功能也逐渐丧失，相应的有效转化率也就降低了。从这一点上考虑，裁剪剔除法具有优势。裁剪细胞的筛选和裁剪发生时间的控制是关键问题，可以通过对裁剪单元的改进设计加以解决：将裁剪酶基因设计在诱导型启动子的下游以控制裁剪发生的时间；用特殊的植物生长促进基因或者负选择基因筛选裁剪细胞。

第二节　基因表达与调控技术

最完美的转基因技术，不仅应转入正确的基因，也应该让基因在正确的发育时间、正确的组织部位得以充分的表达。想要把控这种精确，就将直面生物体内的风云变幻。

是旅游还是定居？

根据外源基因是否整合到植物的染色体上，可将外源基因在植物体内的表达形式分为两种，稳定性表达和瞬时性表达。

稳定性表达是指转入的外源基因成为植物基因组的一员。外源基因随机整合或者同源整合在植物基因组中，接受植物体的基因调控，和植物基因组一起复制，并随植物基因组一起遗传给子代。外源基因被植物基因组接纳为一家人，外源基因的表达调控接受植物体调节，如呼吸代谢以及内源生长调节物质的调节。植物具有严格的限制和修饰系统，能够消灭强行闯入的DNA片段，而植物自身的基因组也有保护机制，不会被误伤。因此，在稳定性表达中，已经融入植物基因组的外源基因可以与受体植物基因组一起免受限制修饰系统的降解而得到保存。

瞬时性表达中外源基因进入植物细胞后，并不会被融合进入植物的基因组中，只是以游离的DNA片段存在于植物细胞内。因为转入的DNA片段都是包含有启动子、编码区和终止子的完整表达框，所以这些游离的DNA片段在被植物的限制修饰系统降解前，可以打个时间差，启动转录形成mRNA，mRNA被运出细胞核与细胞质中的核糖体结合，根据mRNA的序列信息指导翻译合成蛋白质，完成基因的表达。随着时间的推移，游离的外源DNA片段逐步被细胞内的限制修饰系统降解，基因的表达逐渐衰减而终止。有时，这些游离DNA片段也会整合进植物的基因组，从而变成稳定表达的形式。实际上，稳定表达的前期就是一个瞬时表达过程，只不过瞬时表达的中"幸运儿"会被保留下来并扩大其"种群"形成的稳定表达。

基因调控面对的是复杂链条。外源基因在植物体内的表达，是个复杂的事情。见者有份，人人都可以发表意见，迫使其做出或大或小的改动。譬如，外源基因表达会受到插入位置、转录以及翻译水平的调控，以及DNA水平上的基因拷贝数以及自身表达产物的反馈抑制等影响。其中，转录水平调节是植物基因表达调控的重要环节之一，主要包括启动子的强度以及相应环境应答的各种基序、增强子和绝缘子等复杂多样的各种顺式作用元件及其相对应的众多反式作用因子。翻译水平的调控包括在mRNA的翻译过程中起始密码子周围的基序、5′和3′非翻译区序列、密码子的偏好性及其结合蛋白参与基因的表达调控，以及蛋白原及其贮运中的蛋白分选，如糖基化、酶解、磷酸化及乙酰化等。

下面，我们就数一数已知的基因调控元件。

一、顺式元件和反式因子

一张一弛，文武之道也。基因调控也是如此，有起正向作用，激励上进的，就有起反面作用，打压阻挠的。

顺式元件：

顺式作用元件（Cis-acting element），是DNA分子上一些特殊的核苷酸序列片段，可激活或阻遏基因转录，调控基因表达，又称分子内作用元件。顺式作用元件大多数位于结构基因上游的启动子区，与所调控结构基因位于同一条染色体上，通常都是非编码序列。激活转录的为正调控元件；阻遏转录的为负调控元件。

原核生物基因在转录水平的调控主要以操纵子为主。其顺式作用元件包括启动子、操纵子和其他DNA序列。原核生物启动子（Promoter）是位于转录起始点上游-10~35区域，碱基顺序存在相似性，RNA聚合酶结合其上可启动转录。

真核生物启动子是植物基因表达调控的中心，是RNA聚合酶与其他转录因子形成的转录起始复合物结合的一段DNA序列。主要包括转录起始位点上游的TATA盒和决定基因表达强度和表达时空特异性的各种顺式作用元件，它决定着转录准确性和频率。

反式作用因子：

与顺式作用元件的化学组成在本质上不同，反式作用因子（Trans-acting Factor）都是蛋白，这类蛋白质可以与顺式作用元件结合进而调控基因转录。具有转录激活作用的称为正调控反式作用因子；反之，称为负调控反式作用因子。反式作用因子主要包括激活蛋白和阻遏蛋白。其中激活蛋白是指与顺式作用元件结合促进RNA的转录起始；阻遏蛋白则正好相反，其与启动子区的DNA序列特异结合后，阻止了RNA聚合酶与启动子的结合，进而阻断转录起始或者中断正在进行的转录。

二、转录因子

如果想让一条大河在下游断流，任选上游、中游、下游修筑大坝，都能实现目的。

功能基因是一段DNA序列，首先以基因的DNA序列转录生成mRNA，再以mRNA为模板翻译为氨基酸序列，组成蛋白质，才能发挥作用。这一系列流程，有如一条奔涌的河流。如果说顺式因子和反式因子是在上游来调控，那么转录因子和上一节介绍的RNA沉默，就是在中游进行调控。

转录因子是真核细胞特有的一种蛋白质分子，最开始存在于细胞质中，经活化后移步到细胞核中，识别出基因上游启动子区特异的序列区段，并与启动子的顺式作用元件相结合，然后激活或者抑制RNA聚合酶，决定基因的转录起始与否。如果决定了转录起始，会继续招募其他转录因子形成转录起始复合物，以此调控目的基因在特定的时空阶段以特定的强度进行表达。这种复杂且又精妙的调控对基因表达的准确性及效率都有重要的影响。

真核生物的转录因子按功能特性可分为两类，特异性转录因子和基本转录因子。特异性转录因子只与某个或者少数需要在特定组织器官特定时间表达的基因相结合，是启动这些基因时空特异性表达的发令枪。特异性转录因子与增强子结合会激活基因表达，与沉默子结合则抑制基因表达。而基本转录因子则是所有基因表达必备的发令枪，协助RNA聚合酶结合到启动子的转录起始位点。在真核细胞中，RNA聚合酶虽然功能至关重要，但却不能单独起始转录，需其他转录因子的协同才能完成使命。

狭义的"转录因子"只是指基本转录因子，其氨基酸序列中有DNA结合域和转录激活域两个关键的结构域。一般来讲，转录因子的结合位点一般位于结构基因的上游启动子区。但在人类21和22号染色体上，只有22%的转录因子结合位点分布在蛋白编码基因的5′端。

植物基因工程常采用转录因子作为基因表达启动元件，以在特定的组织和发育阶段实现时空特异性的基因表达。通过特异性启动或者遏制转录因子等调控元件，一定程度上可实现对外源基因表达的人为调节和环境调节。

三、密码子选择

每种生物都不是"特别公正的"，如对编码氨基酸的密码子，不能一视同仁，总是偏爱某些个，嫌弃某些个。

根据DNA序列上的核苷酸序列，转录形成的mRNA以起始密码子AUG中的"A"开始，以终止密码子"UAA/UAG/UGA"结尾，中间的碱基以3个为一组形成1个三联体密码子。每个密码子对应一种转运RNA（tRNA），每个tRNA转运一种氨基酸。有时，不同的密码子可以编码同一个氨基酸，被称为同义密码子。有些氨基酸甚至可以被最多不超过6个的几种不同的tRNA转运。

在某些氨基酸对应有多个tRNA或是多个密码子时，有些物种就开始变得挑剔起来，往往表现为合成蛋白质时，总喜欢偏爱使用某一个或某几个密码子，这种现象被称为密码子偏好性。如玉米这个物种总体上就喜欢第三位是G或者C的密码子类型。关注不同生物体之间的密码子偏好性，有利于了解物种间的基因表达差异，并能从分子进化机制方面分析物种间的亲缘关系。

目前，关于密码子偏好性有两种假说，选择—突变—漂变学说和中性理论。"选择—突变—漂变学说"认为，是选择最优密码子的原则让物种产生了密码子偏好性。这种偏好性不仅受选择和突变影响，还受基因碱基组成、基因长度、tRNA丰度和基因表达水平等多因素影响。中性理论则认为同义密码子的第三位碱基突变是不受自然选择压力影响的中性选择的结果。

密码子偏好性分析已经广泛应用到转基因研究中，譬如，为了避免外源基因存在受体生物不太喜欢的稀有密码子，确保外源基因转入受体生物后能正常表达或者提高其表达，就需要根据受体生物的密码子偏好性对外源基因进行密码子优化。目前这种密码子优化已经是基因合成前期的"规定动作"，"自选动作"则是加减一些酶切位点。许多证据表明，使用植物偏好的密码子是人为调控转基因植物中外源基因表达水平或其翻译效率的有效途径之一。

四、表观遗传调控

前面讲述的基因调控，只能管住这一代生物个体的基因表达。还有一种基因调控则更为强悍，不仅能管住这一代，还能管住下一代的基因表达。

在DNA序列不变的情况下，基因表达发生了改变，且这种改变是可遗传的，这就是表观遗传学（Epigenetics）的研究领域。表观遗传学的关注点在于，DNA序列未发生改变而性状却发生了可遗传改变时，超越遗传信息本身的各种因素，在不同的时间和地点以什么样的修饰方式，介入到生命的各个具体过程中。这一项项的干预修饰措施，组成了生命体在个体水平的表观遗传学信息。

目前已发现的表观遗传学机制主要有DNA甲基化、RNA甲基化、组蛋白修饰和非编码RNA。在全基因组水平上对表观遗传修饰的研究则被称为

"表观基因组学"（Epigenomics）。

表观遗传学是近年来生命科学研究热点之一，其影响力已深入到医学、动物学、农学和植物学等各生命科学领域，并在疾病机制、诊断治疗、动植物性状改良等方面取得了令人瞩目的突破性进展（图28）。

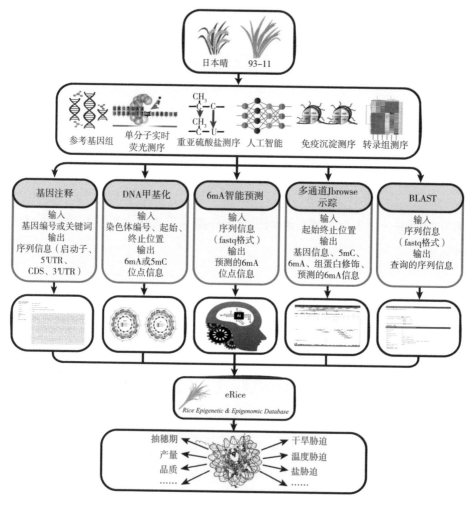

图28　水稻表观组和基因组eRice数据库

注：eRice数据库整合了粳稻品种"日本晴"和籼稻品种"93-11"的DNA腺嘌呤甲基化（6mA）和胞嘧啶甲基化（5mC）全基因组图谱、腺嘌呤甲基化的人工智能预测数据、组蛋白修饰组学数据，以及提升的基因组信息。eRice数据库将水稻表观组和基因组数据进行整合，实现了基因序列和注释信息、DNA甲基化、组蛋白修饰及DNA甲基化智能预测数据的系统查询和一体化展示，为水稻重要农艺性状的智能设计改良提供信息平台和数据支撑。

1. DNA甲基化

DNA甲基化（DNA Methylation）是最早发现的基因修饰途径之一，广泛存在于细菌、植物和哺乳动物中，DNA甲基化是指由DNA甲基转移酶（DNA Methyltransferase，Dnmt）介导，催化甲基基团从S-腺苷甲硫氨酸（Adenosylmethionine，SAM）向胞嘧啶的C-5位点转移的过程，在基因表达调控、发育调节等方面发挥重要作用。在DNA甲基转移酶（DNA Methyltransferase，Dnmt）的催化下，甲基被选择性地添加到CpG二核苷酸中的胞嘧啶上，形成5-甲基胞嘧啶，造成转录水平的基因沉默。

DNA甲基转移酶分为产生甲基化和维持甲基化两种功能。产生甲基化的有DNMT3a和DNMT3b，这两种酶将尚未甲基化的DNA双链上的甲基化位点甲基化。维持甲基化的是DNMT1，这种酶将负责保持住DNA的甲基化状态。若DNA双链一条已经被甲基化，另一条尚未甲基化，DNMT1就能根据已甲基化的DNA单链上对应的甲基胞嘧啶位置，将对应的未甲基化DNA上对应位置的胞嘧啶甲基化，促使DNA双链从半甲基化变成完全甲基化。DNA甲基化之所以能调控基因的表达，是因为甲基化状态引起了DNA构象、DNA稳定性、染色质结构及DNA与蛋白质相互作用方式的改变。所以可以看出，DNA去甲基化则与基因的活化相关。

表观遗传动态变化是植物对环境胁迫的关键响应，DNA甲基化则调控应激反应基因的转录与否。在基因组测序的基础上，DNA甲基化的全基因组图谱的绘制正在如火如荼地开展。目前已经完成了水稻、玉米、马铃薯、番茄、黄瓜、苹果、棉花和甘蓝型油菜等高分辨率甲基化基因组测序。同时，在玉米、水稻、番茄、大豆等多个物种中，对DNA甲基化的植物组织特异性修饰模式研究，证明了DNA甲基化水平与组织特异性基因表达之间存在密切关系，是调控开花、果实发育和风味的关键环节。

RNA和DNA链中发生的N6-腺嘌呤甲基化（6mA）已荣升为表观遗传研究新热点，研究进展也在不断推进，利用RNA m6A-seq技术对水稻愈伤与叶片两个不同组织进行全转录组深度测序后，水稻的首个m6A修饰图谱已绘制出，并揭示了其基本的表观遗传学特征。

2. 组蛋白修饰

染色体是DNA与组蛋白经过多重折叠形成的棒状生物超级大分子，其基本单元是由一节节组蛋白和一段DNA形成的核小体。组蛋白有H3、H4、H2A、H2B4种，这些组蛋白会通过乙酰化（Acetylation）、甲基化（Methylation）、泛素化（Ubiquitination）和磷酸化（Phosphorylation）等被修饰，染色质组蛋白上发生的各种位点特异的翻译后修饰，叫做组蛋白修饰。这些修饰方式灵活地影响着染色质的结构与功能，既可以阻遏也可以促进基因的转录。不同的组蛋白修饰通过不同的作用机制调控染色质的结构和功能。

这些被各种方法修饰后的组蛋白形成了一组组的"组蛋白密码"，影响着基因的转录调控。组蛋白的修饰，不仅可引起染色质结构状态变化而影响转录，还能让修饰位点作为某些转录因子的靶位点，募集基因转录所需的调控因子。各种组蛋白修饰有不同的酶类来介导，主要有组蛋白甲基转移酶（Histone Methyltransferase，HMT）、组蛋白乙酰转移酶（Histone Acetyltransferase，HAT）、组蛋白激酶（Histone Kinase）和组蛋白泛素化酶（Histone Ubiquitylase）等，这些酶催化相应的基团结合到组蛋白氨基残基上。同时相应地，也有组蛋白去甲基化酶（Histone Demethylase，HDM）、组蛋白脱乙酰基酶（Histone Deacetylase，HDAC）、组蛋白磷酸酶（Histone Phosphatase）和组蛋白去泛素化酶（Histone Deubiquitylase），这些酶可去除结合在组蛋白氨基酸残基上的表观修饰分子基团。

甲基化是组蛋白重要的修饰方式，组蛋白的甲基化修饰具有双向调控基因表达的功能，如组蛋白的赖氨酸甲基化既能抑制基因表达，又能激活基因表达。经过组蛋白的甲基化修饰，会引发何种基因调控后果和被甲基化的氨基酸残基种类有关，如H3K27、H4K20和H3K9甲基化一般与异染色质形成有关，是重要"失活"的基因标记物，可抑制基因表达。常见的能激活基因表达的"活性"标记物有H3K4和H3K36的甲基化。

组蛋白N-末端保守的赖氨酸残基上发生的乙酰化，是另一种重要的组蛋白修饰方式，其基因调控作用是单向的。组蛋白乙酰化促进基因的表达，如组蛋白H4和H3上赖氨酸的乙酰化可以让染色质松散开，从而利于转录因子和RNA聚合酶进入和结合。与此相反，脱乙酰化就会导致染色质结构收紧，使基因表达变弱或停止表达。植物通过调节防御反应基因的组蛋白乙酰化水平来调节其先天免疫反应。组蛋白乙酰化和甲基化作为活性组蛋白标记也参与到非生物应激反应中。

五、核糖核酸调节子

核糖核酸调节子主要是指具有调控功能的非编码RNA分子，包括真核生物和原核细胞中涉及基因表达不同方面的特异调控的转录物。核糖核酸调节子有不同的大小，小的如microRNA，长度大约为20nt；细菌的转录后调节子，长度100~200nt；在哺乳动物中有超过10kb的长转录物。

早期的观点认为生物系统都遵循1958年Francis Crick提出的"分子生物学中心法则"，其核心内容揭示了遗传信息在DNA、RNA和蛋白质三种组成生命活动的基本生物大分子之间的流动方向。自从中心法则在遗传学中的地位确立后的相当长时间以来，RNA一直被人们普遍认为仅仅是作为DNA和蛋白质两个生命层面之间的"过渡信使"或"连接桥梁"而发挥"居间人"作用。这个主流观点也统治了分子生物学领域长达数十年之久。然而，随着生命科学研究尤其是分子遗传学突飞猛进地发展，越来越多的证据充分表明RNA在生命活动过程中所扮演的角色远远地超越了起初人们的预想和估计。

最早的非编码RNA研究可追溯到20世纪50年代，早期发现的两类非编码RNA分别是核糖体RNA（rRNA）和转运RNA（tRNA）。1977年发现了断裂基因，使人们认识到在基因组水平遗传信息编码的不连续性，U1、U2等一批核小分子RNA（snRNA）的发现及mRNA剪接体功能的阐明，极大地促进了在RNA转录后加工水平解读遗传信息表达的过程及机制。1982年自我剪切核酶的发现，不仅为生命起源于"RNA世界"的假说提供了分子证据，而且预示在细胞中存在大量具有催化功能的调控RNA。1986年，在锥虫的线粒体中发现了RNA编辑现象，即有一批向导RNA（gRNA）所介导的遗传信息的改变。RNA编辑现象的发现，打破了基因与蛋白质的线性传递规则，进一步揭示了非编码RNA在遗传信息表达过程中的调控作用。

非编码RNA主要分为调控型RNA和持家功能RNA以及既具有调控功能同时又具有持家功能的由内含子编码的核仁小RNA（snoRNA）。通常来说，调控型RNA是非组成型表达的RNA，即具有时间与空间上的表达特异性，往往不能长时间恒定表达而只能短暂性表达。不同种类的调控RNA在生命体不同的环境信号条件、不同生长分化阶段、不同生理病理状态以及应激保护等多种情况下均有转录表达，可参与转录调控、RNA加工编辑、细胞周期与凋亡、蛋白质生物合成、逆境胁迫和应激反应等诸多生物体不同生命层面的调节。

1998年，美国科学家法尔等首次证实双链RNA分子可诱导RNA干涉作用（RNA interference），随后的研究揭示RNA干涉是由于外源导入的RNA双链经RNaseⅢ类核酸酶Dicer切割加工，形成了一些二十几个核苷酸左右的双链小RNA，被称为小干扰RNA（siRNA）。2001年，《Science》杂志同一期报道了3个研究小组在线虫、果蝇和人cDNA文库中鉴定出近百个与lin-4和let-7相似的小分子RNA，并统一命名为microRNA（miRNA，微RNA）。miRNA的发现是非编码RNA研究的里程碑，它揭示了细胞中存在一个由内源微RNA介导的转录后基因表达调控机制。

原核生物中，非编码RNA在能量代谢、胁迫应答和细菌毒力等许多生理过程中发挥调节作用。大肠杆菌MicF是第一个被发现的反式编码反义RNA，它的表达受多种环境刺激诱导。MicF可以与OmpF mRNA的翻译起始区结合，阻断了OmpF蛋白的翻译，其结果是改变了OmpF和OmpC两种膜孔蛋白的比例，从而改变膜的通透性。耐辐射异常球菌具有极强的逆境胁迫适应性，具有超强的抗辐射和抗氧化能力，蕴含着丰富的抗逆基因资源。2016年，科研人员通过深度测序获得199个在电离辐射条件下差异表达的潜在ncRNAs。其后，研究发现非编码RNA DnrH可以通过与Hsp20蛋白互作调控热胁迫、非编码RNA OsiA调控过氧化物酶的活性以及OsiR负调控过氧化物酶KatE2表达参与氧化胁迫适应的分子机制。微生物中大量的非编码RNA参与应激调控和逆境适应，但是参与氮代谢调控的非编码RNA研究很少，仅有十几个非编码RNA被认为直接或者间接参与了微生物的氮代谢调控。2016年，林敏研究员等首次从一株水稻联合固氮菌——施氏假单胞菌A1501中鉴定了一个直接参与固氮基因表达调控的非编码RNA NfiS，并通过实验证明其感应外界逆境信号和固氮信号，与固氮酶结构基因*nifK* mRNA直接相互作用，参与固氮酶的活性调控。2019年，进一步证实了NfiS存在一个参与氧胁迫抗性调控的靶标基因*katB*，从而在抗逆与固氮途径间建立一种确保高效固氮的新的调控偶联机制。

非编码RNA能形成高度有序的颈环结构，具有与一个或多个靶标序列配对的结合位点。非编码RNA通过多种机制，如导致RNA构象发生改变，结合蛋白质或与mRNA配对等，在转录后或翻译水平上调控靶标基因表达。如果非编码RNA序列能与靶标mRNA的部分序列完全互补配对，通常会使其完全降解引发基因沉默；如果只有部分序列与靶标mRNA进行不完全互补配对，通常会引发翻译阻碍和（或）降解；有些非编码RNA可以解开靶标mRNA的前导序列配对形成的复杂二级结构打开核糖体开关，从而使靶标mRNA的翻译过程顺利进行；有些小RNA结合在靶标mRNA的3′末端从而维持该mRNA的稳定性；还有些小RNA通过竞争结合某些与mRNA SD序列区结合的调控蛋白，从而释放出游离的mRNA以便翻译表达。可见，非编码RNA是作为转录后调控因子与靶mRNA直接互补配对进而影响靶mRNA的翻译和（或）稳定性，从而正向或者负向调节靶标基因的表达。另外一些小RNA分子则通过削弱如翻译抑制因子等RNA结合蛋白的作用来发挥作用。细菌中，非编码RNA最常见的调控作用方式主要还是通过与靶mRNA配对，在转录后水平上发挥反式或顺式的调节效应进而影响目的mRNA的翻译和（或）稳定性，对基因表达进行精细调节，从而影响细胞的各项生命活动功能。

非编码RNA作为一种新型的转录后调控因子，在许多生理过程中发挥着关键的调节作用。以天然非编码RNA为依据，合理设计人工非编码RNA并将其连至载体质粒上，可以在不改变染色体基因的前提下，实现快速高通量的基因表达调控。近年来，人工设计的RNA调节器正在真核和原核生物中发挥着强有力的作用。在细菌中，人工非编码RNA的研究主要集中在大肠杆菌，主要分为两方面，一方面是人工非编码RNA在基因回路工程中的研究，另一方面是人工非编码RNA在代谢工程中的研究。1984年，科研人员首次尝试了人工改造非编码RNA用于基因表达调控，并在自然产生的非编码RNA MicF的5′和3′端的两个茎环结构之间插入了与Ipp、OmpC、OmpA核糖体区域互补的人工序列，成功地抑制了靶基因的表达。2011年，通过分析天然大肠杆菌ncRNA的共同结构特征提出了人工反式编码ncRNA的设计策略，并提出人工非编码RNA的模块应由mRNA碱基配对区、Hfq结合位点和Rho非依赖性终止子3个元件组成，这也成了后续人工非编码RNA模块构成的样本。2013年，韩国科学家以大肠杆菌MicC作为支架，以mRNA TIR为靶结合区域，分析非编码RNA与靶基因mRNA结合能力和抑制效率之间的定量关系设计了人工非编码RNA，并且他们以此策略增加了大肠杆菌中酪氨酸的生物产量。2016年，法国科学家合成了一个能够在大肠杆菌中自动表达人工非编码RNA的噬菌体文库，并用此系统成功的沉默了大肠杆菌中荧光蛋白mKate2 80%的表达，也同样用此系统敲除大肠杆菌*cat*基因，降低了其在琼脂平板上的氯霉素表型耐药性。

随着人工非编码RNA设计和表达策略不断优化，人工非编码RNA文库的建立，这一技术率先广泛应用到了细菌的代谢工程中。2014年，研究人员设计的温度敏感型质粒合成了非编码RNA，在18株大肠杆菌中敲除了酪氨酸生物合成途径中的碳存储调节器（CsrA）和酪氨酸抑制因子（TyrR）两个调控因子，提高了苯酚的生物产量。2015年，科研人员利用同样的策略构建人工非编码RNA，在大肠杆菌中敲除PfkA，提高了工程塑料单体1，3-二氨基丙烷的产量。2019年，科研人员将大肠杆菌中以MicC为支架合成的ncRNA系统引入到了谷氨酰胺菌的谷氨酰胺代谢生产当中，提高了谷氨酸的浓度。

在作物育种领域，目前对核糖核酸调节子领域的研究解开了困扰多年的基因沉默现象的谜团，发现了水稻DCL酶家族成员催化不同类型非编码RNA的生物合成，科学家们已经鉴定了非编码RNA调控株型、光敏雄性不育、抗逆、品质、产量等多个重要位点和调控机制。还有的研究发现水稻中大量散布于基因附近的MITE类转座子可产生小干扰RNA，并通过这些小干扰RNA精细调控旁侧基因的表达，从而控制重要农艺性状。

第三节　基因沉默技术

生物会被动地全盘接纳转入的外源基因吗？回答显然是否定的。生物都有确保自身基因不被随意修改的本能和本领，外来的"和尚"能否在本庙扎下根，还得看缘分。一个转入的外源基因，只有被宿主愉快地接纳，并成功地表现出应有的功能，才能说明转入成功，否则，恐怕就要面临被"沉默"的严重后果了。

转基因沉默是继植物转化方法之后，遗传工程领域引人注目的第二个研究焦点。相对于自身的遗传物质，被转入的基因是"入侵者"，植物会做出排斥反应，采取的措施包括切除、重排、割裂、甲基化等。反之，被转入的基因也必须适应宿主的细胞，借助宿主细胞的调控系统，实现自身的功能，这种挑战主要集中在转录和转录后加工两个阶段。

根据生物学中心法则，基因的DNA序列要先转录生成mRNA，再以mRNA为模板组装氨基酸，合成蛋白质。按照一般理解，细胞里某个基因的mRNA生成越多，所合成的对应蛋白质会越多。那么我们额外地往细胞里输送大量的mRNA，是否就可以得到更多的对应蛋白质？答案并非如此。

实际上，很多时候外源或内源性的双链RNA（double-stranded RNA，dsRNA）或单链RNA进入细胞后，会引起与其同源的mRNA高效特异性降解，反而抑制相应的蛋白质合成，好像转录出mRNA的特定基因功能缺失了一样。

这就是RNA沉默（RNA silencing），也称RNA干扰（RNA interference，RNAi），是数学上"正正得负"定律在生物学上完美体现的典型例子。

这种独特现象的发现可追溯到1990年。紫花矮牵牛花色的深浅是由花青素的含量高低决定的，而花青素的合成速度受到查尔酮合成酶的控制。美国DNA植物技术公司那不勒斯等想通过外源导入查尔酮合成酶基因，额外地增加查尔酮合成酶的含量，以便合成更多的花青素，从而获得颜色更深的牵牛花。然而，试验结果适得其反，许多矮牵牛花的颜色不仅没有加深，反而变浅了，变成花白色甚至全白色。这些矮牵牛花中查尔酮合成酶的浓度竟不到正常矮牵牛花的五十分之一。

他们猜测，外源编码查尔酮合成酶的基因可能抑制了花中内源对应基因的表达。即转入外源基因后，矮牵牛体内原有的同类基因不再发挥作用，同时，外源基因也不能发挥作用。这种导入的外源基因与宿主同源基因的生物学功能同时被抑制的现象被称为共抑制（Co-suppression）。大量实验证明，这种共抑制的现象都发生在转录后水平，因此又被称作转录后基因沉默（Post-transcriptional Gene Silencing，PTGS）（图29）。

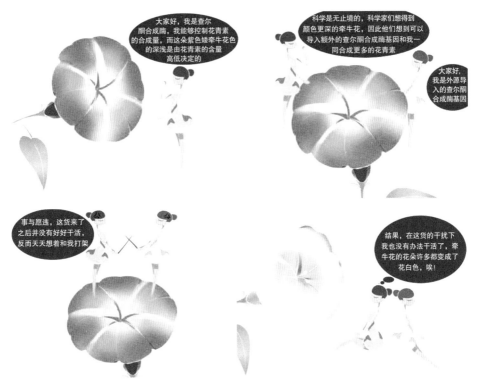

图29　RNAi基因沉默现象：从喋喋不休到哑口无言

注：RNAi是一种在mRNA水平上的基因沉默现象，利用其方法能简捷，快速地鉴定基因功能，同时也被广泛应用于农作物育种。

科学家随后的一系列实验进一步证实RNAi现象在动物、植物和微生物中普遍存在。1992年，研究人员在粗糙链孢霉中发现导入外源基因可以抑制宿主同源基因的表达水平。1995年，美国科学家发现在新秀丽隐杆线虫中注射正义RNA（Sense RNA）和反义RNA（Antisense RNA）均能有效且特异性地抑制内源基因 *par-1* 的表达。然而，这个实验尚不能对反义RNA结果做出合理解释。

直到1998年，美国科学家法厄和梅洛等在新秀丽隐杆线虫中进行反义RNA抑制实验时发现，原本作为对照组加入的双链RNA，没有起到"白开水"的作用，反而比正义或反义RNA有更强的抑制同源基因表达的效果。更为有趣的是，按理说根据碱基1:1配对的情况，应该加入多少双链RNA，可以抑制多少内源基因的表达，而实际上，即使仅加入少量双链RNA，抑制效果也很强大。

1999年，美国科学家汉密尔顿等首次在转录后基因沉默的植株中发现了长度为25nt的RNA中间产物。

2000年，美国科学家哈蒙德在体外培养的果蝇细胞中发现外源性dsRNA通过耗能过程降解成21～23nt的干扰RNA（small interfering RNA，siRNA），从而引发RNAi效应。同年，其他科学家分别在小鼠胚胎细胞和卵母细胞中独立证实dsRNA能引发RNAi效应。

2001年，德国科学家埃尔巴希尔等证实21nt的siRNA可以在不激活dsRNA依赖的蛋白激酶（dsRNA-dependent protein kinase，PKR）和2′-5′-寡聚腺苷酸合成酶信号转导途径的情况下，有效地抑制人胚肾293细胞和Hela细胞等哺乳动物细胞中目的基因表达。

2002年，研究人员首次利用小鼠H1启动子构建了小发卡RNA（small hairpin RNA，shRNA）表达载体pSUPER，并证实转化该载体的哺乳动物细胞内目的基因被有效敲除，从而开启了RNAi介导的基因治疗研究。

随后，科学家证实真菌中的消除现象和动物的RNAi现象都属于RNA沉默，而且RNA沉默现象广泛存在于果蝇、拟南芥、锥虫、水螅、涡虫、斑马鱼等真核生物中。2001年，RNAi沉默技术入选《Science》杂志十大科学进展。

2006年，法厄等进一步证实正义RNA抑制同源基因表达的真实原因是体外转录制备RNA的过程中污染了微量的双链RNA（dsRNA）而引发，"RNA干扰"的命名也因此而来。法厄和梅洛因为发现RNA干扰机制而获得2006年度诺贝尔生理学或医学奖。

尽管人类对RNA沉默的认识仅仅30余年，但RNA沉默却是各种生物用于抵抗异常DNA，如病毒、转座因子和某些高重复的基因组序列入侵的古老保护机制。此外，RNA沉默也是一种重要的生物发育调控机制，通过降解RNA、抑制翻译或修饰染色体等方式得以调控基因的表达。

植物中，dsRNA可以诱导基因组的同源序列位点DNA发生不对称甲基化，而且这种甲基化不局限于cpG或cpxpG序列。如果甲基化发生在基因启动子区域，会诱发转录水平基因沉默（Transcriptional Gene Silencing，TGS）；如果甲基化发生在基因编码区，甲基化对基因座的基因转录没有显著影响，但是会引起转录后基因沉默（PTGS）。与PTGS不同，TGS具有相对较高的稳定性，可以遗传给后代。

生物体内RNA沉默主要存在两种途径，small interference RNA（siRNA）途径和microRNA（miRNA）途径。miRNA和siRNA均为非编码RNA，大多由20～22个核苷酸组成，具有类似发夹的茎环结构。

当然，二者也存在明显的区别。一是来源不同。miRNA是生物体自身基因表达的产物，属于内源性产物，而siRNA是外源病毒感染、转座子或转基因靶点整合到细胞基因组产生，属于外源产物。二是产生机制不同。miRNA由不完整的发卡状双链RNA经Drosha和Dicer两个酶加工而成，而siRNA是由完全互补的长双链RNA经Dicer酶剪切而成。

一、siRNA途径

在我们的印象里，DNA是两条链，RNA是一条链。然而，现实中，生物体内还存在着一种比较特殊的双链RNA（dsRNA），这种dsRNA就是RNA干扰产生的主要诱因。

当外源dsRNA进入细胞后，会被细胞内的一些酶所降解，降解后脱落的小RNA序列就是siRNA，中文名叫做小片段干扰RNA。

dsRNA又是从何而来呢？病毒基因、人工转入基因等外源基因以及生物体自身的转座子，成功整合到宿主细胞基因组内后，就意味着外源基因在细胞内"登陆"成功。这些成功整合到宿主细胞基因组的外源片段会利用宿主细胞的功能元件进行转录，这时就会产生双链RNA（dsRNA）。

接下来，dsRNA对RNA的干扰即将引发。双链RNA的出现就像"信号弹"，自动启动了RNA干扰机制。宿主细胞决定"保家卫国"奋起反击，它的"御林军"是一种叫Dicer的蛋白质和核酶复合体，全名叫做RNaseⅢ家族的内切核酸酶（RNA-induced silencing complex，Dicer）。

Dicer先与双链RNA结合，"羊毛剪子咔咔响"，把双链RNA剪成有特定结构的，只有21~26个核苷酸的双链小干扰RNA（siRNA）。接下来，siRNA与多个蛋白质相结合并激活其功能活性，称为RNA诱导沉默复合体（RNA-induced Silencing Complex，RISC）。随后siRNA自身解旋成单链，引导复合体，追踪寻觅着外源mRNA，将其降解。这样，即使生物体不幸被外源DNA侵入，甚至已经整合到染色体上，开始了蛋白质的表达过程，细胞也有办法将已经转录的mRNA消灭掉。保卫战终传捷报。

让我们回到1998年，彼时菲尔等还在新秀丽隐杆线虫中进行反义RNA抑制实验。他们发现作为对照组加入双链RNA，可抑制同源基因表达。为什么抑制效果没有遵守碱基1∶1配对，加入多少双链RNA，就老老实实抑制多少内源基因的表达，反而只加入少量双链RNA，就能取得强大的抑制效果？原来，在这场"战斗"中，有着siRNA这名悍将。保卫战中，siRNA不仅亲自参加战斗，越战越勇，还号召更多的同伴参与其中。

可是哪来那么多同伴呢？实际上，是siRNA取法孙悟空的变身神术，重复了自己的"诞生"过程。它找到了外源mRNA后就利用序列的同源性结合其上，尽管它的身材比mRNA短得多，但是，别担心，很快在RNA聚合酶的帮助下，它就会"长大"。这种"长大"的过程，就是更多新的双链RNA的合成过程。新合成的双链RNA经过Dicer酶的切割产生大量的次级siRNA，从而让RNA的干扰作用进一步放大，最终将目标mRNA全部降解。

二、miRNA途径

MicroRNA（miRNA）是一类由内源基因编码的长度约为22个核苷酸的

非编码单链RNA分子，它们在动植物中参与转录后基因表达调控。到目前为止，在动植物以及病毒中已经发现有数以万计的miRNA分子。

miRNA进入科学家视野，也是一个偶然事件。

1993年，科学家发现线虫体内存在一种奇怪的短小RNA（lin-14），这种RNA不编码蛋白质，却可以与*lin-14*基因产生的mRNA结合，在蛋白翻译水平抑制核蛋白lin-14的表达，从而使线虫第一幼虫阶段发育结束并开始第二幼虫阶段的生长。这是人类首次发现的miRNA调节生物体基因表达的新机制。7年后，第二个miRNA let-7被科学家发现，和*lin-1*基因类似，也成为线虫发育进程重要的调节因子。

miRNA的来源，科学家推测，可能来自某些非编码序列。在基因组中编码蛋白质的DNA序列被称为功能基因，除此之外，基因组中还有大量重复的、没有蛋白质编码功能的基因序列。过去科学家认为这是演化过程中所形成的冗余序列，将其称为垃圾序列或者垃圾基因。近年来却发现，这些序列并非之前想象的毫无存在价值，反而能在基因表达中起到重要的调控作用，因此将其正名为非编码序列。

有研究证明，这些非编码序列可能就是miRNA的诞生地。非编码序列较长的初级转录物pre-mRNA经过一系列核酸酶的剪切加工，就可以得到miRNA。miRNA前体的大小在动植物中存在较大的差别。动物中miRNA前体比较均一，大小多在60～80个核苷酸，植物中miRNA前体的长度则差别很大，从几十到几百个核苷酸不等。

miRNA发挥的主要作用是干扰蛋白质的合成，属于基因转录后调控。miRNA与蛋白因子形成RISC蛋白复合物，通过碱基互补识别靶mRNA，然后引导RISC蛋白复合物降解靶mRNA或者阻遏靶mRNA的翻译。因此，miRNA也被看作RNA干扰的一种形式。

自miRNA现象被发现后的20多年时间里，miRNA的研究突飞猛进。目前miRNA数据库中记录的成熟miRNAs已超过4 000条。据估计，生物体中编码基因数量的1%为miRNA，因此推测尚有大量的未知miRNA有待被发现。

miRNA大部分高度保守，是最主要的基因表达调控因子之一。研究人员估计，哺乳动物的基因中，约有30%的功能基因受miRNA的调控，人体内大约2/3的基因受到某一个或一组miRNA的调控，如涉及器官发育和形成、脂肪代谢和调控、细胞增殖和凋亡、病毒防御和肿瘤发生等功能的基因，但这些功能还只是miRNA"巨大能力"的冰山一角。

miRNA是动植物正常生长发育所必需的调控机制，因此其表达具有高度的时序性和组织特异性。为了研究其对靶标基因的调控作用，科学家探索了多种不同的研究渠道：如改变植物体中miRNA的表达量；为降低miRNA与靶mRNA的碱基匹配度改变miRNA核苷酸序列；为使植物中靶mRNA具有抗miRNA降解的能力，通过转基因改变靶基因序列。目前发现植物中50%的miRNA是转录调控因子，miRNA还作用于植物激素的信号分子，参与植物对外界环境胁迫的应答反应。在植物的嫁接中，科学家也发现了宿主和寄主之间miRNA的转移情况。

2002年，《Science》杂志把miRNA的研究评为当年的年度重大突破。2005年，研究人员已经在人体中发现了200多种miRNA。后期科学家还发现miRNA可以调控肿瘤的形成，而且可能与慢性淋巴细胞性白血病、人类老年神经退化性疾病和某些中枢神经功能紊乱有关。

RNAi沉默技术已在动植物研究中广泛采用，但方法各有侧重。动物研究一般采用siRNA的方式诱导基因沉默，主要是由于长链dsRNA诱导PKR途径非特异性的降解dsRNA。植物研究更多地采取dsRNA的方式诱导RNAi沉默，则是因为细胞壁的限制，利用注射、饲喂等方法将siRNA导入植物细胞非常困难。

根据RNA沉默触发后持续时间的不同，RNAi又可以分为瞬时性RNAi沉默和持久RNAi沉默。基因枪轰击法和病毒侵染法主要用来产生瞬时性RNAi沉默。持久RNAi沉默通常采用构建表达载体，利用PEG介导、电穿孔介导、农杆菌侵染等方法将设计的序列整合到基因组序列并稳定表达，可在植物中诱导出持久RNAi沉默。

RNAi沉默技术被广泛应用于植物遗传改良，如利用RNAi沉默技术抑制玫瑰中二氢黄酮醇4-还原酶，培育出了蓝色玫瑰；通过抑制可可碱合成酶基因的表达来降低咖啡豆中咖啡因含量；通过RNAi沉默技术培育出油酸含量高的甘蓝型油菜、高直链淀粉含量的玉米和马铃薯。

作为一种高效的、特异性的基因剔除技术，RNAi沉默在传染性疾病和恶性肿瘤基因治疗领域发展迅速。研究发现，利用RNAi沉默技术有望实现HIV-1、乙型肝炎和丙型肝炎等疾病的基因治疗，选择与人类基因组无同源性的病毒基因组序列设计抑制序列，可以有效地抑制病毒复制，同时对人体正常的组织不产生毒副作用。

与其他技术相比，RNAi沉默技术具有高效性、安全性和特异性，且操作简单、成本低。自1998年RNAi沉默首次被发现，短短20年内RNAi沉默技术已经展现出了在植物研究中巨大的应用前景，在基因治疗领域基于这一机制开发的治疗产品也已经进入到了临床试验阶段，已成为21世纪最火爆的生命科学研究领域之一。

第四节　基因编辑技术

指哪儿打哪儿，百发百中，这是射击教练对射击运动员的要求，也是生物科学家对外源转入基因的要求。

早期的转基因技术，外源基因就像一个散弹枪射出的子弹一样，随机整合在基因组上。在基因组上的插入位置不确定，每一个转化基因在子代基因组上有多少个拷贝也不确定，转化结果有一定的不可预测性。这当然达不到科学家的要求，科学家的希望是，转基因技术能像铁路调度一样，对火车行驶路线、沿途多少车站、停靠站点都能了然于胸。

所以，增强转基因插入的可控性，将目的基因定点高效地整合到染色体的特定位置上，做到指哪儿打哪儿，就需要借助基因定点编辑整合技术了。人工核酸酶技术是该技术的物质基础，同源重组自然是该技术的理论基础。

　　同源重组是DNA分子之间的核苷酸序列交换，通常发生在同源染色体之间。实际上，外源导入的DNA可与宿主的同源DNA发生同源重组。20世纪80年代，利用外源基因的这种同源重组，发展出了基因打靶（Gene Targeting）技术，可定向敲除或插入目的基因。但细胞内同源重组的自然发生率低，大部分外源基因还是会像传统转基因技术一样随机插入到基因组上。基因打靶技术存在编辑效率低、难度大、应用范围受限等缺点。

　　之后科学家发现，真核细胞的染色体DNA在受到不利因素的刺激时会发生双链断裂（Double Strand Breaks），对基因组来说，这是一种危险的状况。如何修复？细胞会利用DNA同源重组或非同源末端连接（Non homologous end joining）机制修复断裂的双链DNA，但此过程会导致高概率的DNA序列缺失、插入或改变。如果能诱导DNA序列的特定位点发生损伤，那么在修复过程中就可以对真核生物的遗传物质进行精确的基因操作，且可实现对特定细胞组织的遗传操作。

　　为此，科学家开始在自然界寻找进行这项操作的可能工具。之后，发现了细菌的一些特殊的基因表达调控机制，并综合对转录因子作用机制的研究成果，科学家成功创建出能特异切割靶标DNA序列的人工核酸内切酶（Engineered endonucleases，EENs），它们能根据研究者的意愿像剪刀一样对DNA序列进行双链切割，由此开创了基因编辑技术。基因编辑技术能够特异性识别DNA序列的特殊结构，指哪儿打哪儿，定点切割DNA双链，进行突变、敲除、敲入以及多位点同时突变和小片段删除等，同源重组的效率提高了上百倍。

　　基因编辑技术出现至今，经历了三代技术的发展，即锌指核酸酶（Zinc finger nucleases，ZFNs）、类转录激活因子效应物核酸酶（Transcription activator-like effector nucleases，TALENs）和成簇规律间隔短回文重复与Cas蛋白（The clustered regularly interspersed short palindromic repeats/

CRISPR-associated，CRISPR/Cas）。由于采用的人工核酸酶不同，这三种基因编辑技术的原理、操作难度、修饰效率和应用范围都有较大差异。

其中CRISPR/Cas基因编辑技术操作最为简单，同时具有编辑效率高、成本低廉等优点，一经报道就迅速成为具有广泛发展前景和应用价值的热门研究领域之一，目前已广泛应用于基因功能研究、基因治疗以及农作物重要农艺性状遗传改良等（图30）。

图30　基因编辑技术是人类改造物种的有效工具

注：基因编辑技术不断发展，到现在已发展到第三代基因编辑技术。第三代基因技术CRISPR/Cas因其操作简单、成本低、效率高，目前已广泛用于模式生物研究、医疗、植物作物、农业畜牧等领域。

一、锌指核糖核酸酶技术

锌指核糖核酸酶被称为第一代"基因组定点编辑技术"。

锌指核糖核酸酶是人工改造的限制性内切酶，由锌指DNA结合域和*Fok* I

核酸内切酶的剪切结构域融合而成，被称为第一代基因编辑技术。锌指DNA结合域特异性识别并结合指定的位点，*Fok* I剪切结构域非特异性对靶标DNA进行高效、精确地切割。随后，借助细胞天然具有的双链DNA断裂修复能力对特定的基因组位点进行编辑（图31）。

图31　锌指核糖核酸酶技术改造基因示意图

　　注：最经典的锌指核酸酶是将一个非特异性的核酸内切酶与含有锌指的结构域进行融合，其目的自然是对特定序列进行切割。被切开的DNA可以由切除的修复机制使切开处的单链部分被删除，然后又重新接到一起。理论上讲，可以利用这种方法完成对染色体上特定片段的删除。

　　锌指结构在真核生物中普遍存在，是由两个半胱氨酸残基和两个组氨酸残基与锌离子形成的手指一样的蛋白结构域，即Cys2-His2模块。每个Cys2-His2模块能够特异性识别和结合3个碱基长的DNA序列，可以帮助转录因子识别特定序列的DNA。2005年，美国科学家莫斯科等发现，一对由4个锌指连接而成的锌指核糖核酸酶可识别24bp的特异性序列，因此将这些模块混合搭配就可能让锌指结构在基因组里找到任何特定的DNA序列。

OPEN（Oligomerized Pool Enginering）是构建锌指糖核酸酶的常用方法，它利用共享的锌指资源库，将不同的锌指模块进行组合。

Fok I核酸内切酶是海床黄杆菌细胞内的一种限制性内切酶，具备识别位点特异性，这种酶必须两两配对，形成二聚体才具有酶切活性。

因此，同一条DNA链上的两个锌指DNA结合域必须离得比较近，才有利于两个*Fok* I剪切结构域靠近形成二聚体。之后由*Fok* I将锌指结构位点的DNA双链切开，形成缺口。随后，利用细胞固有的DNA修复过程将断裂DNA重新连接，在连接过程中实现基因的突变、敲除、敲入以及多位点同时突变和小片段删除，即基因编辑。

锌指糖核酸酶在每140个核苷酸中可有一个识别位点，重组效率比传统基因打靶技术高出上百倍。2005年后，锌指糖核酸酶技术在基因组编辑中逐渐得到广泛的应用，已成功应用于黑长尾猴、小鼠、家蚕以及拟南芥、烟草、玉米等多种动植物。但是，锌指糖核酸酶的DNA结合元件之间会相互影响，导致其精确度具有不可预测性，因此设计靶向特异性DNA序列的锌指糖核酸酶还难度较大，加上其制作步骤比较烦琐复杂，成本昂贵，发展和应用受限，还需进一步的研究和发展。

二、转录激活样效应因子核酸酶TALEN技术

转录激活样效应因子核酸酶TALEN技术被称为第二代"基因组定点编辑技术"。它与锌指糖核酸酶的工作原理是一样，均由DNA结合域与*Fok* I剪切结构域融合而成。

不同的是，TALEN的DNA结合域是一种转录激活子样效应因子（Transcription Activator-like Effector，TALE），来自植物病原体黄单胞菌。TALE具有识别特异性DNA序列的能力，*Fok* I剪切结构域同样需要形成二聚体才能具有核酸内切酶活性，从而将TALE识别确定出的DNA序列精确切开。

一些由33～35个氨基酸组成的序列，不断重复，构成了TALE蛋白的核心结构域。这些重复的氨基酸序列可以与特定的DNA碱基配对结合。想要识别某一特定DNA序列，只需设计相应的串联的TALE蛋白重复序列即可，并且TALENs可以被设计成与几乎任何所需的DNA序列结合。与第一代"基因组定点编辑技术"锌指核糖核酸酶相比，TALEN的设计、构建和筛选简单很多，不受上下游序列影响，具备更广阔的应用潜力，已成了科研人员研究基因功能、基因治疗和作物基因改良的重要工具。

TALEN技术被认为是基因敲除、敲入或转录激活等靶向基因组编辑的里程碑，2012年被《Science》杂志评为年度十大科学突破之一，有基因组"巡航导弹技术"的美誉。目前，TALEN技术已被成功应用于酵母、果蝇、斑马鱼以及拟南芥等生物的基因组定点编辑。

与锌指核糖核酸酶技术一样，TALEN技术同样具有一定的缺点，模块组装过程烦琐，并且具有一定的细胞毒性，在很大程度上限制了它的研究和推广，但相信在科学家的努力下，TALEN技术必将为人们发挥更大的功效。

三、CRISPR/Cas9系统

2013年年初，魔法剪刀手CRISPR/Cas9系统出现，被称为第三代"基因组定点编辑技术"。该技术制作简便、快捷高效、成本低，在常规实验室就可以完成操作，因此受到众多科研人员的热捧，在世界各地的实验室迅速传播，成为科研、医疗和农业等领域的热门前沿方法（图32）。

CRISPR/Cas系统广泛分布于90%的古细菌及50%的细菌基因组或质粒上，是这类原核微生物在漫长的生命历史中演化出来的、对入侵噬菌体和外来DNA采取的一种反制措施。对曾遭受的入侵，细菌和古细菌会产生"记忆"，当再次面临同一种病毒或DNA时，就会迅速识别并响应发起反抗，类似于人类的免疫应答系统。

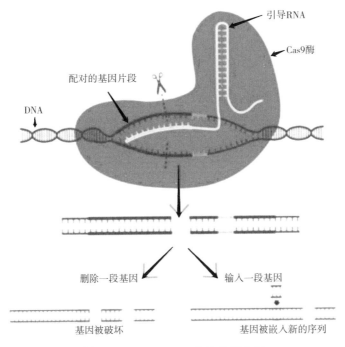

图32 CRISPR/Cas9系统作用机制

注：CRISPR/Cas9系统主要包括两个元件，Cas9核酸内切酶和向导RNA。早先发现的guideRNA由tracRNA和crRNA两部分组成，两部分融合表达后，即sgRNA，能够识别靶DNA序列中保守的前间区序列邻近基序（Protospacer Adjacent Motifs，PAM），sgRNA通过与Cas9蛋白结合，引导Cas9核酸内切酶定点切割靶向DNA。

1987年，日本大阪大学石野等发现，大肠杆菌编码K12的碱性磷酸酶（Alkaline Phosphatase）基因的编码区附近存在成簇的规律间隔的短回文重复序列。2002年，荷兰科学家将这些序列命名为Clustered Regularly Interspaced Short Palindromic Repeat，简称CRISPR。这些重复序列高度保守。CRISPR由这些重复序列和间隔序列相间排列而成。随后超过40%的细菌与90%的古细菌中都发现了这种重复序列，但研究者一直不太清楚这些序列的生物学意义和作用。

在大多数具有两个或两个以上CRISPR基因座的物种中，这些基因座的上游都会有一个300～500bp的共同先导序列（Leader Sequence），类似于启动子的功能，可以启动后续CRISPR序列的转录。同时，还有4个CRISPR

相关基因（CRISPR-associated gene，Cas gene）位于CRISPR附近区域。由此推测*Cas*基因与CRISPR基因座有功能互动，其中*Cas4*基因含有*RecB*核酸外切功能域。

2005年，法国科学家在更多的原核基因组中发现CRISPR和新的*Cas*基因。同时发现CRISPR中，夹杂在重复序列之间的间隔序列与宿主菌染色体外的遗传物质高度同源，认为这些间隔序列是外来病毒和外源DNA入侵后留下的印记。并推测细菌借助这些间隔序列编码出反义RNA来对抗噬菌体侵染，和对抗更普遍的外源DNA入侵，颇有些类似于人体的细胞免疫。2006年，美国科学家在对CRISPR和*Cas*基因进行比较基因组分析后认为，CRISPR-Cas系统其功能类似于真核细胞RNA干扰（RNAi）系统，是一种细菌和古细菌演化出来的防御噬菌体和质粒入侵的机制。

2007年，美国科学家首次发现在遭受噬菌体攻击之后，细菌整合了噬菌体基因组序列后，CRISPR中出现了新间隔区，这种新添加的新间隔区，既是入侵的印记，也是细菌和古细菌发起"免疫反应"的根据。去除或添加特定的间隔区，细菌对噬菌体抗性也随之变化。因此，CRISPR和*Cas*基因让细菌对噬菌体产生抗性，而对哪种噬菌体产生抗性，则由CRISPR中的间隔序列决定，而间隔序列又由曾经入侵的噬菌体DNA序列决定。

2008年，美国科学家发现CRISPR系统干扰阻止了表皮葡萄球菌的接合和质粒转化。因此，CRISPR基因座可以干扰多种基因水平转移途径，尤其是可通过阻挠细菌之间的接合，遏制抗生素耐药性基因在病原菌中的传播。2009年，美国科学家首次报道了CRISPR/Cas系统可以切割入侵的RNA，表明CRISPR/Cas系统可保护原核生物免受病毒和其他潜在核酸入侵者的侵害。

在上游先导序列的驱动下，CRISPR区域被转录出来。转录出来的mRNA被切割成具有特定二级结构的小片段引导RNA（short guide CRISPR RNA，crRNAs）。在crRNA的引导下，CRISPR/Cas以序列特异的方式沉默外来DNA。2011年，瑞典科研人员发现与crRNA的前体重复序列互补的

24-nt反式tracrRNA能促进crRNA的成熟和发挥作用，进而对抗入侵DNA。

CRISPR/Cas作为基因编辑系统走向应用源于2012年两位女神级科学家的强强联合。美国科学家杜德纳和法国科学家卡彭蒂耶通过体外实验证明，成熟的crRNA通过碱基互补配对，与tracrRNA形成特殊的双链RNA结构，指导Cas9蛋白在目标DNA上引起双链断裂。在与crRNA指导序列互补的位点，Cas9蛋白的HNH核酸酶结构域切割crRNA的互补链，而Cas9蛋白RuvC样结构域切割非互补链。当双tracrRNA：CrRNA被嵌合到一条RNA时，同样可以指导Cas9切割双链DNA。她们的研究证明，CRISPR/Cas系统在RNA指导下进行基因编辑，标志着CRISPR/Cas9基因组编辑技术成功问世，自此，基因编辑技术迅速在一系列物种中得到了广泛应用。2020年，诺贝尔化学奖授予给了这两位年轻的女科学家，以表彰她们对基因编辑技术发明的原创贡献。

2013年年初，美国华人科学家张锋研究团队证明，在短RNA诱导下，Cas9核酸酶可以对人和小鼠细胞基因组进行位点特异性的精确切割。更难得的是，他们发现，可以将多个引导序列编码到同一个CRISPR阵列中，于是就实现了对哺乳动物基因组中多个位点的同时编辑，说明RNA引导的核酸酶技术具有易编程性和广泛适用性。同年，美国和英国科研人员将CRISPR/Cas9成功应用于植物基因编辑。

这就是今天大名鼎鼎的CRISPR/Cas9的发现由来，它们是细菌的获得性免疫的系统，相当于细菌体内对外来噬菌体的通缉令。现在应用的CRISPR-CAS9系统，主要由人工设计的向导RNA（single-guide RNA，sgRNA）和Cas9蛋白构成。

sgRNA是tracrRNA/crRNA复合物的"改进型"整合体，可以作为向导，引导着动植物体内转入的外源Cas9基因产生的Cas9蛋白，去特异性地识别动植物基因组中的间隔序列前体临近基序（Protospacer Adjacent Motifs，PAMs），并在其上游进行定点切割，产生双链缺口。进而通过非同源末端连接或同源重组两种方式修复断裂的双链DNA，实现基因的特异性修饰。

高效率定向转换基因组的序列是CRISPR/Cas9技术用于遗传改良实践的关键，而近年来兴起的单碱基编辑技术满足了这一需求。目前，依据碱基修饰酶的不同可分为胞嘧啶碱基编辑器（Cytosine Base Editor，CBE）和腺嘌呤碱基编辑器（Adenine Base Editor，ABE）。以胞嘧啶编辑器为例，该系统的作用机理是将胞嘧啶脱氨酶和人工突变后的DNA切口酶nCas9进行融合，融合蛋白在sgRNA的引导下将靶点PAM序列上游5~12个碱基范围内非靶标链上的胞嘧啶（C）转换为尿嘧啶（U），同时切割靶标链产生单链断裂，此时编辑受体启动修复机制，以非靶标链为模板将互补链中的鸟嘌呤（G）替换为腺嘌呤（A），最终实现C/G到T/A的转换。

碱基编辑系统的开发将CRISPR/Cas系统从切割DNA的"剪刀"变为能改写特定碱基的"修正器"，打开了精准基因组编辑的大门。该系统目前已被广泛地应用于农业、基因治疗、作物育种等各个领域的研究。2017年，《Science》杂志将碱基编辑技术评为年度十大科学技术突破之一。

由于CRISPR/Cas9系统具有操作简单、靶向精准、细胞毒性低和成本低廉等特点，一经问世就受到广大科研工作者青睐，研究进展非常迅猛。2014年，美国科研人员利用基因组编辑技术成功地把艾滋病病毒从培养的人类细胞系中彻底清除。由于CRISPR/Cas9编辑的作物可以在转基因后代中筛选不含有外源序列的个体，因此在2016年被认为是非转基因作物。同年，美国NIH批准第一个CRISPR基因编辑临床试验，用于编辑T细胞治疗癌症。2017年，美国研究人员利用CRISPR-Cas9系统拯救失明小鼠。

当然，CRISPR/Cas9系统也具有局限性，由于Cas9蛋白的结合和切割需要靶标DNA附近具有NGG位点，如果想编辑的基因组序列附近没有一个可识别的PAM序列，Cas蛋白将无法识别或成功附着并切割。为了克服这一局限性，世界各地的科研人员投入很大精力创造Cas9变体，来拓展Cas9的靶向范围。譬如，2015年，Keith Joung实验室最早获得可识别NGA的SpCas9-VRQR突变体及NGCG的SpCas9-VRER突变体。随后科研人员逐步获得识别NG变体以及识别NRNH（R为A/G，H为A/C/T），NRN和NYN（Y为

C/T）（NRN>NYN）的变体，使SpCas9突变体几乎完全摆脱了PAM困扰。

此外，科研人员还利用其他类型的Cas蛋白来拓展PAM位点。如Cpf1蛋白，它比Cas9蛋白分子量小，由单个crRNA指导，在富含腺嘌呤/胸腺嘧啶的PAM序列远端切割双链DNA靶标，并形成黏性末端。2018年，中外科研人员合作开发出一系列基于CRISPR/Cpf1（Cas12a）的新型碱基编辑器（dCpf1-BE）。理论上，该系统可对数百种引起人类疾病的基因组点突变进行定点矫正，临床应用潜力巨大。

除在DNA水平上进行基因编辑外，还可以在RNA水平上对遗传物质进行编辑。2016年，美国华人科学家张锋教授团队发现Cas13a具有RNA介导的RNA酶活性，为在RNA水平改变遗传信息提供了一种新的工具。2017年，张峰教授又发现PspCas13b是一种比Cas13a更稳定更高效的核酸酶。PspCas13b不仅能进行RNA的切割，还可以通过失活的PspCas13b与不同功能的蛋白融合，实现各种靶向RNA的编辑，如通过融合hADAR在动物细胞中在RNA水平上实现A-I的定点编辑。

CRISPR/Cas系统还可以在不破坏DNA的完整性的情况下，对基因的表达进行调控。譬如，2013年，科研人员将Cas9的核酸酶活性失活，成为dCas9（dead Cas9），但仍然可以在gRNA的引导下将转录激活或抑制元件带到特定的位点，然后对特定靶基因的表达进行调控。2017年，有科研人员将gRNA改变为只有14个核苷酸的长度，导致其失活，但仍可使Cas9定位在特定序列，但不能行使DNA切割功能。该系统称为CRISPR-Cas9 TGA（Target Gene Activation），其同样是将融合表达的转录调控因子带到特定位点，从而对靶标基因的表达进行调控。

四、基因编辑育种应用

基因编辑技术，尤其是CRISPR/Cas技术已经广泛用于动植物研究发中，除了常见的模式生物，如线虫、果蝇、斑马鱼、小鼠等，还有猪、狗、猴等大型动物，以及水稻、小麦、玉米、大豆和棉花等重要粮食和经济农作物，展现了巨大的育种应用价值。

在小麦中，高彩霞等利用基因组编辑技术精确地靶向突变 *MLO* 基因的3个拷贝，直接获得了对白粉病具有广谱抗性的小麦材料；在水稻中，利用 CRISPR/Cas9 系统在温敏核雄性不育基因 TMS5 中引入了特异性突变，并开发了新的不育系材料，有望加速温敏核雄性不育系在水稻杂交育种中的应用。CRISPR/Cas9 也被植物学家们改造为抵抗病毒的新工具，在拟南芥、烟草中利用 Cas9 和靶向双生病毒的 gRNA，实现了植物对靶病毒的免疫。

双孢菇非常容易褐变，从而影响其品质。宾夕法尼亚州立大学帕克分校的杨亦农实验室利用 CRISPR/Cas9 技术对双孢菇的一个多酚氧化酶基因 *PPO* 进行定向修饰，获得的 DNA-free 突变双孢菇中多酚氧化酶的活性降低了30%，并具有了抗褐变能力。

2016年，美国农业部宣布利用 DNA-free 基因组编辑技术研发出的具有抗褐变能力的双孢菇品种，由于最后产品中无外源 DNA，不属于转基因产品的管理范畴，其食用安全性等同于传统育种得到的农作物品种，可以直接用于种植和销售，成为全球第一例获得美国农业部监管豁免的商品化基因组编辑品种。

植物中许多重要农艺性状是由单个或少数几个碱基突变引起，而碱基编辑器的开发为在植物中快速、高效且精准的创制单碱基突变体提供了有力的工具（表4）。

表4　基因编辑技术在作物遗传改良中的应用

SSN类型	物种	基因	修饰方式	突变体表型
ZFNs	玉米	*IPK1*	敲除	低植酸含量
TALENs	水稻	*Os11N3*	敲除	抗白叶枯病
	水稻	*OsBADH2*	敲除	具有香味
	水稻	*Lox3*	敲除	耐贮藏性
	水稻	*SWEET14*	敲除	抗白叶枯病

（续表）

SSN类型	物种	基因	修饰方式	突变体表型
TALENs	小麦	*MLO*	敲除	抗白粉病
	大豆	*FAD2-1A*, *FAD2-1B*	敲除	高油酸含量
	马铃薯	*VInv*	敲除	耐冷藏性
CRISPR/Cas9	水稻	*OsERF922*	敲除	稻瘟病抗性增强
	水稻	*IPA1*	敲除	分蘖和穗粒数改变
	水稻	*DEP1*	敲除	直立穗密度增加
	水稻	*Gn1a*	敲除	主穗粒数增加
	水稻	*GS3*	敲除	谷粒变长
	水稻	*Gn1a*	敲除	穗粒数增加
	水稻	*GW2*,*GW5*, *TGW6*	敲除	粒重增加
	水稻	*csa*	敲除	光敏核雄性不育
	水稻	*TMS5*	敲除	温敏核雄性不育
	水稻	*OsWaxy*	敲除	低直链淀粉含量
	水稻	*BEIIb*	敲除	高直链淀粉含量
	水稻	*ALS*	定点替换	抗除草剂
	水稻	*OsEPSPS*	定点替换	抗除草剂
	水稻	*ALS*	定点替换	抗除草剂
	玉米	*ARGOS8*	定点插入	抗旱
	玉米	*ALS*	定点替换	抗除草剂
	玉米	*Ms26*,*Ms45*	敲除	雄性不育
	玉米	*LIG*	敲除	无叶舌
	小麦	*TaGASR7*	敲除	粒重增加
	小麦	*TaDEP1*	敲除	植株变矮
	大豆	*GmFT2a*	敲除	花期推迟
	番茄	*SP5G*	敲除	花期提前、产量增加
	柑桔	*CsLOB1*	敲除	溃疡病的抗性增强
	双孢菇	*PPO*	敲除	抗褐变

（续表）

SSN类型	物种	基因	修饰方式	突变体表型
	水稻	*OsPDS*	敲除	植株白化
CRISPR/Cpf1	水稻	*OsBEL*	敲除	除草剂敏感
	水稻	*OsCAO1*	敲除	植株黄化

自2016年以来，高彩霞研究员等在水稻、小麦和玉米原生质体中实现了多个基因的编辑，创制了一系列抗除草剂小麦新种质和抗除草剂的水稻*ACC*基因突变材料。朱健康等编辑了水稻的6个基因，且在水稻中实现C-T和A-G的同时编辑。此外，研究人员利用RPS5A启动子驱动ABE，在双子叶拟南芥和油菜中实现了高效的编辑，并创制了拟南芥早花的ft突变体材料以及实现了油菜*PDS*基因mRNA的可变剪接。

2020年，中国科学家利用CRISPR/Cas9介导的基因编辑定点删除技术实现了一步法创制雄性核不育系并筛选得到配套的保持系。通过该技术体系生产的不育系和杂交种将不含有转基因，被认为是利用基因编辑技术快速进行农作物杂交育种的一个简单、有效途径。

基因编辑技术与体细胞克隆等技术结合，可制备出具有重要经济价值或医学研究价值的基因编辑动物，在动物遗传育种和人类疾病研究等领域具有广阔的前景。

*MSTN*基因是目前为止发现唯一对肌肉生长起负调控作用，控制猪个体生长发育和脂肪沉积，改善猪产肉性能的有效基因，其突变可导致肌肉异常增长或产生双肌臀表型。2015年，中国科学家利用ZFN技术成功获得MSTN突变的基因编辑梅山猪，双等位突变基因编辑猪育种群瘦肉率显著提高。用CRISPR/Cas9技术还可获得*MSTN*基因敲除绵羊、山羊、兔等高产肉率新品种动物。

牛奶和羊奶中的β-乳球蛋白是人乳中不含有的蛋白，是奶制品中的过敏原之一。2011年，中国农业大学利用基因编辑技术成功敲除牛基因组中的β-乳球蛋白基因，获得培育出不含β-乳球蛋白的奶牛。为免除了奶牛切角的痛苦，2016年美国科学家利用TALEN技术成功将*POLLED*基因的一个等位基因插入到奶牛胚胎成纤维细胞，获得保持高生产性能又无角的奶牛新品种。

2020年，美国研究团队在哺乳动物细胞基因组三万多个整合靶标上表征了11个胞嘧啶和腺嘌呤碱基编辑器的序列与活性关系，通过BE-Hive机器学习模型准确预测碱基编辑基因型结果，发现了先前无法预测的C-to-G或C-to-A编辑的决定因素，以≥90%的准确性纠正了174个编码序列，为新的基因编辑器提供了改进的编辑功能。

基因编辑工具箱内的明星成员CRISPR/Cas9编辑系统对mtDNA无效，因为该系统使用RNA将Cas9酶引导至靶标，但RNA无法进入被膜包裹的线粒体中。2020年，美国科学家开发了一种不依赖CRISPR/Cas9碱基系统、命名为DdCBE的mtDNA编辑工具，首次实现了对线粒体基因组的精准编辑。该研究将细菌毒素衍生脱氨酶DddA与TALE蛋白结合，在线粒体导肽帮助下进入线粒体，并结合在特定的mtDNA序列上。

第五节　生物反应器技术

人类生产生活中，需要多种多样与生物体有关的产品，如蛋白、药物、疫苗等，传统的方法往往是直接从生物体中提取所需的物质。然而，我们需要的太多，自然界的生物体心有余力不足。随着技术的进步，科学家已经能够将生物体改造为只生产某种特定产品，提高效率，更好地为人类服务。

利用微生物、植物、动物、细胞等各种生物体或者酶所具有的生物功能，通过生化过程，将原料转化为特定产品，这就是生物反应器概念的由来。

生物反应器，可以是一个充满微生物、细胞或者蛋白的发酵罐，也可以是一株玉米、一头牛、一只蚕等。广义地讲，通过生物方法将原料转化为特定产品的"容器"很多，如人和动物的胃、酿醋的坛子等。但现代意义的生物反应器涉及对生命体的"改造"，所以人类历史上利用酵母、霉菌等微生物生产酒、醋、酱油等，只是筛选并利用微生物的过程，不能算作真正的生物反应器。

几乎任何有生命的器官、组织或其中一部分，经人为驯化后，都有可能成为生物反应器。但从实际生产的角度考虑，作为生物反应器的组织需要方便产物的获得，如乳腺、血液、植物种子等，由此发展了动物乳腺生物反应器、动物血液生物反应器和植物生物反应器等。其中，转基因动物乳腺生物反应器的研究最为引人注目。

人类在生物反应器技术出现前，如需获得某种产品（如蛋白、药物等），只能从各种动植物、微生物中分离并提纯。如从小牛胃中提取制作奶酪的凝乳酶，从青蒿中提取青蒿素，从红豆杉中提取紫杉醇。这种方法效率很低、原料容易受到限制且成本居高不下。20世纪80年代，在PCR、限制性内切酶、连接酶等技术基础上，生物反应器技术开始快速发展，人类开始有意识地改造生命体，使之可以更加高效地生产特定的产品。

按照生物种类和形态，生物反应器可以分为五大类：以细菌和酵母为代表的微生物生物反应器、以哺乳动物细胞为代表的细胞生物反应器、以动物乳腺为代表的动物生物反应器、以转基因玉米为代表的植物生物反应器和无细胞生物反应器。

一、微生物生物反应器

细菌属于单细胞原核生物，结构简单、遗传背景清楚、容易培养，小小的细菌可变身生化工厂，是最早实际应用的生物反应器。主要应用的有大肠杆菌、芽孢杆菌、乳酸菌等，其中应用最为广泛的是大肠杆菌。

因廉价高效，细菌作为表达重组外源蛋白的生物反应器被广泛使用，很多工业用酶就是用细菌生物反应器来生产的。但由于细菌不具备折叠蛋白高级结构和翻译后加工修饰（糖基化、甲基化、磷酸化、乙酰化等）的能力，很多蛋白在细菌中没有生物学活力，逐渐凸显出细菌生物反应器的局限性。

酵母是一种单细胞低等真核生物，遗传背景清晰、培养条件简单、生长速度快、蛋白产量高、产品容易分离提纯。更为重要的是，酵母属于真核生物，具有一定程度上的蛋白翻译后加工修饰功能，克服了细菌生物反应器的诸多局限性。而且，酵母更加适合大规模生产，目前国内生产重组蛋白的大型发酵罐容量有100吨，四层楼高，极具规模效应，并能有效降低生产成本。

在基因工程疫苗和药物制备（如人胰岛素、抗体药物、蛋白质药物）和蛋白质生产中，酵母生物反应器已被广泛采用。如我国目前的乙肝疫苗主要就是以酵母作为反应器来生产的，很多饲料用酶（植酸酶、纤维素酶等）、工业用酶也是用酵母生产的。但是，仍然有部分外源基因不能用酵母进行生产，尤其是高等动物的蛋白。所以说，酵母能干很多活儿，但不能干所有的活儿。

更多领域，微生物生物反应器都在默默奉献着。在医药领域，作为第一种能够治疗人类疾病的抗生素，青霉素是人类医疗历史上的一个里程碑，而青霉素就是用青霉菌作为生物反应器来发酵生产的。在能源领域，也可以使用改造后的细菌酵母来生产生物乙醇、生物柴油等。如国内外诸多大公司已经在采用的微生物生产燃料乙醇，就在能源危机的当下发挥着越来越大的作用。正所谓，"你见或者不见，它就在那里"，为我们服务。

二、植物生物反应器

植物虽然没有乳腺，但是有果实，有块根、块茎，同样可以作为生化工厂，用于生产疫苗和药物。

　　植物具有完整的真核表达系统及与动物相似的真核细胞蛋白质加工修饰系统，可对生产出来的人源蛋白质进行修饰，如磷酸化、糖基化、酰胺化，并可正确装配折叠等。筛选出成功转入高效表达的植株后，可通过无性繁殖，短时间内扩大生产。疫苗或药物等储存在植物组织、种子或果实中，可一直保存活性，无须冷冻储藏和冷链运输，常温下也可保存18个月以上。

　　中国科学家把玉米变成生物反应器生产植酸酶，动物吃了这种玉米饲料，就能获得生长需要的足量磷元素。而在过去，动物饲料中需要添加磷酸盐矿石才能满足动物所需的磷元素，这种矿石是不可再生的，已经面临枯竭，植酸酶的出现大大缓解了这样的资源危机。

　　传统人用疫苗主要由转基因微生物进行生产。21世纪初发展的转基因植物，通过将病原微生物的抗原编码基因进行克隆重组，导入植物细胞，让植物表达特定抗原。这种抗原能激发人体的黏膜免疫，保护人体抵抗特定病原体，这就是转基因植物疫苗。

　　1989年，海阿特首次在《Nature》上发表转基因植物疫苗的研究成果。1990年，库提斯等在烟草种子中成功表达了具有抗原性的变异链球菌表面蛋白。1992年，马森等在烟草中成功表达了乙肝表面抗原（HBsAg），并经动物试验证实，通过转基因植物生产的抗原蛋白经纯化后仍能够保留免疫活性，注入动物体内后能够诱导产生特异性的抗体。

　　与哺乳动物细胞、酵母和细菌等传统疫苗相比，利用转基因植物生产疫苗，无须担心潜在的动物病毒等病原污染，对人畜安全，避免了以动物病毒为载体的基因工程疫苗潜在的病毒突变风险。而且，用转基因植物生产的疫苗接种简便，直接口服就能达到免疫效果，可免除注射耗材和潜在的血液传染疾病，易于推广普及。甚至，还可同时将多个外源基因转入植物体内，从而能够便捷地生产多价疫苗（图33）。

　　转基因植物疫苗原先仅限于预防性疫苗，现在已经扩展到自身免疫防治、癌症治疗和生育控制等新型治疗性疫苗。目前已成疫苗研发的热点领域。

图33 水稻生物反应器：小稻田里的大秘密

注：中国科学家将人血清白蛋白基因转入水稻中，培育出能"种"出人血清白蛋白转基因水稻。目前，植物源重组人血清白蛋白的纯度达到了99.999 9%，产量达到了每千克大米提取10克人血清白蛋白的国际最高水平。植物源重组人血清白蛋白注射液是国际上第一个基于水稻胚乳细胞生物反应器生产的一类创新药，目前已批准进入临床试验。

三、动物生物反应器

把一个个鲜活的动物个体作为生物反应器，行不行？避开对复杂的细胞外培养环境的调控，不需要特殊的培育设备和苛刻的培养条件，只要有食物有水，有土地有草，饲养生产两不误。

动物生物反应器是全新的药品生产模式。将外源目的基因转入动物体内后，设法让外源蛋白在某个组织或器官（如乳腺）中大量表达。高等动物体内蛋白质翻译后的加工修饰过程与人体内部很相似，因此这样生产的蛋白质天然具有生物活性，无须像微生物生产出来的蛋白那样进行后期人工改造。它克服了细胞生物反应器培养条件苛刻、成本太高、无法大规模生产的缺点。质量高，较易提纯，在世界范围内受到很多商业公司追捧。

而且，仅收获转基因动物的乳汁，不损伤动物，更易让消费者从心理上接受。这样，一只只转基因牛羊，就成了天然的、无公害的"动物药厂"，无须大量资金、人员、设施，就可投入生产，且安全高效。

构建动物生物反应器就是一个转基因过程，将所需目的基因与载体、适当的调控序列连接成一个重组载体后，转入动物胚胎细胞，等待其发育为动物个体。然后一代代地筛选出目的基因并稳定地整合到动物基因组中，然后持续遗传到下一代的转基因动物，从而将其作为动物生物反应器，生产目的基因所对应的蛋白。

克隆羊"多莉"，不仅是世界上第一只克隆哺乳动物，还是一个乳腺生物反应器。克隆动物可以解决最头痛的转基因动物品系纯种繁殖问题。在将羊的体细胞去除细胞核并与去核的卵细胞结合之前，将连有目的基因的载体注入，这样培育的转基因克隆羊体内就含有目的基因，可根据目的基因序列生产特定的蛋白质。转基因克隆羊多莉转入的是人凝血因子*IX*基因，其乳汁中含有大量珍贵的人凝血因子IX，可以用来治疗血友病B。

动物乳腺作为生物反应器有很多优点，不同于膀胱、血液等其他动物组织反应器，这是迄今为止最容易控制且能大量获得重组蛋白的动物生物反应器（图34）。

为什么选择动物乳腺？你想想，动物身上除了可以"薅羊毛"，还有比挤奶更方便的吗？产后的动物有泌乳期，一般可持续2～10个月，还可以适度延长，这就是动物工厂的工作时间。牛、羊等动物体内可以对生成的蛋白质进行组装、折叠、糖基化等后续加工，确保其具备较高的生物活性。牛羊本身产奶量大，易于大规模生产，是乳腺生物反应器理想的动物类型。目前已有转基因兔、猪、小鼠、牛、羊等多种转基因动物问世，一些用乳腺反应器生产的药物蛋白已经成功应用于临床治疗。

2003年，布罗菲等向牛胎儿成纤维细胞引入κ-酪蛋白和β-s蛋白基因，通过核移植生产出了8头转基因奶牛，利用乳腺生物反应器得到了"新奇牛奶"。新奇牛奶中蛋白和钙含量提高，酪蛋白总量较普通奶高30%，热稳定性更好，营养价值更高，也更适于奶酪生产。

图34 乳腺生物反应器

注：动物乳腺生物反应器在基因工程领域最具开发应用前景。动物乳腺生物反应器生产重组蛋白有如下优点：①生物活性高，无污染。动物乳腺有完整的蛋白质翻译后修饰系统，从而保证了产品的高生物活性。②易分离提纯，成本低廉。现有的一些人药物蛋白之所以昂贵，原因之一是因为分离提纯极为困难成本极高。③合成产量高。外源基因在动物乳腺中的表达量可以达到每升几克到几十克。

现在，在不同动物的乳腺中已经表达出了65种以上的外源蛋白。2009年，美国食品和药品管理局（FDA）首次批准Atryn上市。这是世界上首个上市的动物乳腺生物反应器重组蛋白药物。Atryn用于治疗抗凝血酶缺失症。其主要成分是重组人抗凝血酶Ⅲ，能够抑制血液中的凝血酶活性，从而预防血栓血塞形成。这种生产技术也很高效，几十只转基因山羊生产的Atryn产品就能满足全世界一年需求。2010年时，90%以上基因工程药物种类由转基因动物生产，重组蛋白产品销售额已经达到350亿美元，市场前景不可估量。

中国对乳腺生物反应器的研究一直处于世界前沿。1983年，施履吉院士在国内第一个做出转基因兔，可表达乙肝病毒表面抗原，奠定了中国动物生物反应器研究的坚实基础。1996年，复旦大学与上海医学遗传研究所在转基因山羊乳汁中成功地表达了人凝血因子Ⅸ，是中国第一个成功构建的乳腺生物反应器。此后，中国逐步用兔、绵羊、山羊、猪和牛乳腺等成功地构建出生物反应器，至少表达了20多种外源重组蛋白。2008年，中国科学家在国际上首开先河，利用核移植技术制备出牛乳腺生物反应器，生产出蛋白产量达到3.4毫克/毫升的人乳铁蛋白（hLF），达到当时乳汁中重组人乳铁蛋白基因的最高表达水平。

当然，动物乳腺作为重组蛋白的生物反应器也并非完美无缺。

首先是转基因的羊、牛或者其他大型动物，从出生到性成熟可生育哺乳需要较长的时间；其次不能一直泌乳，有一定的泌乳周期，大型动物的泌乳间隔周期尤其长；而且，像白细胞介素、胰岛素、生长素、肿瘤坏死因子等药物蛋白本身是激素或者免疫因子，在动物体内只能是微量存在，大量存在时有毒副作用。当乳腺中出现大量此类蛋白时，有可能通过乳腺组织周围的毛细血管被动物吸收，危害动物健康，甚至会造成动物死亡；最后，疯牛病等人畜共患传染病的肆虐，其病原体也有可能会污染乳腺生产的重组蛋白。

除了大型动物，其他几种小动物也常作为动物生物反应器，如可爱的生物——蚕宝宝以及令人恐惧的蜘蛛，别看它们个子小，本事还挺大，也能代表昆虫充当生物反应器生产疫苗、干扰素等药物。家蚕生物反应器的产量很高，一只蚕宝宝就能生产上千份疫苗，如果这种技术早日应用的话，曾经价高难得的疫苗极有可能一别"旧时王谢堂前燕"的高冷，安心飞入寻常百姓家，造福民众、惠泽社会。

包括乳腺生物反应器在内，21世纪初全世界已有30多种动物生物反应器生产的蛋白和药物进入临床试验阶段，典型的如胰岛素样生长因子-1、生长激素、乳铁蛋白、组织纤溶酶原激活剂（TPA，一种血栓溶解剂）等，其潜在的社会经济价值无可估量。

四、细胞生物反应器

将哺乳动物细胞包括人的细胞体外培养，也能作为生物反应器，可以生产疫苗、蛋白类药物等。

由于动物细胞中具有完善的蛋白质高级结构组装和蛋白质修饰功能，在生产来源于人或动物的蛋白质时，能够充分保证重组蛋白的活力。但缺点是细胞培养难度大，培养基成本高，培养基中含有血清导致后期分离纯化工艺复杂。所以，动物细胞主要用于生产那些"高大上"的疫苗和昂贵的蛋白类药物等。

不管是微生物还是离体培养的动物细胞，在其新陈代谢过程中都涉及维持合适的环境以提供最佳的生长条件的难题。如最佳温度、pH值、底物、维生素和氧等，需要特殊的设备和专用的场地，整体投资比较大。

1996年，丹麦诺和诺德公司的人重组活化凝血因子Ⅶ（rFⅦa）作为治疗血友病的新药获准应用于临床。将人类活化凝血因子Ⅶ的基因转入新生仓鼠肾细胞中，使其表达人类活化凝血因子Ⅶ，通过肾细胞的不断克隆，就可以持续收获人类活化凝血因子Ⅶ。rFⅦa是重组DNA制剂，不受血制品短缺的限制，目前的临床适应征已不再局限于血友病的治疗。近年来，rFⅦa在术中、术后出血量较多的心脏外科手术、肝脏外科手术、严重创伤出血、器官移植和脑出血治疗等方面都取得了满意的止血效果。

五、无细胞生物反应器

生物反应器能不能脱离细胞，脱离生命体独立存在？无细胞生物反应器给出了明确的回答。

前述所有的生物反应器都是在生物体内进行的。生物体的首要任务是

"生存"，即首先将营养成分用于自身的生长或者繁殖，等这些生物吃饱喝足后才去生产我们想要的产品。有的科学家就开始脑洞大开了，既然生物的很多活动都是由酶来催化的，那么干脆直接用酶组成反应器，不需要培养生物，既高效又可减少浪费。

在体外用各种酶组成生物反应器，因为不存在生物细胞，所以称之为无细胞生物反应器。

别看这里没有细胞，可是干起活儿来并不差，还节省了大量的"食物"。目前已经用这种无细胞生物反应器生产出氢气，而原料就是糖或者含有糖的物质。相信很多人看过一部科幻片，当汽车没油的时候，打开引擎盖，放进几个香蕉、苹果之类的，汽车就继续上路了。这种类似的无细胞生物反应器甚至还能把纤维素变成淀粉，想想看，这边放进去一把稻秆，那边就出来面粉了，那人类还愁没吃的吗？这些想法虽然很疯狂，但已经在逐步实现，需要的仅仅是时间和成本问题而已，曾经的科幻正在变成现实。

当人类在基因水平理解生命和生物后，就可以在基因水平去改造生物，使之生产我们需要的产品。物种的界限正在打破，过去只能在植物中生产的，现在养养酵母就能得到了；过去用工厂生产的，现在养头牛可能就妥了。没有做不到，只有想不到。而人类的梦想，还可以有多远？

第六节　人工染色体技术

转基因操作，经常要让基因"乘车"旅行。这个车就是载体，通常由来自细菌的质粒担任。但是质粒个头太小，只能搭载小片段的基因，且座位有限，不能搭载太多的基因。可是高等动植物的转基因操作，往往需要转移多个基因，或者大片段DNA，这就需要给基因们找个"大客车"。承载多个基因以及大片段DNA的人工染色体（Artificial Chromosome）就是这个大客车。

人工染色体是模仿自然界中生物体内的染色体人工构建的基因工程载体。在基因工程中，需要一类DNA分子，它可以像染色体一样做为运载工具，携带着目的基因或DNA片段进入宿主细胞，并进行扩增和表达。这类工具DNA分子，叫做载体。载体本质上是一种基因表达体系。但是，DNA分子想当载体，还需要通过资格考试，譬如，序列中要有多种限制性内切酶单一切点或多克隆位点，能把外源基因装上来；要有复制子，可带着外源基因进行大量的自主复制；要搭载筛选标记基因，基因转入成功要把它找出来；最好有一定的肚量，能多带几个外源基因，可以实现多基因或者大片段转入，并且每个基因最好多带几份，即有较高的拷贝数。还要能干净利落地分离出来，不该带的一律不带。擅长旅行，不用费很大力气就能去别的生物体细胞内部旅游或者定居。

过去，基因工程载体多采用来自细菌的质粒或者噬菌体，肚量不大，不能容纳较大片段的外源DNA分子。许多真核生物基因的上游启动子序列较长，含有大而多的内含子，如此庞大而复杂的结构难以作为单一片段克隆于小容量的质粒或者噬菌体类载体中。同时，生物体的许多重要性状牵涉复杂的生理生化反应，受多基因或基因簇的控制，与成百至上千万碱基对的DNA片段相关，复杂基因组的物理作图和基因的图位克隆也涉及大片段DNA的研究。随着基因组研究的日益深入，基因图位克隆及多基因或基因簇的上千万碱基对的DNA片段表达越来越多的涉及大片段DNA的研究，对可插入大片段DNA的克隆载体——人工染色体的研究取得飞速发展。

人工染色体能最大限度地模仿生物体细胞核内的染色体。染色体是遗传物质的信息载体。生物体的生长发育以及繁衍后代，都离不开细胞分裂。当细胞分裂时，染色体如同集装箱，携带着基因，井井有条地通过复制和转移等一系列遗传学行为，转入到新的细胞中，顺利完成生命信息的过渡。

生物体细胞核内的染色体是由蛋白质和DNA组成的。一条染色体必备的三种结构包括着丝粒、端粒和自主复制序列，保证染色体具备自主完整复制和将遗传物质平均分配到子细胞的能力，从而确保遗传物质在细胞传代中稳定遗传。

人工染色体与天然染色体一样，同样需要具备三种功能结构：复制原点、着丝粒和端粒。复制原点是整条染色体的复制起始点，能确保染色体在细胞周期中自我复制，保证染色体在世代传递中的稳定性和连续性。着丝粒能确保细胞分裂时染色体被平均分配到子细胞。端粒序列具有稳定染色体末端结构，防止染色体间末端连接，保证染色体的独立性，并可补偿滞后链5′末端在消除RNA引物后造成的空缺，保证物种的遗传稳定性。同时端粒在决定细胞的寿命中起着重要作用，老化细胞端粒变短，染色体也变得不稳定。

基因组学时代的到来赋予了克隆技术更加重要的技术定位。克隆（clone）一词源于希腊文Klon，原意为树木的枝条。意指利用无性繁殖的方式将一个原始细胞或个体进行复制，产生一群细胞或一群个体，子代细胞或个体具有完全相同的遗传性状。分子克隆是在分子水平上纯化和扩增特定DNA片段，是研究生物重要基因结构、功能和进化的重要技术手段。人工染色体的出现，有效地满足了克隆技术对提升载体容量的需求，能够高效地进行分子克隆，分离目的基因。目前，人工染色体已经成为多种基因技术应用的有效工具，如细胞蛋白制造、转基因动物生产以及最终的基因治疗。

人工染色体主要包括四种类型，细菌人工染色体、酵母人工染色体、植物人工染色体和人类人工染色体。人工染色体技术为基因分离、基因组序列测定、功能基因组研究以及基因治疗、转基因工程载体和转基因安全等提供了强大的工具。

一、细菌人工染色体

为了克服酵母人工染色体的不足，一种新的大容量DNA克隆载体细菌人工染色体（Bacterial Artificial Chromosome，BAC）发展了起来。

BAC以大肠杆菌中F质粒为框架。F因子亦称F质粒，是一种"性质粒"，它可将宿主染色体基因转移至另一宿主细胞。天然F因子是超螺旋闭环DNA分子，具有携带1 000kb DNA片段的能力，可以容纳更多基因簇，包括顺式调控序列，从而提高基因表达的保真度。

1989年，美国科学家首次将F质粒改造，研发出一系列大片段克隆载体，随后，在此基础上，美国加州理工学院的科研人员保留oriS和repE序列，引入T7、SP6启动子序列及λ噬菌体和P1噬菌体片段，以氯霉素抗性基因为选择标记基因，构建了插入DNA片段达300kb以上的载体pBACl08L。1997年，为了方便BAC克隆的筛选，研究人员将β半乳糖甘酶LacZ基因插入pBACl08L，构建了第二代BAC载体pBeloBAC11，通过蓝白斑可以快速筛选阳性重组子。随后更多元件的插入，如低拷贝内切酶位点Mlu I和Not I、蔗糖致死基因sacB、绿色荧光蛋白GFP基因、抗生素抗性基因等进一步丰富了BAC载体系统。

目前最常用的BAC载体是pBeloBAC11。pBeloBAC11包含严谨型自主复制子oriS序列、质粒分配基因parABC和控制拷贝数基因repE等基本功能基因，在大肠杆菌中以超螺旋质粒形式存在和复制。外源大片段DNA克隆到BAC载体上后，用电击法导入大肠杆菌重组缺陷型菌株，转化效率比酵母高10～100倍。BAC文库的外源DNA承载量平均为120kb，最大能够达到350kb（图35）。

与酵母人工染色体相比，细菌人工染色体嵌合重排频率的相对较低，同时构建的基因组文库具有更高的覆盖率和遗传稳定性，转化前无需对重组子DNA进行包装并且转化效率高。BAC操作简单，获得了广泛应用，对克隆在BAC的DNA直接测序是进行生物体基因组全序列分析最简单、便捷的策略之一。科研人员通过构建人类、动物、植物、微生物和病毒中许多种类的BAC文库，并完成了一系列模式生物的全基因组序列测定。基于BAC载体的诸多优越性，细菌人工染色体载体系统已成为大片段基因组文库的主要载体，成为基因组物理图谱构建、基因组测序、比较基因组研究、光学图谱和转基因技术的主要工具。

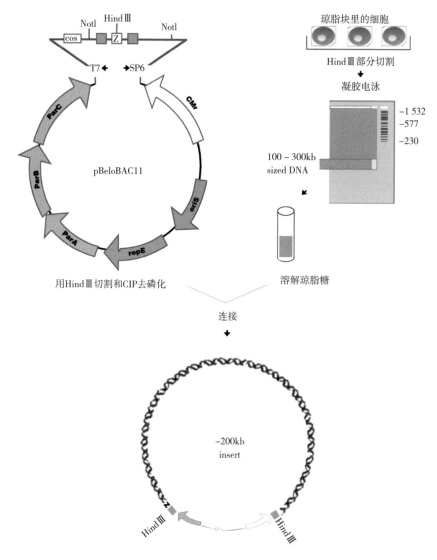

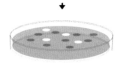

图35　细菌人工染色体工作流程图

　　BAC载体克隆容量的提升使得增强子、位点控制等远距离调控元件在克隆时保持了在基因组时的相邻关系原貌，将基因表达调控研究提升到了新的水平。在转基因研究中，BAC能帮助科学家准确地分析基因的调控机制，定位更多新的调控元件，保证了转入基因高水平的组织特异性和时空特异性表达，提升了转入基因的信号应答能力。

而且，BAC载体可容纳大片段DNA，能够包含完整的基因座位，如编码区、内含子和调控区，甚至跨度达几十、甚至上百kb的DNA片段，使基因表达更加接近原始状态，减少转基因沉默的可能。BAC携带的基因可以和各类酶类、转录因子等作用，遵守基因表达和复制机制。此外，可以通过精确修饰BAC插入的大片段DNA，在受体基因组中营造一种相对独立的环境，研究相对条件下特定基因的表达与调控。目前BAC已成为研究基因功能、时空表达与调控的重要工具，助力生物物种改良与基因治疗研究，被广泛应用于基因组测序、文库筛选和基因图位克隆及转基因等分子生物学研究中。

2003年，美国科学家首次成功合成了生命体基因组——ΦX174噬菌体基因组。2008年，使用寡核苷酸合成了蕈状支原体全基因组。2010年，进一步将人工合成的蕈状支原体基因组导入山羊支原体细胞中，被转化的山羊支原体细胞继续存活，且能繁殖出与蕈状支原体非常相似的后代，证明了人工基因组一样具有生物活性。

二、酵母人工染色体

酵母人工染色体（Yeast artificial chromosome，YAC）是最早构建成功的人工染色体克隆载体。1983年，美国科学家首次构建了酵母人工染色体，他们将酵母染色体DNA的端粒TEL序列、DNA复制起点ARS序列和着丝粒CEN序列以及必要的选择标记HISA4序列和TRP1序列整合组装到到大肠杆菌质粒pBR322中，构建成了第一个酵母人工染色体。1987年，《Science》杂志发表文章，报道有丝分裂时带有ARS序列的载体极易丢失，仅有5%～20%的子代细胞带有亲本ARS载体，而着丝粒CEN序列的添加能显著提高ARS质粒的稳定性，提高子代细胞中目标载体的数量，并在此基础上构建了第二代人工染色体系统。

酵母人工染色体具有较大的外源DNA携带能力，平均可以承载450kb的DNA片段，最大能够达到1 000kb。可用于克隆大基因、基因簇及其上下游调控的天然序列，满足了研究真核生物基因序列和功能的需求。人类基因组计划中，YAC被用于大片段基因组文库的构建、染色体步移和基因组织结构分析，以完成人类染色体高分辨率物理图谱。YAC的分子克隆保存的基因组DNA序列比较长，基本上保留了染色体上各个基因相邻关系的原貌，让科学家得以拼出各条染色体上总的DNA序列碱基顺序，以及各个基因的排列顺序。更重要的是，这种原汁原味的DNA序列呈现，让科学家得以窥视基因组的天然情境，在自然DNA序列背景下，展开对多基因簇及其上下游调控序列之间结构和功能关系的研究。而通过研判一些重要基因之间的位置关系，可以推测基因表达实现发育时序性以及组织特异性的内在机制。不仅如此，YAC在果蝇、小鼠、人类、拟南芥和水稻等高等生物的基因组物理图谱构建和测序工作同样发挥了重要的作用。

当然，YAC也具有一定缺陷。如YAC文库会出现高比例的嵌合体，将两个原本不相连的DNA片段误连在一起，YAC克隆中经常会含有缺失、重排或非连续的克隆DNA片段。在解读基因组信息时，容易造成误判。另外，YAC与酵母染色体结构相似，难以与酵母染色体区分，且稳定性不如细菌人工染色体，在胞内容易发生染色体机械切割。YAC克隆效率偏低，每微克DNA仅可获得1 000个克隆。

2014年，美、中、英、法等国科研机构共同协作历时7年成功人工合成了酿酒酵母的3号染色体。为了使其简化、稳定并便于外源基因的插入，对这条人工合成的酵母染色体共进行了500多处修改后，2017年3月，这个国际协作小组再度完成了2号、5号、6号、10号和12号五条染色体的从头设计与全合成，其中，中国科学家合成了4条。该研究极大地促进了人类对实现生命源代码从"读"到"写"的质变。2019年，CRISPR—Cas9基因编辑技术大显神通，覃重军研究员和赵国屏院士等对酿酒酵母全基因组16条染色体进行了大规模剪接、重排，最终开创性在酵母活细胞里将几乎所有遗传信息融合进一条超长线型染色体中。这是人类历史上首次创造出的有生命活性的单一染色体真核细胞，谱写了合成生物学及其技术发展的新篇章（图36）。

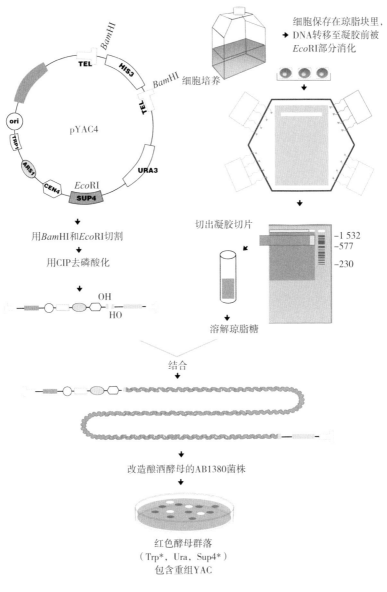

图36　酵母人工染色体的构建原理与流程示意图

三、植物人工染色体

如何让转入植物体内的多个基因协调表达？让这些基因能位于一条人工染色体上，统一设计基因的调控？植物人工染色体有办法。

植物人工染色体（Plant artificial chromosome，PAC）是新一代的植物转基因载体，以生物体内存在的天然染色体为框架，可在一条不含标记基因的人工染色体上实现稳定的多基因管理。它通常有两种方法构建植物人工染色体，即从头组装和染色体截断。研究显示，在植物中组装PAC是非常困难的，而利用端粒介导的染色体截断技术（TMCT）构建染色体内的方法则已非常成功。

PAC必须有功能着丝粒，才能在细胞分裂过程中保持稳定。2007年，科学家以拟南芥着丝粒DNA为基础，利用端粒介导的染色体截断技术（TMCT）构建各种组合的PAC，以便确定具有着丝粒功能的最小区域。在TMCT方法中，在细胞分裂时，只允许功能着丝粒的传递，而那些由于大缺失而没有功能的着丝粒将会丢失。因此，TMCT方法产生的PAC具有自然着丝粒，很少或没有修改，非常稳定。

美国科学家报道了通过端粒截短法成功地在玉米中获得了PAC。首先利用一个带有6个拷贝（约2.5kb）拟南芥端粒序列的载体通过农杆菌介导和基因枪转化玉米幼胚，然后利用除草剂筛选阳性转基因植株。通过端粒介导的染色体截短技术在玉米A和B染色体中都有PAC的产生。经过反复的回交，这种PAC以二倍体的形式存在并能稳定遗传。

在水稻中，无论是愈伤组织培养还是悬浮培养，PAC都可以保持2年以上。在玉米人工染色体的研究中，为了方便基因的操作，PAC通常被设计成具有位点特异性重组（SSR）系统，如Cre-lox、FLP-frt或Phi31-att整合酶系统。拟南芥染色体截短的端粒DNA转化长度可短至100bp。由于端粒序列在植物中高度保守，因此用TMCT方法获得的拟南芥端粒序列也能应用于其他植物。

随着植物基因工程技术广泛应用，传统转基因技术的局限性也逐渐开始显示，如外源基因插入失活、插入位点位置效应问题、多基因共转化难度较大、多拷贝整合基因沉默、多基因协调表达困难等问题。如何设计实施多个基因叠加表达，将是未来转基因研究的主要挑战和目标。

近十年来高通量测序技术和生物信息学工具极大地提高了基因发现的速度和效率，越来越多的基因或基因网络将被发现并用于基因工程，而合成生物学的发展使得高效地组装基因成为可能。PAC平台已被开发为用于外源基因组织、表达和操作的超级载体，在基因组装、基因靶向和染色体传递等方面的进展迅速。利用PAC系统：可整合和表达植物抗病、虫害防治、杂草控制或耐高温、低温、干旱和盐分等有害环境条件的多个基因同时导入植物体，快速培育优质良种；还可以设计复合基因，让植物更有效地利用水和肥料；调节植物代谢网络，改善作物营养或生产新型生物医药；以及让植物生产高能量密度的生物燃料等。

由于PAC是独立的染色体，与基因组中其他基因不存在连锁关系，老死不相往来，因此可以在单个杂交中进行转移。此外，带有PAC的基因工程可以防止传统基因工程在随机遗传整合事件中经常发生的内源基因功能被破坏，减少PAC上外源基因和基因组基因之间的双向干扰，做到彼此相安无事。虽然目前植物人工染色体的研究尚处于起步阶段，尚存在很多的不足，但随着研究的深入和技术的发展，其广阔的应用前景和巨大的商业价值会更加受到人们的重视。

四、人类人工染色体

能否用人的染色体片段构建人类人工染色体，从而有助于用转基因技术为人类生产药物以及基因治疗？这是一个新的挑战。

人类人工染色体（Human artificial chromosome，HAC）延续了酵母人工染色体的技术理念，并有较大创新和提升。1997年，美国科学家利用来源于人类17号染色体的卫星DNA体外连接构建成了长约1Mb的人工着丝粒，然后将其与端粒、一些人类基因组DNA片段及一个选择标记基因混合在一起，转染到人纤维肉瘤HT1080细胞。这些转入的"小家伙"和HT1080细胞内的染色体发生随机的同源重组，得到了一些短的DNA序列。在这些短DNA序列中，有的同时含有着丝粒、端粒和复制起点，并且有着正常染色体结构顺序，就像一个缩微版本的染色体。随后发现，这些小染色体能够在有丝分裂中保持稳定的复制和遗传，由此获得了第一个人类人工染色体HAC。

之后HAC不断被发展优化。HAC已经不需要整合到人类基因组的染色体上，而是以一个独立的功能性染色体单位平等地跻身于众多染色体之中，随着细胞的分裂周期进行正常的有丝分裂和减数分裂，有利于转入基因在人类细胞中的长期表达，可望在未来应用于体细胞基因治疗。

目前有四种不同的HAC构建策略，包括自上而下（top-down）的端粒介导的截短法、自下而上（bottom up）的从头合成组装法、从头染色体诱导合成法和天然微小染色体改造法。端粒介导的染色体定向截短通过使用一个包含端粒末端片段的靶向载体、一个可选择的标记基因，与目标染色体同源的DNA序列，将特定的人类宿主染色体连续分割成更小的小染色体。这样精心设计的小染色体具有内源着丝粒，在细胞的有丝分裂和减数分裂中可保持自主性，并和细胞核内原有染色体一样进行正常的复制和分离。

用上述方法成功地构建出HAC后，通过同源重组向HAC中引入各种用途的基因序列，得到的人工改造过的HAC已经用于基因治疗和生产医疗蛋白。两个研究组已经证明，利用HAC技术将含有编码次黄嘌呤鸟嘌呤磷酸核糖转移酶（HPRT1）的整个40kb基因导入，补充了HPRT缺陷HT1080细胞的代谢缺陷。研究人员利用HAC技术研究转基因小鼠在减数分裂和有丝分裂过程中，影响转基因表达及其稳定性的各种因素。将人类免疫球蛋白重链（Ig H）和轻链（Ig K）基因分别引入HAC，通过细胞融合技术将HAC

转入到基因敲除小鼠的胚胎干细胞中，制备出嵌合体小鼠，转入的HAC基因可以在小鼠中正确高效地表达，从而建立了能够稳定分泌人类免疫球蛋白的动物模型。利用HAC，在过去的十年中，科学家同样成功地让人类免疫球蛋白基因在转基因克隆牛中得到了高效表达，显示了HAC在基因表达、转基因动物模型、转基因动物生物反应器，以及未来基因治疗中的应用价值和前景。

但HAC也有其自身的缺陷，并且阻碍了HAC在临床上的应用。多数HAC仅能通过整个细胞融合或者微细胞介导的染色体转移法进入动物细胞或者人体细胞。此外，HAC的纯化是个瓶颈，需要借助流式细胞分选技术。如能实现对原代细胞的有效传递，并增强小染色体以及其上外源DNA的稳定性，将极大地发挥出HAC在人类基因治疗领域的应用潜力。

第七节 农业合成生物技术

人类能否根据自己的意愿设计并组装生命体？尽管看起来遥不可及，这条尝试和探索之路已经在启程。

合成生物技术是在系统生物学研究的基础上，通过引入工程学的模块化概念和系统设计理论，以人工合成DNA为基础，设计创建元件、器件或模块，以及通过这些元器件改造和优化现有自然生物体系，或者从头合成具有预定功能的全新人工生物体系，从而突破自然体系的限制瓶颈，实现合成生物体系在智能农业、现代制造业和医学、农业、环境等领域的规模化应用。

转基因技术是对自然的重组、对基因转移的模仿。合成生物技术则是在DNA水平上聚焦于综合集成的基因链乃至整个基因蓝图的设计，在细胞水平上致力于人工神经元、神经网络、细胞自动机等对自然生命的仿生，旨在设计并制造人工生物系统。因此，合成生物技术同样存在基因元件、功能模块和人工回路转移到模式生物中的操作过程，是传统转基因技术的升级版和智能版（图37）。

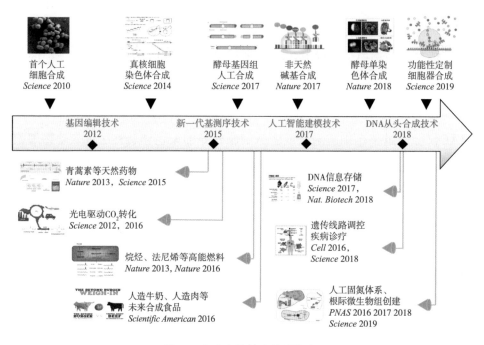

图37　合成生物技术发展历程

注：合成生物技术被誉为影响世界未来的颠覆性技术之一，其广泛应用，将催生智能生物农业、精准生物医药、先进生物制造、高效生物环保、绿色生物能源等战略性新兴产业，引发继DNA双螺旋结构发现和基因组测序之后的第三次生物科学革命，已成为世界各国增强核心竞争力、抢占未来发展制高点的重大国家战略。

　　到2050年，全球粮食产量需要增加70%才能满足人类需求。目前的农作物无法适应这一步伐，而且在生态上也不可持续，必须依靠颠覆性的技术解决方案来提高生产力和营养质量。因此，农业是合成生物技术应用的重要领域。通过合成新型代谢通路、精准设计化育种、构建细胞工厂和人工生物体系，合成生物技术有望突破传统农业育种与产业发展瓶颈，极大地提高农业生产力和食品质量，降低生产成本，实现农业和环境的可持续协调发展。今天，合成生物技术正在为光合作用、生物固氮和生物抗逆等世界性农业难题提供革命性的解决途径。

在未来农业发展中，农作物品种改良、未来食品生产和农业生态环境保护等方面有以下四种合成生物技术应用策略，一是构建合成代谢途径，提高CO_2固定和碳保留效率，增强植物光合效率，获得更高产量；二是通过构建自主固氮作物和合成根际微生物组来减少化肥的使用，如通过工程化设计联合固氮体系、菌根共生途径或者结瘤固氮、构建植物根际微生物组，甚至合成自主固氮作物等方法减少化肥使用量；三是增加农作物的营养价值，包括增加多种类胡萝卜素和超长多不饱和脂肪酸（如花生四烯酸）的含量，或敲除小麦等农业生物的过敏原等；四是利用光合生物平台生产具有商业价值的物品，如用于生产疫苗、抗体、生物制药和生物燃料等。

一、人工固碳系统

生物固碳，最典型的是光合作用，即利用太阳光能，以CO_2和水为原料，合成碳水化合物的生物物理、生物化学过程。光合作用为人类提供粮食、能源，同时也是地球生态系统中碳循环和水循环中的关键一环。

光合作用能力主要受三个因素的影响：光能捕获效率、光能转化为生物量的效率，以及收获指数（可收获器官所含植物生物量中总能量的比例）。由于光能捕获效率和收获指数已经达到其生物极限，光能转换效率仅为其理论最大值的20%，因此成了潜在的工程化改造目标。提高植物碳效率可通过提高羧化效率的同时减少光呼吸和CO_2呼吸损失来实现。因此，通过设计人工叶片、人工植物高光效以及人工细菌固碳等高效固碳装置，一直是合成生物学研究领域的前沿与热点方向。

2006年，国际水稻研究所发起了"C4水稻计划"，号称生物学领域的"阿波罗计划"。2010年，比尔及梅琳达·盖茨基金会投资开展为期15年的C4水稻研究。2011年，我国启动了"C3植物的C4合成途径及高光效育种"农业创新工程项目，并于2019年和2020年在国家重点研发技术合成生物学专项中启动了"人工光合叶片""微生物光合系统的重构与再造"和"植物高光效回路的设计与系统优化"等项目。

CO_2固定酶核糖-1，5-二磷酸羧化酶/加氧酶（Rubisco）多年来一直是生物工程研究的目标。然而，试图提高其活性和底物特异性以降低加氧酶活性非常困难。除Calvin-Benson-Bassham循环之外，探索相当激进的工程策略的目的是开发合成的、更有效的CO_2固定途径。

实现这一目标的第一步是构建一条完整的体外固定CO_2的合成路线，即巴豆酰辅酶A（CoA）/乙基丙二酰辅酶A/羟丁酰辅酶A（CETCH）循环。这个过程需要进行广泛深入的计算分析和工程设计，才能确定最有效的酶，从头进行工程改造，以有效地固定CO_2，提高其活性并将其整合到包括前体和中间体在内的平衡网络中。2017年，德国科学家在体外构建了一个全新的CO_2固定途径，工程途径最终产生了与CBBC相当的CO_2固定率。

减少氯乙烯光呼吸道工程以减少光呼吸道CO_2的损失已被证明是改善植物生长的最有应用潜力的途径之一。通过质体甘油酸酯/乙醇酸酯转运蛋白1（PLGG1）的RNA干扰抑制叶绿体乙醇酸输出的转录下调，改善了合成途径的表型效应。乙醇酸似乎是重新设计光呼吸最有前途的底物，没有副产物CO_2和氨的释放。

2019年，美国科学家通过计算确定了乙醇酸转化为乙醇酰-CoA并重新同化为CBBC的CO_2中性光呼吸合成旁路，并进一步通过工程化设计获得了更高底物选择性和NADPH特异性的乙醇酰-CoA合成酶。同年，美国伊利诺伊大学的科学家成功将乙醇酸代谢途径转入C3植物烟草中，结果发现经人工改造缩短"光呼吸"路径的烟草生长更快、更高、茎部更粗大，比对照多产出40%的生物量。下一步研究人员将尝试用这种技术，增强大豆、豇豆、大米、马铃薯、番茄、茄子等农作物的光合效率，实现大幅度增产。

自养生物是能将无机碳固定在有机化合物中而产生生物质的生物，如植物能通过光合作用将大气中的CO_2固定成有机物。相反，自然界中许多异养生物，如大肠杆菌，则不具备这种利用CO_2进行自养生长的能力。合成生物学的一个巨大挑战是如何在异养生物中实现人工自养生长。

2019年，以色列科学家利用合成生物学构建了一种工程化自养生长的大肠杆菌菌株。该研究首先敲除了糖酵解中磷酸果糖激酶和氧化戊糖-磷酸途径中葡萄糖-6-磷酸脱氢酶的3个编码基因，然后异源表达了碳酸酐酶和FDH，以通过Calvin-Benson-Bassham循环固定和还原CO_2。在木糖有限和甲酸盐过量的恒化器中，不断地注入富含CO_2的空气，形成持续强大的选择性压力，最终通过不断筛选与进化，获得像植物一样能利用CO_2的自养大肠杆菌。

植物叶片吸收二氧化碳和水分，并利用阳光将其转化为碳水化合物。这个神奇的功能是在叶绿体中实现的。1915年，诺贝尔奖获得者德国科学家威尔施泰特首次从绿色植物的叶片中分离纯化出了叶绿素，并阐述了它的化学组成。此后，1961年、1988年、1997年诺贝尔化学奖，颁发给了与光合作用相关的科技成果。

能否模仿树叶的光合作用？现在，这个问题的答案呼之欲出。2011年，麻省理工学院的科学家设计了"人工叶片"概念产品，能将阳光转换为化学能，以储存备用，但由于人造叶片使用的二氧化碳源为实验室容器中的加压纯二氧化碳，只能在实验室内工作。

为了让人造叶片具备实际工程意义，必须使其能在低浓度二氧化碳中工作。2019年，美国伊利诺伊大学的科学家提出了一种新的设计方案，制造了新一代人工叶片，包括两块光吸收装置，中间是一种新型的钴－磷催化剂。改良后的人造叶片将二氧化碳转化为燃料的能力超过天然叶片近10倍。据计算，360片人工叶子（每片长1.7米，宽0.2米）每天可以产生约0.5吨一氧化碳，并将其覆盖面积（约500平方米）100米范围内空气中的二氧化碳含量降低10%。

2020年，德国马克斯·普朗克陆地微生物研究所以及法国波尔多大学科研人员成功开发了一种自动化人造叶绿体组装平台，能够生产成百上千个细胞大小的人造叶绿体，同时还能根据人们的需求通过添加不同的酶自动化生产不同功能的人工叶绿体，理论上还可以根据需求，利用CO_2合成各种不同的碳水化合物。

二、人工固氮系统

自然界中，某些原核微生物在常温常压下通过固氮酶将空气中的氮素转化为氨，这一过程称为生物固氮。从1888年德国微生物学家赫尔利格与维尔法思首次证明豆科植物有固氮能力至今，生物固氮研究已有100多年的历史。

工业氮肥的施用满足了农作物的高产需求，同时也带来了土壤板结、水体富营养化等环境问题。如何利用生物固氮这种大自然提供的绿色氮肥减少农业生产对工业氮肥的依赖，是摆在研究者面前的重要科学问题。

在农业生产系统中，根际是生物固氮及固氮菌与宿主作物相互作用的主要场所，固氮菌与宿主作物形成一个复杂的根际固氮体系。根据与宿主植物的关系，生物固氮可分为共生结瘤固氮和根际联合固氮等类型。虽然共生结瘤固氮体系效率最高，可为豆科植物提供100%的氮素来源，但仅限于豆科植物，应用潜力有限。而根际联合固氮体系不能形成根瘤等共生结构，受根际生物逆境和非生物逆境不利因素的影响非常大，从而大大限制了非豆科作物根际联合固氮在农业中的应用。

因此，如何提高联合固氮效率，扩大根瘤菌共生固氮的宿主范围，实现主要农作物自主固氮，完全或部分替代工业氮肥是当前生物固氮研究前沿，也是一个世界性的农业科技难题。目前国际上在此领域的研究聚焦如下三种技术路线：一是人工改造根际固氮微生物及其宿主植物，构建高效根际联合固氮体系。二是扩大根瘤菌的寄主范围，构建非豆科作物结瘤固氮体系。三是人工设计最简固氮装置，创建作物自主固氮体系（图38）。

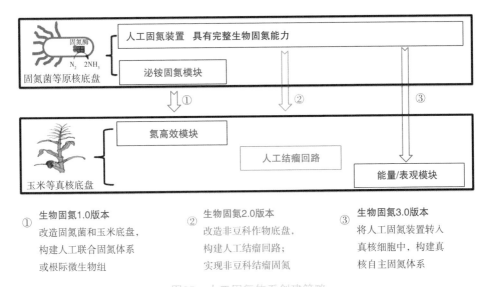

图38 人工固氮体系创建策略

注：与传统农业生产中的化学氮肥施用方式比较，通过生物固氮为农作物提供氮源，是一种低碳环保的氮素供应方式。增强根际联合固氮效率，扩大根瘤菌共生固氮的宿主范围，构建自主固氮的非豆科作物，是当前国际生物固氮领域的三大研究前沿，也是人工固氮体系创建的三大技术策略。

  1972年，英国科学家成功了将肺炎克氏杆菌24kb的固氮基因岛转入大肠杆菌，实现了大肠杆菌自主固氮，但迄今为止，固氮酶尚未在植物细胞中实现功能组装，要实现固氮基因在真核生物表达，需要综合考虑构建简化的固氮基因簇、选择合适的真核细胞器解决固氮酶的能量供应及氧保护等关键问题。2014年，王忆平教授等在大肠杆菌构建了铁铁固氮酶系统"最小固氮酶基因簇"，为钼元素缺乏地区的人工固氮体系构建提供思路；2017年，证明叶绿体电子供体Fd能够与固氮酶系统中的氧化还原酶NifJ组成有功能的电子传递链模块支持固氮酶活性，解决了自主固氮还原力供给的重大瓶颈问题；2018年，采用全新策略创建了最简铁铁及超简钼铁固氮酶系统，将原本以6个操纵子为单元的含有18个基因的产酸克雷伯菌钼铁固氮酶系统成功的简化为编码Polyprotein的5个巨型固氮基因。

  2014年，美国科学家在大肠杆菌底盘实现产酸克氏杆菌钼铁固氮酶系统的重头设计合成，达到产酸克氏杆菌57%的固氮酶活。在固氮基因的真核系统表达方面，西班牙科学家于2019年先后在真核底盘中实现固氮酶核心酶铁蛋白亚基的功能性构建，在酿酒酵母中成功表达了可溶的固氮酶组装因子NifB，为固氮酶在真核细胞的功能重建往前推进。2020年，王忆平教授等通过合成生物学方法实现了固氮酶核心酶组分NifD蛋白在酵母及植物的线粒体中的稳定表达，为利用合成生物技术攻克固氮酶在真核细胞器中的稳定表达提供技术支撑。

人工高效联合固氮体系方面，目前主要的策略：一是提高联合固氮菌的田间固氮活性、耐铵泌铵能力、根际适应能力和定殖能力，同时大幅度提高作物的铵吸收利用能力，在此基础上构建新型植物——微生物高效联合固氮体系；二是将固氮系统转移到其他的根际微生物中，创制新型联合固氮菌。通过增强固氮基因的表达、降低铵同化途径基因的活性以及减少铵离子主动运输等方法，中国科学家先后获得了多种耐铵泌铵工程菌株。

2014年，阿根廷科学家对棕色固氮菌的谷氨酰胺合成酶活性位点突变后，在固氮条件下可分泌1.7mM铵至培养基中，但是对菌株的生长有明显影响。2015年，美国科学家同时将棕色固氮菌的脲酶和铵转运蛋白缺失可使得菌体泌铵。2017年，印度科学家在圆褐固氮菌CBD15中，通过删除部分*nifL*基因，在*nifA*基因上游插入组成型启动子，构建了工程菌株。该菌株的乙炔还原能力提高了4倍以上，在培养基中排放的泌氨量较野生型株菌提高了8倍以上，使用泌铵菌可在保持小麦稳产的条件下每公顷减施约80千克纯氮。

在主要禾本科农作物中建立根瘤菌——豆类共生体系是一个重要的研究方向。这需要4个基因调控程序的协调工程：结瘤因子感知、根瘤器官发生、细菌感染并在根瘤内建立固氮酶活性。英国科学家借助菌根共生体系的部分信号通路，在非豆科植物体内搭建可以响应根瘤菌共生信号转导途径。丹麦科学家建立了豆科植物识别根瘤菌结瘤因子受体，异源表达结瘤因子受体可扩大根瘤菌的宿主范围。中国科学家在田菁根瘤菌中发现一个受宿主信号驱动的共生结瘤元件，并发现除田菁、紫云英、百脉根等豆科植物信号外，玉米的根系分泌物也能强烈地驱动该元件向根际的根瘤菌转移，获得新的共生结瘤性状，为如何扩大根瘤菌的宿主范围提供了研究思路。

"十二五"期间，中国重大基础研究"973计划"启动了农业合成生物学第一个项目"固氮及相关抗逆模块的人工设计与系统优化"，针对现有生物固氮体系的天然缺陷，系统开展固氮网络调控机制研究，进行人工启动子、人工设计非编码RNA、人工铵载体等元器件和耐铵泌铵固氮、广谱结瘤等功能模块。林敏研究员等采用合成生物学理论与方法构建的高效人工根际联合固氮体系，分别人工设计了两种全新的功能模块，即在固氮微生物底盘中构建的泌铵基因模块及用在水稻、玉米和小麦等非豆科作物底盘中构建的氮高效利用模块，并在作物根际通过种子包衣等接种技术，实现上述两种人工模块的功能偶联。与天然固氮体系比较，固氮效率提高1～2倍。

未来30年，高效生物固氮机制研究及其农业应用将分为3个战略发展阶段。

（1）生物固氮1.0版，5年的近期目标是克服天然固氮体系缺陷，创制新一代高效根际固氮微生物产品，在田间示范条件下替代25%的化学氮肥。

（2）生物固氮2.0版，15年的中期目标是扩大根瘤菌宿主范围，构建非豆科作物结瘤固氮的新体系，在确保产量的同时将化学氮肥用量减少50%。

（3）生物固氮3.0版，30年的远期目标是探索作物自主固氮的新途径，在确保产量的同时大幅减少甚至完全替代化学氮肥。

三、人工合成食品

合成生物技术的应用将重新定义未来食物，即通过微生物基因组设计与组装、食品组分合成途径设计与构建等方式，可以创建具有食品工业应用能力的人工细胞，将可再生原料转化为重要食品组分、功能性食品添加剂和营养化学品，来解决食品原料和生产方式过程中存在的不可持续的问题。

利用合成生物技术可以改造和重塑作物的关键代谢途径，从而以植物为底盘生产特殊的营养物质。2005年，英国科学家将维生素A的合成前体——β-胡萝卜素合成中的2个关键基因，来源于玉米的八氢番茄红素合成酶基因*PSY*和噬夏孢欧文菌中的八氢番茄红素脱氢酶基因*CrtI*导入水稻胚乳中，使得水稻籽粒的胡萝卜素含量提高了23倍，实现了通过日常饮食来满足摄入维生素A的需求，开发出"黄金大米"。2018年，中国科学家利用类胡萝卜素合成途径的四个关键基因（八氢番茄红素合成酶基因、八氢番茄红素脱氢酶基因、β-胡萝卜素酮化酶基因和β-胡萝卜素羟化酶基因）、水稻胚乳特异性启动子以及自主开发的高效多基因TGS Ⅱ系统，在水稻胚乳中重新构建了不同基因组合的类胡萝卜素/酮式胡萝卜素/虾青素的生物合成途径，获得富含黄色β-胡萝卜素的黄金大米、橙红色的角黄素大米和虾青素大米新种质。

2014年，美国人造乳制品公司Perfect Day已经开发人造牛奶。利用独创的酵母发酵工艺，制造出牛奶才有的牛奶蛋白成分，如酪蛋白和乳清蛋白和乳球蛋白。研发出的人造牛奶含有6种蛋白质和8种脂肪，与普通牛奶口味相同，但所含蛋白质等营养成分更高的奶。相比普通牛奶，人造奶的营养更丰富，甚至与母乳营养成分相似，更利于人体吸收。与传统的牛奶生产相比，其制造过程能够减少65%的能源，减少84%的温室气体排放，减少91%的土地和98%的水。

2019年是人工合成肉取得重大突破的一年。美国植物基"人造肉"公司Beyond Meat在纳斯达克成功上市。以色列初创公司Aleph Farms将从活牛身上采集的细胞送到国际空间站，然后使用3D生物打印机将细胞培育成小型肌肉组织。这是人类首次在国际空间站微重力条件下培育出"人造肉"。美国科学家在模拟肌肉纤维的可食用明胶支架上培育兔子和牛的肌肉细胞，制造出了人造兔肉和人造牛肉。我国研究人员将猪肌肉干细胞培养20天，获得了重达5克的培养肉。这是国内首例由动物干细胞扩增培养而成的人造肉。

近年来，国际资本市场和产业化领域中新型食品初创公司不断崛起，未来合成食物已经登陆主流餐饮渠道。合成生物技术正推动食品行业发生巨变，引领未来食品制造的发展方向。预计未来十年全球肉类市场的规模将达到1.4万亿美元，其中"人造肉类"的市场占比将从目前的不到1%提升到10%，即1 400亿美元。美国人造乳制品公司Perfect Day将牛奶组分合成基因网络组装到酵母细胞，生产的工业化模式人工牛奶，已初具产业化潜力，其陆续开发了酸奶、冰激凌以及奶油产品，预计将创造千亿美元市场。

四、人工细胞工厂

应用合成生物学、基因编辑、代谢工程等技术，以酵母菌、微藻、谷氨酸棒杆菌等底盘细胞为操作对象，设计与重构糖、油、蛋白、植物提取物等农业产品合成的基因网络与基因模块，组装新的生物合成途径，解决动植物产品异源生物合成的能力、效率与原子经济性等问题，优化农业生物质原料利用、产品合成调控、产品外泌等相关基因及蛋白元器件，构建蛋白、油脂、蔗糖及其替代糖、植物提取物等农业产品高效合成的微生物细胞工厂。

利用微生物底盘改造合成抗疟药物青蒿素就是细胞工厂产品的典范之作。疟疾是人类的宿敌。西方最早发现的抗疟药是奎宁，但因长期使用产生的抗药性使其疗效一降再降。1972年，中国在中药材黄花蒿中提取出了抗疟有效物质青蒿素，但植物提取成本高，无法大规模普及。2002年，美国科学家利用合成生物学技术，将来自酵母和来自青蒿的基因转入大肠杆菌，绕过大肠杆菌的一般代谢途径并启动酵母甲羟戊酸途径，并通过基因重组和其他手段，最终使大肠杆菌合成青蒿素前体分子紫穗槐二烯的能力提高了百万倍，开启了人工细胞工厂生物合成青蒿素的新时代。

2005年，美国科学家科斯林等把一种特殊的酶植入酵母后，把代谢中产生的中间化合物改造成青蒿酸，生产出一种更加直接的青蒿素前体。对酵母菌的遗传改造经过三个步骤：首先，在酵母中构建与大肠杆菌中同样的代谢通路；随后将大肠杆菌和青蒿的若干基因导入酵母DNA中，导入的基因与酵母自身基因组相互作用产生紫穗槐二烯；最后，将从青蒿中克隆的酶P450基因在产紫穗槐二烯的酵母菌株中进行表达，从而将紫穗槐二烯转化为青蒿素。

至此，可以说通过人工细胞工厂生产青蒿素的技术链条已基本完备成形，工业化生产指日可待。这一技术的实现将使青蒿素的成本下降90%，市场前景和经济、社会效益值得期待。

紫杉醇广泛用作抗癌药物，但是天然紫杉醇类物质产量有限，原因主要是植物体内代谢过程中，中间产物吲哚的积累负向反馈抑制了紫杉醇的合成。2010年，使用合成生物技术，美国科学家成功地在大肠杆菌中将紫杉醇药物中间体紫杉二烯代谢途径分成两个模块，并通过不同拷贝数、不同启动子的组合分别对两个模块的代谢流进行微调，优化紫杉烯合成的代谢平衡，克服了吲哚积累导致的代谢反应抑制。紫杉二烯的产量得以提高15 000倍，为紫杉醇及萜类天然产物的大规模生产奠定了基础。

近年来，能源危机不断升级，将合成生物学应用到能源领域中的想法也顺势而生，利用合成生物学生产替代燃料和可再生能源成为科学家的新命题。将生物体原本生产脂肪酸的生化途径，通过人工设计和修改，转入微生物细胞，不同的代谢模块组合可以分别诱导微生物生产原油、柴油、汽油。通过准确地计算，甚至可以按照化学品公司的要求，让微生物生产人们事先规定好长度和分子结构的烃类分子。与目前的燃料乙醇生产技术相比，能耗可以下降65%。中国科学家建立了以蓝细菌等单细胞藻为底盘，生产各类能源及高附加值分子的研究体系及平台，树立了以微拟球藻为代表的工业微藻合成生物学模式物种，为深入理解光合作用的网络调控机制，以及设计与构建高效、低成本、可规模化部署的光合产能细胞工厂奠定基础。

五、分子定向进化

1978年，加拿大生物化学家史密斯首次提出寡聚核苷酸定点突变技术，运用寡核苷酸向目的DNA片段中引入所需变化，包括碱基添加、删除或替换等，目的是期望提高DNA所表达的目的蛋白的性状及表征，开启了蛋白质改造与设计的大门，并获1993年度诺贝尔化学奖。

近年来，随着组学、计算生物学以及蛋白质工程和合成生物等学科与技术的交叉融合，按照人类的意愿和需要改造酶分子，甚至设计出自然界中原来并不存在的全新的酶分子成为可能。2018年诺贝尔化学奖颁给了3位生物化学专家，美国科学家阿诺德获得一半化学奖，以表彰她实现了酶的定向进化。

阿诺德是诺贝尔化学奖史上第5位获奖的女性。早在1993年，阿诺德首先提出酶分子的定向进化概念，提出易错PCR（error-prone PCR）方法用于天然酶的改造或构建新的非天然酶。作为酶催化领域，尤其是分子定向进化的先驱，阿诺德使得酶促生物合成进入了酶分子定向进化的全新时代。

1878年，德国科学家库尼把酵母中进行酒精发酵的物质称为"酶"（Enzyme），这个词来自希腊文，其意为"在酵母中"。20世纪30年代，由于相继提取出多种酶的蛋白质结晶，酶被定义为一类具有生物催化作用的蛋白质。1982年，美国科学家切克发现，自身剪接内含子的RNA具有催化功能，将其命名为核酶（Ribozyme）。

酶蛋白是一类极为重要的生物催化剂，其催化作用有赖于酶分子的一级结构及空间结构的完整。酶蛋白由氨基酸长链形成极其复杂的高级结构。由于现代计算能力的局限性，通过酶分子的结构预测，指导基因改造并获得催化性能更优良的酶蛋白，效果甚微。阿诺德不得不另辟蹊径，从自然进化获得灵感，找到了研发结构高度复杂的酶蛋白的新方法，即分子定向进化。

枯草杆菌蛋白酶是芽孢杆菌属细菌所分泌的胞外碱性蛋白酶，具有重要的应用价值，被广泛应用于洗涤剂、制革及丝绸工业。但在通常情况下，枯草杆菌蛋白酶在水溶液中酶活较高，有机溶剂中酶活会大大降低，而许多重要生产过程均是在有机溶剂环境进行。

能否利用分子定向进化改造枯草杆菌蛋白酶，使其催化条件从水溶液转变为有机溶剂环境，并保持高酶活性。阿诺德首先把编码枯草杆菌蛋白酶基因（DNA）进行第一轮随机突变，从而产生多种存在些许差异的枯草杆菌蛋白酶，然后分别检测它们在有机溶剂中的酶活性，从中筛选活性最高的酶进行第二轮随机突变，再筛选活性更的酶，进行第三轮随机突变。终于发现一个第三代枯草杆菌蛋白酶突变体，在有机溶剂二甲基甲酰胺中的催化效果比原始酶高出256倍。

分子定向进化最成功的例子还是改造天然细胞色素c蛋白质，使其具有合成硅—碳键的"超级"能力。之所以叫"超级"能力，是因为具有硅—碳键或有机硅的化合物应用广泛，但自然界中尚未发现硅—碳键存在，在此之前硅—碳键只能通过化学方法合成，需要使用贵金属和有毒溶剂。

阿诺德团队选择冰岛温泉中生长的海洋红嗜热盐菌的细胞色素c蛋白质，对编码该蛋白结构含铁部分的特定区域的DNA分子进行不断突变、测试、筛选，仅在三轮定向进化后，就创造出一种非天然的酶蛋白，能够选择性地合成硅—碳键，并且效率比化学家发明的最佳催化剂高15倍。

与化学合成中使用的其他催化剂相比，这种基于铁元素、基于遗传编码的催化剂不仅无毒，而且更便宜、更易改进。此外，这种新催化反应甚至可以在室温条件以及水环境中进行。该发现将以更高效和更环保的酶催化方式替代传统化学催化工艺，带来一场硅基产品（如芯片）生产的工艺革命。

此外，硅是我们星球上含量最丰富的元素之一，而碳构建生命的基本元素之一。生物体中的酶是串联碳原子的行家里手，而这种能够选择性地合成硅—碳键的人工酶发现，可以为科学家探究硅基生命之谜助一臂之力，也有助于进一步揭示为何我们的地球演变出碳基生命，而非来自硅基生命，对于未来太空农业探索提供了新思路。。

第八节　基因漂移防控技术

转基因技术借鉴了自然界中能够存在的基因水平传递。那么转进去的外源基因是否也会发生水平传递，在同一物种的品种之间或近缘野生种间进行扩散，从而引起食品和环境的安全性问题？这就是国际上对转基因作物商业化之前和之后安全性评价的关键内容——转基因植物的基因漂移。

基因漂移（Gene Flow），是指一种生物的特定基因自发地漂移进入了附近野生近缘种，并在后者表达的现象。

基因漂移是自然界中普遍发生的一个现象，是生物进化和物种形成的动力之一。草莓、莴苣、甘蔗、向日葵、油菜、马铃薯以及禾本科作物均有基因自发向其近缘野生种转移的现象，甚至基因漂移也可能在属间发生。

1996年，中国出台的《农业转基因生物安全管理条例》中规定了种植不同作物时的安全隔离距离。但距离隔离、花期隔离、物理屏障等办法只能限制或减少基因漂移，并不能从根本上解决基因漂移的问题，最好的办法依然是采取生物措施限制基因漂移。

一、叶绿体特异表达

花粉介导是基因漂移的主要途径。如果将基因转入叶绿体等细胞器，但在花粉中没有转入基因，就可以防止外源基因随花粉漂移。

叶绿体是植物细胞中进行光合作用的细胞器，由双层膜围成，含有叶绿素。叶绿体基质中悬浮有由膜囊构成的类囊体，内含叶绿体DNA，这些游离在细胞核外的遗传物质，可以独立于染色体我行我素地复制。叶绿体一般是母系遗传，子代的叶绿体来自于母体的卵细胞。如果将目的基因转入叶绿体中，则即使发生了作物与作物、作物与相关野生种或杂草之间的杂交，由于植物的子房不会像花粉那样四处飘散，产生的下一代也会在可控的范围内，可将转入的外源基因随花粉漂移的概率降至最低。

由于叶绿体遗传转化时，外源基因必须穿过细胞壁、细胞膜和叶绿体囊膜"三堵墙"，因此，20世纪80年代末基因枪技术发明后，叶绿体转化才有了实现的可能。基因枪能够增加外源基因片段的动量，使其连续穿透细胞膜和叶绿体膜，让外源基因有机会和叶绿体基因整合在一起。

叶绿体遗传转化技术在遏制基因漂移方面具有很好的安全性。叶绿体转化的谷子中基因漂移的概率大幅度降低为0.03%，在烟草转化中的效果也很明显。科学家发现，对烟草子叶进行叶绿体遗传转化时，父性遗传的概率很低，在人工杂交中，F_1代种子中其仅仅为1.58×10^{-5}；对顶端分生组织进行叶绿体遗传转化父性遗传的概率更低，仅为2.68×10^{-6}。遗憾的是，目前大多重要农作物并未建立起叶绿体转化体系。

二、雄性不育

花粉扩散和之后的受精过程是基因向外漂移并向下一代传递的主要途径。干扰作物雄性生殖器官（花药和花粉）发育，可有效地阻断基因漂移。雄性不育是限控基因漂移的有效策略之一。

雄性不育的本质是雄性器官发育不良或者雄性失去了繁殖能力。1844年，加特纳最早对植物雄性不育进行报道。1876年，科尔曼首先提出了"植物雄性不育"的概念。1890年，英国生物学家达尔文观察并描述了植物雄性不育现象。1947年，西尔斯提出植物雄性不育系可分为核型、胞质型和核质互作型三种类型。雄性不育在植物界普遍存在，如在小麦、高粱、玉米、油菜、水稻、棉花等主要农作物在内的43科、162属、320个种中均发现了雄性不育现象。

　　雄性不育可分为可遗传的和非可遗传的。如同"丁克"家庭，外人看不出夫妻是主动不要孩子，还是不孕不育，也分不出是丈夫不育还是妻子不孕，雄性不育植株与同品种的正常株在外部形态上极为相似。但在开花时，不育株雄花的模样会明显不同。正常植株的花药，色彩饱和度高，肥大饱满，充盈着花粉，时机成熟，花药充分裂开将花粉散出。不育株的花药，颜色浅，无光泽，一般干瘪瘦小水渍状，花药里面没有花粉或即使有花粉也不是正常花粉，繁殖季节花药不开裂，没有花粉散出来。

　　雄性不育用于各种作物的杂交育种，不产生花粉，避免来自父本的基因干扰，能快速高效地在代际之间传递优秀性状，加快育种速度，同时雄性不育转基因作物基因向外漂移的风险被极大降低，常应用于无须收获种子的植物，如花卉和林木。

　　绒毡层又叫绒毡组织，在维管植物雄性生殖细胞发育时，大量分泌糖、油脂、蛋白等物质，为其提供营养。绒毡层存在于蕨类、裸子植物和被子植物的小孢子囊附近，少数苔藓植物也有绒毡层。在被子植物中绒毡层位于发育早期的花药内侧。如果阻止了绒毡层的发育，就会阻止花粉的形成。一些关键的酶基因可调控花粉本身的发育和绒毡层的发育，干扰这些关键酶基因的表达可以获得雄性不育植株。

　　重组β-葡萄糖醛酸酶或核糖核酸酶基因表达的蛋白质，可以干扰绒毡层细胞发育，抑制花粉和花药的发育。1990年，科研人员用绒毡层特异的启动子TA29驱动重组β-葡萄糖醛酸酶或核糖核酸酶基因在绒毡层中表达，获得了雄性不育的转基因烟草和转基因油菜。

　　β-酮硫解酶将乙酰乙酰辅酶A催化后变成乙酰辅酶A，打乱正常的脂类代谢，导致花粉败育产生雄性不育植株。2010年，科学家利用编码β-酮硫解酶的 *phaA* 基因成功获得了雄性不育植株。目前，鉴定和测序出了大量植物花药花粉特异基因和启动子，成为雄性不育基因工程的可用工具。

　　雄性不育将导致无法产生种子，而很多农作物如向日葵、油菜、水稻和玉米等，其种植就是为了获取种子作为食物。完全的雄性不育，有违农业生产的目标。

于是条件型雄性不育技术破壳而出。让植株在一定条件下雄性不育，换个条件，就能恢复雄性生育能力。

譬如，来源于细菌的*pehA*基因，该基因编码的水解酶可以将无毒的丙三基草甘膦水解为草甘膦和甘油，草甘膦是著名的除草剂，对细胞有毒性。将*pehA*基因与绒毡层特异启动子融合，让其仅在绒毡层表达，然后转化拟南芥。当喷施丙三基草甘膦时，*pehA*基因所编码的水解酶作用下会产生草甘膦，造成绒毡层发育异常花粉败育，获得雄性不育株。不喷施丙三基草甘膦时，绒毡层正常发育，雄性生育能力正常。

白喉毒素A链具有细胞毒性，不同的温度下其蛋白活性不同。科研人员利用拟南芥绒毡层特异启动子驱动该基因在绒毡层表达，获得拟南芥条件型雄性不育株系。当温度在18℃左右时，白喉毒素A链表达出的蛋白具有活性，转基因雄蕊全部败育，雌蕊发育正常。当温度在26℃时，该蛋白失活，转基因植株花粉可正常发育。

三、种子不育

基因漂移在父母本之间是双向的。叶绿体转化和雄性不育解决了父亲的问题，但是没能解决母亲的问题。所以种子不育也是控制基因漂移的途径之一。

尽管给转基因作物做了雄性不育的"手术"，但是其雌雄同株的雌花，或雌雄异株的雌株仍携带着转入的基因。如果"她们"被其野生近缘种授粉后，产生的杂交后代存活下来，且继续繁殖，同样可能产生携带漂移基因的可育后代，进而通过花粉传播继续在与之可杂交的近缘野生种中扩散。

铜绿假单胞菌产生的毒素A，能抑制植物种子内胚的发育。1992年，科研人员利用毒素A编码基因成功地构建了种子不育的转基因油菜。但是种子不育技术中，只能通过离体培养或者是无性繁殖获得转基因植物后代，限制了该技术的使用。

为了避免此方法存在的缺陷，2001年，科研人员发展了条件型种子不育技术，也叫繁育力可恢复的种子不育技术，用一种"功能阻断恢复"系统将外源基因随花粉向外逃逸的可能性从分子水平上彻底阻断。

科研人员利用两个来源于农杆菌的基因建立了条件型种子不育转基因烟草体系。基因1是种子不育基因，在该基因序列上专门设计出大肠杆菌TET抑制剂的结合位点，以及连接上种子特异启动子。基因2是大肠杆菌TET抑制剂基因。由于基因1是种子不育基因，因此单独转入基因1，该植株可正常生长，但种子不能萌发，是种子不育植株。单独转入基因2，则可获得正常植株。

当把两种植株杂交，则产生的后代中有些会同时带有基因1和基因2。基因2的表达产物大肠杆菌TET抑制剂将与基因1结合，之后抑制基因1的表达，于是种子不育系统被抑制，杂交后代可正常生长并产生可育的种子。这样既在育种公司实现了种子可育，又在大田耕种时实现了种子不育。

四、闭花受精

被子植物大多为异花授粉，少数为自花授粉。如果生孩子的事情能在同一株转基因植物内部解决，自然也可以遏制基因漂移。

自花授粉是指一株植物的花粉，对同一个体的雌蕊进行授粉。在两性花的植物中，授粉方式也有几种：邻花授粉，在一个花序中不同花间进行授粉；同花授粉，和同一花的雄蕊与雌蕊间进行授粉如菜豆属；以及同株异花授粉，同株不同花间进行授粉。自花授粉常见于一些豆类植物如花生、大豆、豌豆、绿豆，禾本科植物如水稻、小麦、大麦、芝麻、马铃薯、烟草等。

闭花受精植物，不等花朵完全绽放，在花蕾期就完成了自花受精。自然界中，闭花受精在60个科约300种被子植物中广泛存在，这是植物对在自然界中恶劣条件的一种适应，能保护花粉不受昆虫的吞食和雨水的淋湿，顺利完成生殖过程。

闭花受精，严格的讲不存在传粉环节。花苞开放前，花粉就进入花粉囊萌发，之后花粉管不断伸长，穿过花粉囊壁向柱头生长，把花粉精准投递到柱头上，完成受精作用。

通过筛选闭花受精相关基因，可以在实验室里构建闭花受精植株。科学家从水田自然产生的水稻闭花受精株系中分离鉴定出了*superwoman 1*（*SPW1*）突变基因，该基因干扰花瓣的正常发育，引发闭花受精的现象。有研究报道，水稻中单个隐性基因*d7*决定了CL突变体闭花受精，种子的外稃和内稃结合在一起。另有科学家研究发现了两个紧密连锁的控制闭花受精的基因*cly1*和*cly2*，参与大麦的闭花受精，并克隆了该基因，分析了该基因介导的闭花受精机制。目前，在金鱼草与拟南芥中已克隆得到几个参与开花的基因。然而，闭花受精植物仍旧存在着小概率的异交率。仅靠构建闭花受精植物来限控基因漂移，效果不够理想。

五、无融合生殖

如果不要男生，不需要花粉，自己生孩子，是不是也是遏制基因漂移的一条途径？

植物的无融合生殖于1841年首先在大戟科山麻杆属中被发现，截至目前，在29目35科400多种的被子植物中都观察到了该现象。

无融合生殖不经过精卵细胞的融合，直接产生有胚的种子，是一种特殊的无性生殖方式。主要有无孢子生殖（Apospory）、二倍体孢子生殖（Diplospory）和不定胚生殖（Adventive Embryony）三种形成途径和类型。

无孢子生殖。大孢子母细胞是卵子的前体细胞，如果大孢子母细胞出了事故，会导致出现无卵或者卵子不正常幼胚败育。有时子房内的体细胞如珠心细胞会接过卵子没有完成的任务，自身膨大，细胞质变浓，变成卵子的模样，继而形成无孢子初始体，再经有丝分裂产生二倍体的无孢子胚囊。

二倍体孢子生殖。有时，大孢子母细胞在形成卵子的过程中，减数分裂缺失或提前中止，卵子的染色体未能减半。于是，未受精的卵细胞直接进行有丝分裂，经孤雌生殖产生二倍体的胚囊，未减数的极核发育成胚乳，最后形成种子。

不定胚生殖。故事发生在正常有性生殖的成熟子房内。单个的体细胞如珠被或珠心细胞，或形成胚有关的体细胞，不甘心给卵子做配角，决定亲自做主角体验生殖的乐趣。于是它们进行活跃的分裂形成细胞群，然后把细胞群逐渐推进至胚囊中，就能发育出胚状体了。

上述三种途径，都可以得到新的植物体。有的植物体子代基因型与母本完全一致，可保持遗传的稳定性和纯一性，称为专性无融合生殖。有的植物体中，一部分细胞来源于无融合生殖，其拥有和母本完全一致的基因型，一部分细胞来源于有性生殖，同时有来自父、母的基因，就是兼性无融合生殖。

通过无融合生殖可研究生殖相关基因，涉及多种基因在不同时空表达的互作和协调抑制是一项十分艰巨的工作。利用突变体和多种分子生物学方法如RAPD、SSH、AFLP、mRNA-RDA、RFLP、SSR等，以油菜、拟南芥、水稻等为材料，科学家分离鉴定了与无融合生殖有可能相关的一些基因，如与胚发育相关的*BBM*、*SERK*、*PGA6/WUS*、*LEC*基因；与减数分裂相关的*SPL/NZZ*、*SWI1*基因等；与胚乳发育相关的*MSI1*基因、*FIS*，为进一步研究无融合生殖的遗传调控提供了重要的信息。

六、基因拆分

设计个小机关，把基因拆开，在转基因植物中能合在一起发挥原有功效，漂移出去只能分开，拥有任何一部分都无效，如何？

在基因中有内含子、外显子，在蛋白质中有内含肽和外显肽。基因拆分的灵感，就来自内含肽。

1990年，科学家发现酵母液泡H$^+$-ATPase的69kD亚基基因*vma*表达的蛋白质，会自我剪接拼接。此后又有人分别在结核分枝杆菌的*recA*基因以及海滨嗜热球菌的DNA聚合酶基因中的蛋白质表达中发现了同样现象。

实现蛋白质自我剪切和拼接功能的魔术师就是内含肽（Intein）。基因转录出来的蛋白质叫做前体蛋白。前体蛋白比成熟蛋白多了一些氨基酸序列，这些多出来的氨基酸序列，就是内含肽。这些内含肽一段段地间隔分布在前体蛋白质之中。内含肽用自我剪切的方式把自己从前体蛋白中切下来。被切成片段的前体蛋白质，每个片段两端的肽链以肽键的方式重新相连，得到的新蛋白质就是成熟蛋白。该过程即为蛋白质剪接。内含肽两侧的氨基酸序列叫做外显肽，在剪切过程中留下来组成成熟蛋白质。

真核、原核生物都广泛含有内含肽。真核生物中，内含肽只存在于单细胞生物中，在多细胞生物中未有发现内含肽的相关报道。同源比较发现，在已经发现的182个内含肽中，86个隶属古细菌，真细菌占76个，其余20个分布在其他真核生物中。这一分布规律与RNA内含子相反。

蛋白质内含肽可执行两种不同的酶功能，主持蛋白质剪接以及像归巢核酸内切酶一样介导DNA片段的转移。

内含肽的蛋白剪接随遇而安毫不苛刻，不需要特殊的细胞环境，不需要任何辅助因子来帮忙，在体外也可完成。三种类型的内含肽经典内含肽、微小内含肽和断裂内含肽中，断裂内含肽可介导DNA反式剪接，是基因拆分技术的理论基础。

基因拆分中，将目的基因拆分成两个基因片段，然后分别与内含肽剪接区域的基因序列结合，分别做成融合基因，然后共转化进入植物体中。在植物体内经核糖体翻译后形成两个融合蛋白。这两个独立存在的融合蛋白都不具有生物活性。之后，内含肽自我介导蛋白剪接，从融合蛋白中切除自身，将目的基因编码出的两个氨基酸序列连接起来，形成一个完整的、有功能的蛋白质。

由于目的基因被拆成两段，单独漂移出一个融合基因时，其编码的多肽不具有生物活性，对环境也不会造成风险，而两个融合基因漂移到同一个植物体的概率较低，因此可用该系统限控基因漂移。

第九节 基因选择标记技术

超市里的商品都有标签，小小一枚标签，就能让消费者了解商品的基本情况。转基因技术中，也能给转入的基因贴上"标签"，可以让我们随时追踪到这个基因，这个记号也是一个基因，叫做选择标记基因。

实际上，基因完成转入、整合到基因组、成功表达三部曲的概率相当低，在数量巨大的相关性实验中找到转化成功的细胞犹如大海捞针。选择标记基因就是在大海里捞针的磁铁。在构建转基因技术载体时，将调控序列或目的基因与选择标记基因进行融合，形成嵌合基因。作为"一条绳上的蚂蚱"，如果检测到标记基因表达产物，即可判断目的基因已经成功表达。

选择标记基因的入选条件：已被克隆和全序列已测定；在受体细胞中无相似的内源性表达产物；其表达产物易于观察或测定。

转基因生物的安全性饱受非议，标记基因就曾受到公众的特别关注，虽然部分选择标记基因已经通过了安全性评价，但是社会公众因对技术细节不了解，仅从字面上解读，依然会心存疑虑。主要是担心抗生素抗性基因漂移到病原菌中，导致目前医院治疗所用抗生素失效；担心转基因植物的花粉落到近缘野生种杂草中产生后代，变成"超级杂草"从而使普通除草剂难以杀灭；担心转基因生物作为优势生物入侵，抢夺其他生物栖息地，降低生物多样性；担心转基因作物引起植物基因组变异和植物内部的生化过程改变，对人类健康和食品安全产生负面影响。

虽然目前没有充分证据说明上述风险均未真实发生。但为预防上述风险，还必须进一步改进选择标记基因，力求做到万无一失。

此前解决转基因植物中选择标记基因安全性的策略主要有三种：研究建立无标记基因的转化系统；开发并使用无争议的生物安全标记基因；利用抗性标记基因获得转基因植株后再将标记基因进行剔除（表5）。

表5　全球获准商业化的转基因作物品种携带标记基因情况（2019年）

作物种类	产品（事件名称）	性状	批准的国家或地区	批准的用途
玉米	Enlist™玉米（DAS40278）	抗2，4-D	阿根廷	食用，种植
	玉米[1]（DAS40278×NK603）	抗草甘膦和2，4-D	阿根廷	食用，种植
	玉米[1]（MON89034×TC1507×NK603×DAS40278）	抗草甘膦、草铵膦和2，4-D，抗鳞翅目害虫	欧盟	食用和饲用
	玉米[1]（MON89034×TC1507×MON88017×59122×DAS40278）	抗草甘膦、草铵膦和2，4-D，抗鳞翅目和鞘翅目害虫	欧盟	食用和饲用
	Agrisure™Viptera3220玉米（Bt11×MIR162×TC1507×GA21）	抗草甘膦和草铵膦，抗鳞翅目害虫，甘露糖代谢	欧盟	食用和饲用
	玉米[1]（Bt11×MIR162×TC1507×5307×GA21）	抗草甘膦和草铵膦，抗鳞翅目害虫，多重抗虫	欧盟	食用和饲用
	玉米[1]（MON87411）	抗草甘膦，抗鞘翅目害虫	阿根廷\n欧盟	食用，种植\n食用和饲用
	玉米[1]（MZHG0JG）	抗草甘膦和草铵膦	欧盟	食用和饲用
	Roundup Ready™玉米（MON87427）	抗草甘膦	阿根廷	食用，种植
	玉米[1]（MON87427×MON89034×MIR162×NK603）	抗草甘膦，抗鳞翅目害虫，甘露糖代谢	阿根廷，巴西	食用，饲用和种植
	玉米[1]（4114）	抗草铵膦，抗鳞翅目和鞘翅目害虫	中国，欧盟	食用和饲用
	玉米[1]（MZIR098）	抗草铵膦，抗鞘翅目害虫，多重抗虫	日本\n中国台湾	饲用，种植\n食用
	Agrisure® Duracade™玉米（5307）	多重抗虫，甘露糖代谢	欧盟	食用和饲用
	玉米[1]（MON87403）	增加穗生物质	欧盟	食用和饲用

（续表）

作物种类	产品（事件名称）	性状	批准的国家或地区	批准的用途
棉花	Power Core™×MIR162×Enlist™棉花（MON89034×TC1507×NK603×MIR162×DAS40278）	抗草甘膦、草铵膦和2，4-D，抗鳞翅目害虫，甘露糖代谢标记	韩国	食用
	棉花[1]（GHB811）	抗草甘膦和异恶唑草酮	巴西	食用，饲用和种植
			中国台湾	食用
	棉花[1,2]（GHB811×T304-40×GHB119×COT102）	抗草铵膦和异恶唑草酮，抗鳞翅目害虫	巴西	食用，饲用和种植
	GlyTolTwinLink Plus棉花（BCS-GH002-5×BCS-GH004-7×BCS-GH005-8×SYN-IR102-7）	抗草甘膦和草铵膦，抗鳞翅目和鞘翅目害虫，抗生素抗性	阿根廷	NA
	棉花[1]（BCS GH811-4）	抗草甘膦，异恶唑草酮和硝磺草酮	阿根廷	NA
	棉花[1]（GHB614×LLCotton25×MON15985）	抗草甘膦和草铵膦，抗鳞翅目害虫，抗生素抗性，可视标记	欧盟	食用和饲用
	VIPCOT™棉花（COT102（IR102））	抗鳞翅目害虫，抗生素抗性	阿根廷	种植
	棉花[1]（MON 88702）	抗半翅类害虫	日本，中国台湾	食用
	棉花[1,2]（MRC 7377）	抗虫，增加棉花纤维长度和强度	尼日利亚	种植
	棉花[1,2]（MRC 7367）	抗虫，增加棉花纤维长度和强度	尼日利亚	种植
	棉花[1,2]（TAM 66274）	低棉酚，抗生素抗性	美国	食用，饲用和种植
大豆	Enlist™大豆（DAS68416-4）	抗草铵膦和2，4-D	阿根廷	食用和饲用
	Herbicide-tolerant Soybean line大豆（SYHT0H2）	抗草铵膦和硝磺草酮	中国	食用和饲用
	大豆[1][FG72（FGØ72-2，FGØ72-3）]	抗草甘膦和异恶唑草酮	中国	食用和饲用
			阿根廷	食用，种植
	大豆[1,2]（DBN 09004-6）	抗草甘膦和草铵膦	阿根廷	种植
	Enlist E3大豆（DAS44406-6）	抗草甘膦、草铵膦和2，4-D	中国，菲律宾	食用和饲用

（续表）

作物种类	产品（事件名称）	性状	批准的国家或地区	批准的用途
大豆	大豆[1]（HB4×GTS 40-3-2）	抗草甘膦，抗旱	阿根廷	食用，种植
			巴西	食用，饲用和种植
	Verdeca HB4 Soybean大豆（HB4）	抗旱	巴西	食用，饲用和种植
			美国	种植
	大豆[1]（MON87751）	抗鳞翅目害虫	欧盟	食用和饲用
油菜	TruFlex™ Roundup Ready™油菜（MON88302）	抗草甘膦	中国	食用和饲用
	油菜[1,2]（LBFLFK）	油酸/脂肪酸改良，抗甲氧咪草烟	美国	种植
	InVigor™油菜（RF3）	抗草铵膦，育性恢复	中国	食用和饲用
甘蔗	甘蔗[1,2]（CTC91087-6）	抗鳞翅目害虫	巴西	食用，饲用和种植
	甘蔗[1,2]（CTC93209-4）	抗鳞翅目害虫	巴西	食用，饲用和种植
豇豆	SAMPEA 20-T Cowpea1,2豇豆（AAT709A）	抗鳞翅目害虫	尼日利亚	食用，饲用和种植
苹果	Arctic™ Fuji Apple苹果（NF872）	防褐变，抗生素抗性	美国	食用，饲用和种植

注：*如果没有商品名，只展示作物种类；
[1]无商品名；[2]2019年首次获得批准的转基因新品种。

一、抗生素或除草剂抗性基因

已广泛应用的选择标记基因主要有两大类：一是导致抗生物素失活的蛋白酶编码基因，如新霉素磷酸转移酶基因（nptⅡ）、潮霉素磷酸转移酶基因（hpt）等；二是导致除草剂失活的蛋白酶编码基因，如膦丝菌素乙酰转移酶基因（bar、pat）和5-烯醇丙酮酰草莽酸-3-磷酸合成酶基因（$epsps$）等。这类基因既可以作为选择标记基因，也可以作为生产应用的目的基因，如抗草甘膦基因。在加有抗生素或除草剂的培养基上，如果产物具有抗生素或除草剂的抗性，则能存活下来，以此证明基因转入成功。

由于各国普遍存在的抗生素滥用，国际社会对抗生素的耐药性管理严加防范，生怕有所疏漏，这种担忧也蔓延到了抗生素标记基因。事实上，早期采用的抗生素抗性基因也是安全的标记基因。现实中也并没有出现转基因生物中抗生素标记基因引发的细菌耐药性案例。

抗生素抗性基因的表达产物是分解抗生素的生物酶。人类食用后，在胃液中胃酸的作用下，这些酶发生蛋白质变性，在小肠内被分解为多肽或者氨基酸。这些抗生素抗性基因自身，也会在食用后，和食物里的其他基因一样，经消化道分解为各种核苷酸，不再具有遗传活性。因此，标记基因为抗生素抗性基因的转基因食品，被人食用后，不会引发人类消化道内伴生的微生物菌群产生抗生素抗性。

科技的最终归途适应用，市场和消费者的态度和接受度依然会对科研进展产生影响，如果转基因目的是为了产业化，为了最大限度减少消费者的顾虑，目前许多研发者尽可能避免采用抗生素抗性基因作为选择标记基因。

二、糖代谢相关的标记基因

甜美的食物在此：基因转化失败的细胞，无专用分解酶，看得见，吃不着，细胞生长被抑制；基因转化成功的细胞，有专用分解酶，看得见，吃得了，细胞存活。以上就是糖代谢途径相关基因做选择标记基因时的大致原理。与糖代谢相关的选择标记基因是某种特定糖类的分解酶。

将转化后的细胞放在只加入这种特定糖类而无其他糖类的选择培养基上培养。转化成功的细胞，其转入的基因能够表达这种分解酶，可利用这种糖类作为主要碳源，在选择培养基上生存，并获得优势生长。未转化的细胞因不具有这种糖分解酶基因，难以利用这种糖类，处于饥饿状态，生长受到抑制，但仍保持存活状态。

这类筛选方法不会杀死非转化细胞，被称为正筛选系统。而选择用除草剂或者抗生素等抗性基因作为选择标记基因时，非转化细胞不能存活，被称为负筛选系统。

目前应用最多的与糖代谢相关的标记基因是磷酸甘露糖异构酶基因（*pmi*基因）。

1967年，科研人员发现在以甘露糖为特定糖类的培养基上，植物细胞不能正常生长分化。这是由于在己糖激酶的催化下甘露糖转化为6-磷酸甘露糖，6-磷酸甘露糖除不能被细胞进一步代谢利用外，还会在其浓度累积到一定程度时，抑制磷酸葡萄糖异构酶的活性，从而阻碍糖酵解途径。

破解这一困局，要依靠磷酸甘露糖异构酶（PMI）。PMI广泛存在于植物以外的生物界，在植物界却很稀缺。除肉桂和一些豆科植物外，自然界的大部分植物体内没有PMI。目前人们已从酵母、细菌、动物及人体中分离出了*PMI*基因，获得了纯化PMI蛋白。

PMI的代谢途径是，甘露糖经己糖激酶磷酸化生成的6-磷酸甘露糖被PMI的异构成6-磷酸果糖，进入糖酵解途径。

PMI选择系统的机理是，培养基只含有甘露糖而无其他碳源，植物体的己糖激酶催化甘露糖转变为6-磷酸甘露糖。之后，转化和非转化的细胞走向截然不同的命运。非转化的细胞会累积6-磷酸甘露糖，并抑制糖酵解过程处于饥饿状态，同时消耗大量ATP，生长停滞。而转化的细胞内因有*pmi*基因，可编码磷酸甘露糖异构酶促使6-磷酸甘露糖转化为6-磷酸果糖，于是在以甘露糖为碳源的培养基上生长正常。

研究人员比对*pmi*和*npt*Ⅱ给分别作为选择标记基因时发现，在转基因甜菜中*pmi*比*npt*Ⅱ转化效率高10倍，且逃逸植株较少。之后在玉米、小麦、水稻、甘蔗中也发现*pmi*具有较高的转化效率。

与糖代谢途径相关的标记基因还有木糖异构酶基因（*xylA*）、核糖醇操纵子（*rtl*操纵子）、阿拉伯脱氢酶基因（*atlD*）和2-脱氧葡萄糖-6-磷酸盐磷酸酯酶基因（*dogr1*）。

同甘露糖一样，木糖亦是许多植物不能代谢的糖类，如烟草、马铃薯和番茄。木糖异构酶基因（*xylA*）可将木糖催化为D-木酮糖，D-木酮糖可以作为上述植物的碳源。这种方法比*npt*Ⅱ作为选择标记基因高10倍，并且发芽更快。这种酶之前在食品工业中获得普遍应用，其生物安全性已经获得时间的验证，目前广泛用于烟草、马铃薯和番茄的转基因操作中。

三、氨基酸代谢相关的标记基因

反馈抑制作用，亦称最终产物抑制作用。当代谢反应中最终产物过多时，催化剂酶的活性被抑制，反应被中断。就好比工厂出现"库存积压=终产物"积累过多，于是告诉"车间主任=催化剂酶"停止工作，让"生产线=代谢反应"停止生产。这可以使细胞内的浓度保持适合于生理条件的水平，是细胞在发挥调节作用。

植物中某些氨基酸合成途径中的关键酶，会受到最终产物氨基酸的反馈抑制，可将这类酶作为选择标记基因。这些酶主要包括反馈抑制不敏感天冬氨酸激酶（AK）和D-氨基酸氧化酶（DAAO），它们通过干扰氨基酸的正常代谢，继而抑制植物的正常生长。

天冬氨酸激酶（AK）为何入选？

在植物体内，天冬氨酸的合成是支链氨基酸合成过程中的重要途径。AK是高等植物中天冬氨酸代谢途径中的关键酶，用于催化苏氨酸、赖氨酸和蛋氨酸（甲硫氨酸）的合成。然而少量的苏氨酸或赖氨酸即可对AK进行反馈抑制，它们的含量一旦达到毫摩尔级就能抑制天冬氨酸激酶，阻止甲硫氨酸合成。巧的是，赖氨酸、苏氨酸对来自细菌的AK并无反馈抑制作用，可以用细菌的AK和富含赖氨酸与苏氨酸的培养基筛选转化植株。转化不成功的细胞由于甲硫氨酸合成途径受阻，植株生长受到抑制。转化成功的细胞由于天冬氨酸激酶没有受到反馈抑制，植株可以正常生长。

可作为选择标记基因的氨基酸代谢相关基因还有：苏氨酸脱氨酶基因*ilvA*、邻氨基苯甲酸合成酶基因*asa1*和乙酰乳酸合成酶基因*mALS*。

自然界中的氨基酸约有100种，能被生物体利用的只有20多种。其余不能被利用的氨基酸大多具有细胞毒性。一些酶可将有毒氨基酸转化为无毒产物，这类酶基因也可以作为选择标记基因。

四、叶绿体合成关键酶编码基因

叶绿体是植物光合作用的基础。植物中若无法进行叶绿素的生物合成，则会生成白化苗。

δ-氨基-γ-酮戊酸（ALA）是叶绿素合成途径中的第一个中间产物，由谷氨酸-1半醛在谷氨酸-1-半醛转氨酶（GSA-AT）催化下获得。

植物毒素3-氨基-2，3-二氢苯甲酸（gabaculine）强烈抑制由谷氨酸-1半醛在谷氨酸-1-半醛转氨酶的活性，使ALA不能正常合成，导致叶绿素合成途径中断，使植物出现白化现象。

而科学家"请来"的外源*hemL*基因编码的一种GSA-AT，则对gabaculine有抗性，可绕过gabaculine的毒性，正常合成ALA。用*hemL*基因做选择标记基因，用gabaculine做筛选剂，转化成功的就长出绿苗，转化失败的只好成为白化苗了。

*hemL*基因现在已经成功地用于烟草转化中，被认为是一种基于叶绿素合成的生物安全标记基因。

五、可视化的标记基因

基因转入与否，能否肉眼可见？以荧光酶基因或荧光蛋白基因作为选择标记基因，不仅可以直接看到转化结果，并且还做到了无须损伤细胞即可研究细胞内事件。

荧光酶基因（*Luc*）是一类分别催化不同的底物进行氧化发光的酶，1985年从北美荧火虫和叩头虫cDNA文库中克隆得到。哺乳细胞内没法产生荧光素酶。最常用的荧光素酶有细菌荧光素酶、萤火虫荧光素酶和Renilla

荧光素酶。细菌荧光素酶对热敏感，所以在哺乳细胞的应用中受到限制。而萤火虫荧光素酶检测线性范围宽达7～8个数量级，灵敏度高，是最常用于哺乳细胞的标记基因。

　　荧光蛋白家族来自水螅纲和珊瑚类动物，是一组相对分子质量为20 000～30 000Da的同源蛋白。其中绿色荧光蛋白（GFP）是从维多利亚水母中克隆出来的，既可以在原核生物中表达，也可以在真核生物中表达。绿色荧光蛋白既无种属特异性，又对细胞的生长和功能没有影响，因而，在荧光酶之后，绿色荧光蛋白成为可视化安全标记基因中的大热门。2008年，日本科学家下村修、美国科学家沙尔菲和美籍华裔科学家钱永健共同因发现和研究绿色荧光蛋白获得诺贝尔化学奖（图39）。

图39　可视化标记的转基因生物

　　注：科学家经常选择可视化的报告基因来辅助转基因生物研发，这些报告基因包括各种颜色的荧光蛋白基因、植物色素合成相关基因以及可经特定底物分解形成有颜色物质的蛋白基因。

　　绿色荧光蛋白在紫外线和蓝光激发后，无须辅助因子和底物可在508纳米处自行发射人类肉眼可见的绿色荧光，无须损伤细胞即可研究细胞内事件。即无须引入同位素等额外的物质即可直接观察到目的基因是否转入成功。绿色荧光蛋白非常适合从大量的细胞或者组织中筛选出转化细胞或者植株。目前，GFP基因作为标记基因已经广泛应用于在动植物和微生物基因工程。

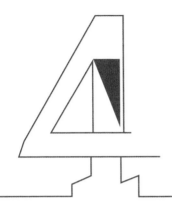

第四章　转基因操作平台

转基因育种包含从基因克隆、遗传转化、表达调控、材料创制、新品种培育、产业化推广应用等技术操作环节，是一项学科高度交叉、技术深度融合的系统工程，包括基因发现、概念验证、早期性状测试、商业化事件评估、上市前选育开发和生产应用6个阶段（表6）。

表6　转基因产品研发与安全评价阶段

研发阶段	发现阶段	一期	二期	三期	四期	上市期
	基因发现	概念验证	早期性状测试	商业化事件评估	上市前选育开发	生产应用
主要活动	高通量筛选 功能性测试	基因优化 载体优化 转化事件	性状测试 前期数据 规模转化	价值评估 田间数据 安全数据	田间数据 安全数据 性状叠加	品种审定 种子繁育 市场销售
基因数量	上万基因	上千	数十	<10	≈2	
成功概率	5%	25%	65%	85%	95%	
研发时间（年）	2~5	1~2	1~2	2~3	2~3	8~15
安评与管理阶段	实验室研究	安全评价与法规申报				市场监管
		中间实验	环境释放	生产性试验	安全证书	

基因决定性状，转基因生物优良品种的培育离不开优良基因。因此，转基因操作的最关键环节就是获取真正有育种应用价值的基因。但是，从海量的基因资源中拿到真正有用的基因，简直就是大海捞针，犹如西天取经，需历经九九八十一难，如无"神奇乾坤袋、无敌金刚钻、如意宝葫芦、八卦炼丹炉和伏魔照妖镜"等十八般兵器或法宝相助，实难取得真经，修成正果。

随着组学、系统生物学、合成生物学和计算生物学等前沿科学的不断进步，现代转基因技术体系正在向专业化、规模化、智能化和工程化方向高速发展，形成了以高通量基因鉴定（如意乾坤袋）、高效率遗传转化（无敌金刚钻）、高水平蛋白表达（神奇宝葫芦）、智能化设计育种（八卦炼丹炉）和安全性科学评价（伏魔照妖镜）为核心的五大共性技术操作平台，为重要育种价值的功能基因挖掘和新一代优良品种培育提供重要技术支撑。

第一节　高通量基因鉴定

地球上的生物的每一个细胞均携带数以万计的基因。科学研究发现，大肠杆菌约0.43万个蛋白编码基因、人类约2.5万个、水稻约3.8万个、番茄约3.5万个、水牛约2.1万个以及绵羊约2.2万个。此外，动物肠道微生物基因组的基因数目约30万个，植物根际微生物组是数量是人体肠道微生物18倍，整个地球上微生物的基因数目比宇宙银河系的星星数目几乎高10个数量级。

这些基因结构和功能千差万别，潜伏在地球各个角落，似乎看不见，摸不着，但却与整个地球演变和我们生活息息相关。如何才能认识、区分和利用这些数不胜数、无所不能、无所不在的基因呢？

传统的基因鉴定方式，譬如建立DNA文库，分析重组子表型然后克隆基因，已完全力不从心。一种以高通量基因测序和基因芯片技术为代表的全新的基因"海选"方式应运而生。基因高通量鉴定技术就是科学家手中的神奇乾坤袋，空间之大似能将天地万物基因收纳于内，本领之强已显出上天揽月下海捉鳖之力。

一、基因测序

20世纪90年代建立起来的第一段DNA测序技术，就是基因鉴定的起跑线。伴随着新一代高通量测序技术的发展，基因组序列数据量与日俱增。这些技术的进步，可以用人们排队进门来比喻。第一代测序，人们排成长长的一队，从一个入口进门。第二代测序，人们排成并列的很多队伍，从很多道打开的大门进入。多车道自然比单车道通行量大、时间快、效率高。快速大量地解析基因的结构和功能，极大地推动了功能基因组和转基因育种的发展。

1. 第一代测序技术

第一代测序技术的主要特点是测序读长可达1 000bp，准确性高达99.999%。但通过手工测序，测序成本高，通量低等，难以满足物种大范围测序以及DNA微量测序的需求，其代表技术为双脱氧链终止法和化学降解法。

双脱氧链终止法是应用最多的第一代DNA测序技术，由英国科学家桑格尔等1977年发明。其技术核心是ddNTP的使用，由于缺少3′-OH基团，不具有与另一个dNTP连接形成磷酸二酯键的能力，只要双脱氧核苷酸掺入链端，DNA链的延伸即中止。如此反应体系中便合成以共同引物为5′端，以双脱氧核苷酸为3′端的一系列长度不等的核酸片段。根据片段3′端的双脱氧核苷酸，便可依次阅读合成片段的核苷酸排列顺序。

化学降解测序法不需要酶催化反应，由马克西姆和吉尔伯特1977年发明。其原理为通过放射性标记DNA片段的5′端磷酸基，采用不同的化学试剂修饰和裂解特定碱基，从而产生5'端被标记的一系列长度不一的DNA片段，经凝胶电泳分离和放射线自显影，可以确定不同片段末端碱基，从而推导出该DNA片段的核苷酸排列顺序。

1990年，荧光自动测序技术的出现，使DNA测序技术步入了自动化时代，从第一例噬菌体基因组序列到人类基因组图谱分析几乎无一例外地全部采用半自动化毛细管电泳的双脱氧链终止测序法。

2. 第二代测序技术

第二代DNA测序技术又称大量并行测序或高通量测序技术，基本原理均是边合成边测序，具有成本低、准确度高，单次运行产出序列数据量大，一次可对成百上千个样本的几十万至几百万条DNA分子同时进行快速测序分析的特点。目前，高通量测序技术包括以下三种类型。

（1）Roche/454焦磷酸测序。不需要凝胶电泳以及对DNA样品进特殊形式的标记和染色，具有大通量、低成本、快速、直观的特点。基本原理是由引物与模板DNA退火后，在4种酶的协同作用下，将引物上每一个dNTP的聚合与一次荧光信号的释放偶联起来，通过检测荧光的释放和强度，实现实时测定DNA序列。

（2）Solexa/Solexa合成测序。是目前性价比最高、应用最广泛的测序技术。其原理采用不同颜色的荧光标记四种不同的dNTP，当DNA聚合酶合成互补链时，每添加一种dNTP就会释放出不同的荧光，根据捕捉的荧光信号并经过特定的计算机软件处理，从而获得待测DNA的序列信息。

（3）ABI/SOLiD测序。以四色荧光标记寡核苷酸的连续连接合成取代了传统的聚合酶连接反应，在测序时单链荧光探针按照碱基互补规则与单链DNA模板链配对，不同的探针的5'末端分别标记不同颜色的荧光染料，每两个碱基确定一个荧光信号，因此也被称为两碱基测序法。SOLiD系统单次运行可产生50GB的序列数据。

第二代测序技术应用极为广泛。利用二代测序技术可以进行全基因组从头测序（De novo Sequencing），也可以在全基因组水平上进行重测序，或在转录组水平上进行全转录组测序，开展基因表达水平检测、可变剪接、单核苷酸多态性等生物组学研究。

3. 第三代测序技术

第三代测序技术有称单分子实时DNA测序技术。与前两代相比，第三代测序技术无需进行PCR扩增，无需荧光标记，读长更长，后期数据处理更加方便，根据技术原理分为两大类型。

（1）单分子荧光测序。代表性的技术为美国螺旋生物（Helicos）的SMS技术和美国太平洋生物（Pacific Bioscience）的SMRT技术。将DNA聚合酶、待测序列和不同荧光标记的dNTP进行合成反应。当一个dNTP被添加到合成链上的同时，在激光束的激发下发出荧光，根据荧光的种类就可以判定dNTP的种类。MRT技术的测序速度很快，每秒可测定10个碱基。

（2）纳米孔单分子测序。代表性的技术为英国牛津纳米孔公司的新型纳米孔测序法。借助电泳驱动单个分子逐一通过纳米孔来实现测序的。由于纳米孔的直径非常细小，仅允许单个核酸聚合物通过，而ATCG单个碱基的带电性质不一样，短暂地影响流过纳米孔的电流强度，这种电度的变化幅度就成为每种碱基的特征，从而实现单分子测序。

此外，还有一种革命性的Ion Torrent半导体测序技术，其原理是通过半导体直接将碱基化学信号转换为数字信号。当DNA聚合酶将一个核苷酸渗入到DNA分子中，就会释放出一个氢离子，导致局部可检验的pH值发生变化，被离子传感器检测并转换为数字信号。该技术完全摆脱了利用光路系统进行碱基识别的限制，不需要昂贵的物理成像设备，测序过程更简单、快捷和低成本（表7）。

表7　第一代和新一代测序技术的比较

测序技术	典型测序平台	测序原理	读长	通量	准确率	优点	缺点
一代测序	ABU/LIFE3730 ABI/LIFE3500	Sanger双脱氧终止法，毛细管电泳法	400 ~ 900bp	0.2Mb/run	>99%	读长较长，准确率高	通道小，测试成本较高
二代测序	IlluminaHiSeq	边合成边测序法，可逆链中止法	50 ~ 150bp（×2）	750 ~ 1 500Gb/run	>99%	通道高，单位测序成本低	读长较短，样本制备较烦琐
	Life Tech SOLID	连接测序法	50bp	30 ~ 50Gb/run	>99%		
	Roche 454	焦磷酸测序法	200 ~ 600bp	0.45Gb/run	>99%		
三代测序	PacBio RS	DNA单分子测序，纳米孔测序	1 000 ~ 10 000bp	0.5 ~ 9Gb/run	<90%	读长较长，样本制备简单	准确率较低
	Oxford Nanopore Minion	纳米孔测序	平均读长 5 400bp	30 ~ 400bp/s	<90%		

注：第一代和第二代测序技术除了通量和成本上的差异之外，其测序核心原理都是基于边合成边测序的思想。第二代测序技术的优点是成本大大下降，通量大大提升，但缺点是所引入PCR过程会在一定程度上增加测序的错误率，并且具有系统偏向性，同时读长也比较短。第三代测序技术根本特点是单分子测序，不需要任何PCR的过程，同时提高读长，并保持二代技术的高通量，低成本的优点。

4. 其他基因测序技术

目标序列捕获测序

如果只想测定基因组某段DNA序列，只要知道这段DNA序列的一小部分信息，那么兴师动众地进行全基因测序显然性价比不划算。这就需要能将测序目标精准锁定的目标序列捕获测序技术（Targeted Resequencing）。

目标序列捕获测序技术由第二代测序技术结合微阵列技术而衍生出来的新型测序技术。这项技术使用大量已知序列的寡核苷酸片段作为探针，这些探针如同侦察员一样，在基因组里根据事先获取的目标基因的零碎信息按图索骥，找到基因组上的目标序列后结合在一起，然后对目标序列进行高通量测序和生物信息分析。目前目标序列捕获测序技术主要用于特定目标序列捕获、全外显子捕获、染色质区域捕获等。目标序列捕获测序技术用于生物进化研究时，可对不同种群进行关联分析检测出SNP（单核苷酸突变）位点，从而在分子水平上解释不同种群的差异性。除碱基突变外，一些变异也与基因的多拷贝数有关，而目标序列捕获测序技术可以定量地检测到基因的拷贝数差异。

宏基因组测序

新一代宏基因组和单细胞测序技术在特殊环境微生物学方面颇有建树，开启了生命科学研究的新篇章。宏基因组测序技术，是对特定环境样品中微生物群体的基因组，进行DNA或mRNA序列测定。

与传统的微生物个体研究相比，这种新的研究技术具有许多优势。

（1）自然界中的许多微生物无法实现在实验室条件下的分离培养与繁殖，宏基因组学研究不要求对微生物进行分离培养，从而大大扩展了微生物研究范围，如被称之为动物第二基因组的肠道微生物组和植物第二基因组的根际微生物组。

（2）宏基因组学引入了宏观生态的研究理念，对环境中微生物菌群的多样性、功能活性等宏观特征进行研究，可以更准确地反映出微生物生存的真实状态。因此，宏基因组测序技术已在发现新基因，开发新的微生物活性物质，研究微生物种群结构、基因功能活性、微生物之间的相互协作关系以及微生物"暗物质"探秘等方面得到广泛的应用。

2017年，美国科学团队发布1 003个系统发育多样化细菌和古细菌的参考基因组，这是迄今为止最大规模的一次微生物基因组数据发布。这些基因组数据来自奶牛瘤胃、白蚁内脏、植物、海水、土壤等4 650个样本中微生物宏基因组测序结果，发现了约24 000个新的生物合成基因簇和2 500万种未知功能蛋白质，是细菌与古生菌基因组百科全书计划的重要内容（图40）。

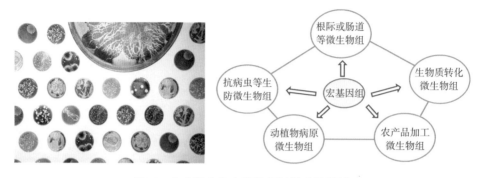

图40　农业微生物宏基因组及其应用领域

注：微生物之间能够互相协作，使得它们在生态系统中更加稳定、更加有效地发挥作用，并赋予微生物组具有超越单个微生物的更为强大的功能。农业微生物宏基因组包括根际微生物组、畜禽肠道微生物组以及农业生产过程与相关环境的微生物组，与粮食生产安全、农产品品质、农业和农业生态环境息息相关，是国际农业科技的前沿学科，也是未来农业发展的重大应用方向。

单细胞测序

随着测序、细胞分离和全基因组扩增技术的发展，在单个细胞水平上对基因组进行测序的单细胞测序技术逐渐兴起。2013年，《Science》杂志将单细胞测序评为年度最值得关注的六大领域榜首，《Nature Methods》杂志将单细胞测序的应用列为年度最重要的方法学进展。

单细胞测序技术能够解析同一生物体或菌落内细胞之间更加细微的基因组或表达组差异，推动免培养微生物的发现、动植物表观遗传修饰、细胞发育与分化等研究发展，已成为当前生命科学研究的焦点。随着单细胞测序技术的发展，在单个细胞水平探讨生命过程一定是未来的研究热点，生命科学研究人员会以全新的视角探究生命活动规律，造福人类健康和农业生产。

5. 作物全基因组分析

目前科学界已知植物的物种大约有40万种，但迄今为止，科学界只测序了约600株植物品系（约225种种类）的基因组。既然植物研究在我们的生活中扮演着如此重要的角色，为何只有这么少的种类得到了测序？究其原因，与植物基因组，特别是作物基因组大小多样和复杂程度不无关系。

植物基因组的大小非常多样，从61Mb的螺旋狸藻到152Gb的重楼百合，后者几乎是人类基因组的50倍。在粮食作物中，水稻基因组较小，约为430Mb，重复序列大约占50%；玉米基因组大约有3 000Mb，其中85%是重复序列；而在小麦中，其基因组为16 000Mb，重复序列高达83%。植物还表现出多种倍性（染色体拷贝），从二倍体如玉米和水稻，四倍体如大豆、马铃薯和油菜，六倍体如小麦和甘薯，到八倍体小黑麦等。

随着高通量测序技术的不断发展和测序成本的不断降低，高通量测序近几年在现代农业研究领域中得到了充分应用，为新品种选育和品质改良带来了新的科研方法和解决方案。高通量测序技术的主要应用方向包括对农作物和栽培品种进行全基因组从头测序和深度重测序，进而进行起源进化、性状形成和表达调控分析以及相关代谢途径、分子标记和关键基因的鉴定与分子机制解析等。

水稻基因组

1997年，水稻基因组测序国际联盟在新加坡举行的植物分子学大会期间成立。1998年，中国、日本、美国、英国、韩国五国代表制定了"国际水稻基因组测序计划"。

2001年，中国科学院、科学技术部和国家计划委员会联合向全世界宣布，中国率先完成籼稻基因组工作框架图的绘制，也是首个粮食作物的基因组图谱。同年，瑞士先正达公司和美国孟山都公司宣布，已测定出水稻基因组的所有碱基对序列。

2002年，由中国12家科研单位共同完成水稻籼稻亚型的基因组序列。同期，美国6家科研机构共同完成的水稻粳稻亚型的基因组序列。此次公布的水稻基因组"精细图"是第一张农作物的全基因组精细图，对基因预测、基因功能鉴定的准确性以及基因表达、遗传育种等研究的贡献是一个质的飞跃。

2018年，利用新一代基因组测序技术和高性能的计算机平台，由中国科学家主导，对来自全球89个国家和地区的3 000份水稻种质资源——代表了全球78万份水稻种质资源约95%的遗传多样性，进行大规模的基因组重测序和大数据分析，解析水稻种群基因组多样性的本质。

来自基因组学的证据，追溯野生稻的驯化之旅，证明如同一根狗尾巴草的野生稻，由于基因驯化，成为今天植株强壮、颗粒饱满的栽培稻。通过多年不懈研究，育种家学鉴定到了一系列重要的水稻驯化基因，如控制落粒性的sh4基因，其突变是从野生稻的极易落粒，到栽培稻的不易落粒性状形成的关键；控制株型的PROG1基因，其突变是从野生稻的匍匐生长，到栽培稻的直立生长性状形成的关键。

但是，过分追求产量的人为驯化会导致栽培稻遗传多样性降低，从而丢失大量野生稻原有的抗病虫等优良基因。因此，在育种家学眼里，其貌不扬的野生稻体内蕴含了无数价值连城的未知功能基因，是一个远未认识和需要充分开发的基因资源宝库。2010年，中国科学家获得世界上第一个完成的高杂合度野生稻全基因组框架图谱。2013年，完成了261Mb高质量的短花药野生稻全基因组序列。2014年，完成了普通野生稻和长雄蕊野生稻基因组精细图谱的绘制。2015年，利用二代测序技术对长雄野生稻进行了大量测序，成功组装出高质量的长雄野生稻基因组。

2017年，中外科学家合成对世界上水稻种植地区的524种杂草稻进行全基因组序列分析，并对比已知全球426个本地种植的水稻品种和53个野生稻种样本的基因组数据，发现现存野生稻群体中有着大量的来自栽培稻的遗传成分，甚至部分"野生稻"就是近期野化的栽培稻。因此，当前的野生稻应被视为一个"杂种群"，通过广泛的基因流与栽培稻共同演化。这一发现颠覆了之前科学界对野生稻的"野"的认知，同时警示世人保护野生稻资源已刻不容缓。

玉米基因组

玉米基因组测序项目始于2005年，美国全国科学基金会、农业部和能源部为该项目提供了2 950万美元的经费。由于玉米基因组结构非常复杂，存在高密度的重复序列以及高活性的转座子，导致玉米功能基因组的测序和组装面临严峻的技术挑战。

2008年，美国科学家完成了玉米自交系B73的基因组序列测定。但受限于当时的技术水平，尚无法解决玉米基因组中大量的重复序列问题。2009年，完成了B73的约95%基因组草图，这是人类成功测序的第二种农作物基因组。结果表明，玉米基因组的基因数量为5万~6万个，碱基对数量大约为20亿个，远大于约4.3亿个碱基对的水稻基因组。2011年，通过全基因组关联分析首次鉴定了玉米基因组中与性状相关的遗传变异。该研究涉及玉米基因组中的160万个遗传位点，并鉴定了与玉米茎叶夹角性状相关的基因，为培育株型优良、密植高产新品种奠定重要的理论基础。

大约在距今9 000年前，墨西哥人利用野生墨西哥类蜀黍驯化出最初的栽培玉米。尽管今天看上去类蜀黍与玉米毫无关系，它的籽料被一层坚硬的外壳包裹着，并不适宜人类食用，但是，2015年的一项基因组学研究发现，二者基因组水平的同源性特别高，其巨大的表型差异可能仅仅来源于5个基因区域之间的变化（每个区域可能涵盖一个或更多基因），譬如控制玉米颗粒外壳的基因tga1以及控制植株分叉的基因tb1。

2017年，美国科学家使用先进的单分子实时测序和高分辨率光学制图技术对玉米近交系B73进行测序，从头组装出2 106Mb大小的参考基因组。与之前的测序组装技术相比，新技术增加了重叠群长度，改进了基因间隔与着丝粒区域的组装质量，更新了基因注释。共鉴定出约13万个结构完整的逆转录转座子，有助于理解玉米转座子的发生进化史。

2018年，通过单分子测序和BioNano光学映射技术组装了玉米雄性代表系Mo17的高质量参考基因组，并与B73和PH207进行比较基因组学分析，以期揭示自交系之间的遗传差异与杂种优势之间的联系，为广泛比较玉米中的种内基因组多样性提供了前所未有的机会。

2019年，应用Pacbio测序技术、Bionano Genomics双酶切光学图谱、

10X Genomics和二代测序完成了迄今为止质量最高的热带玉米参考基因组，并公布了首份玉米结构变异图谱，结合这些信息首次克隆到影响籽粒重量自然变异的关键基因。

小麦基因组

作为世界三大粮食之一的小麦，是世界上栽培范围最广的作物之一，却由于自身基因组的特殊性和复杂性，基因组测序研究进展缓慢。

2005年，美、法等国科学家发起并成立了国际小麦基因组测序联盟，组织全世界20多个小麦主要生产国的科学家协作开展小麦基因组测序。2008年，国际小麦基因组测序联盟完成了普通小麦3B单条染色体的物理图谱构建，并于2014年完成了该染色体的测序及组装。2012年，国际小麦基因组测序联盟最先发表小麦基因组。英国利物浦大学Neil Hall领导的研究小组利用454焦磷酸测序技术，对中国春的基因组进行了全基因组测序。

2013年，小麦A基因组和D基因组供体材料基因组草图完成。中国科学家完成了小麦A的祖先种乌拉尔图小麦（*Triticum urautu*）的基因组草图。2013年，对小麦D基因组祖先种——粗山羊草的基因组进行了测序组装。2017年，利用精准大小的mate-pair文库和优化的组装算法，进一步提高了中国春基因组的组装质量和完整性，组装出来的基因组大约占完整中国春基因组的78%。同年，大约15.34Gb的物理图谱（约占中国春全基因组的90%）和野生二粒小麦的物理图谱发表。

2018年，国际小麦基因组测序联盟历时13年，绘制完成了普通小麦"中国春"的第一个高品质完全注释参考基因组图谱。该研究发现了参与环境适应性（如抗病相关基因、耐冷基因、PPR蛋白编码基因）、最终品质相关的复杂基因家族，以及365种编码可刺激免疫或过敏反应的小麦蛋白基因。

小麦是世界上最重要且种植面最广的农作物之一，是全球约30%人口的主要粮食。但数据显示，诱发过敏性休克的原因中，食物占到77%，其中貌似人畜无害的小麦居然是元凶，占到总诱因的37%。因此，小麦组学研究成果将助于培育非致敏性的高产优质抗逆的小麦品种。

其他作物基因组

棉花是重要的天然纤维和油料作物，也是研究多倍体进化和作物驯化的重要模式植物。2007年，中国科学家率先在国际上牵头启动了棉花基因组计划。2012年，雷蒙德氏棉（D基因组）全基因组图谱绘制完成。2014年，亚洲棉（A基因组）全基因组测序完成。2015年，完成了四倍体棉花——陆地棉（AD组）基因组的测序、组装及分析工作。比较组学研究表明，棉花有一个多倍体的祖先物种，很可能是在6 500万年前造成恐龙灭绝的大绝灭事件中产生。2017年，绘制出了首个棉花表观遗传基因的"甲基化基因图谱"，通过对野生棉和栽培棉之间超过1 200万个的差异甲基化胞嘧啶进行分析，鉴定出519个表观等位基因，这些基因可能在异源四倍体棉花的进化和驯化过程中发挥作用，同时鉴定了119个与产量、纤维品质、黄萎病抗性等有关的关联位点，为棉花精准育种和改良提供了基因组学基础。

大豆是全球仅次于玉米的第二大农作物。2008年，采用鸟枪法完成了第一个豆科植物最重要的物种——大豆的完整基因组序列草图。2010年，运用新一代测序技术对17份野生大豆和14份栽培大豆进行了全基因组重测序，首次对野生大豆和栽培大豆全基因组进行了大规模遗传多态性分析。2014年，选择7份有代表性的野生大豆进行从头测序和独立组装，构建野生大豆泛基因组，首次报道了野生大豆特有、栽培大豆特有及驯化性状建成相关的基因及其遗传变异。2018年，综合运用单分子实时测序、单分子光学图谱和高通量染色体构象捕获技术，对中国大豆品种中黄13的基因组进行从头组装，最终得到基因组连续性最好的大豆基因组图谱。2020年，中国科学家对来自世界大豆主产国的2 898个大豆种质材料进行了深度重测序和群体结构分析，利用最新组装策略对26个大豆种质材料进行了高质量的基因组从头组装和精确注释，在植物中首次构建了高质量的基于图形结构的泛基因组，挖掘到大量利用传统基因组不能鉴定到的大片段结构变异。该项成果突破传统线性基因组的存储形式，将引领全新的下一代基因组学研究思路和方法。

大麦是世界上驯化最早的饲料和粮食作物，大麦是有稃大麦和裸大麦的总称。裸大麦在各地称谓不同，在青藏高原则被称作青稞。2012年，完成了第一个高分辨率的大麦基因组装配图谱，揭示了几乎所有32 000个基因的排列和结构，以及赋予大麦抵御重大疾病的抗性，如白粉病、赤霉病和锈病的基因组动态区域。2017年，国际大麦测序联盟完成了一个479Gb的大麦高质量参考基因组图谱序列，鉴定了39 734个高置信度基因，重点分析大麦麦芽品质相关基因家族的特点，明确了相关基因的变异类型，证明中国青藏高原及其周边地区是世界栽培大麦的一个重要进化和起源中心。2018年，利用第三代测序技术对藏区种植面积最大的青稞品种藏青320进行测序分析，从头组装出484Gb的基因组序列，比较有稃大麦和裸大麦基因组间的差异，相关结果对于大麦的遗传改良具有重要意义。

6. 根际微生物组分析

根际微生物组被称为植物的第二基因组，对植物生长和健康具有重要作用，系统了解其功能和作用机制，人工调控根际微生物组，促进植物生长并提高植物耐受环境胁迫的能力，在可持续农业中有巨大应用潜力。2020年，根际微生物组学被《Nature》杂志评为最值得关注的前沿科技之一。

借助微生物组学的策略不仅可以阐明作物品质特性与其特异功能微生物群组的关系，也将从本质上揭示作物对特异微生物组招募的形成机制、时空分布格局、动态演替规律等重大科学问题。2015年，通过微生物组学分析发现在水稻根系不同空间分室存在特异的微生物群落结构并揭示了微生物群落在根系的多步骤组装模型。2017年，通过微流控技术跟踪微生物—植物互作展示微生物根际特异性识别和定殖机制，证明燕麦根在发育过程中，通过富集对根系代谢物芳香有机酸具有底物偏好的细菌，影响根际微生物群落的组装和演替。

2018年，通过研究香豆素和三萜化合物在塑造特异微生物群落中的作用，阐明了植物根系分泌物的次生代谢物衍生分子介导微生物群落组成的重要机制。同年，通过多年多地5 000样本的大数据分析将微生物种群的丰度与植物基因型联系起来，鉴定了143种可遗传的微生物，并确定了玉米核心根际微生物组。

越来越多的研究表明，植物根际微生物不同程度地参与了植物营养吸收和抗病抗逆等机制。根际有益微生物还具有生物固氮和释放植物激素促进植物生长、帮助植物抵御病虫害、提高养分吸收以及缓解逆境胁迫等功能。2018年，美国科学家研究表明干旱导致植物根系代谢物的变化，进而影响特定微生物群落的富集，缓解植物宿主的干旱胁迫。

2019年，中国科学家通过高通量微生物分离培养和鉴定体系，成功获得水稻根系70%的细菌种类，建立水稻根系细菌资源库，并人工重组了籼稻和粳稻特异富集菌群，发现籼稻富集菌群比粳稻富集菌群更好地促进水稻在有机氮条件下生长，证实了籼稻和粳稻氮肥利用效率与根系微生物直接相关，籼稻根际比粳稻根际富集更多参与氮代谢的微生物群落，且该现象与硝酸盐转运蛋白基因 *NRT1.1B* 在籼粳之间的自然变异相关联。

7. 动物全基因组分析

随着测序的普及，越来越多的动物基因组被测序出来，目前已知包括猪、牛、羊、马和鸡等农业动物，果蝇、小鼠、斑马鱼和线虫等模式动物，以及大熊猫、东北虎、白鳍豚和藏羚羊等濒危野生物种。

猪基因组

猪是世界上第一批被人类驯化的动物，在全球畜牧业生产和医学研究中占有重要地位。2005年，国际猪基因组测序联盟实施猪全基因组计划。同年，中国—丹麦家猪基因组合作计划正式发布来自中国和欧洲的5个不同家猪品种的全基因组序列。2009年，首个家猪的基因组草图完成，将为提高家猪饲养技术水平，开发出针对包括猪流感在内的猪类疾病疫苗奠定基础。

2012年，杜洛克猪和五指山猪的高质量参考基因组正式发表。结合48头野猪和家畜的全基因组序列进行系统发育分析发现，欧、亚野猪估计在

100万年前开始分化，其中野猪首先出现在东南亚，然后分布到欧亚大陆。基因组的进化分析中发现与免疫、嗅觉相关基因在驯化过程中发生了基因复制与基因家族扩张事件。2015年，对代表韩国本土猪、野猪和3个欧洲血统品种的5个品种猪进行全基因组重测序，与参考基因组比对后共发现20 123 573个SNPs，极大补充了亚洲猪种的遗传资源多样性。

2019年，中国优良地方品种陆川猪的染色体级别的高质量定相基因组序列发布。进化研究表明，陆川猪和杜洛克猪的分化时间约为170万年。通过比较杜洛克和陆川猪基因组，发现272个阳性选择基因在蛋白酪氨酸激酶活性、微管运动活性、GTPase激活物活性和泛素蛋白转移酶活性等方面均显著富集，为猪遗传学领域提供了关键的基准数据。

上述全基因组测序及进一步的比较基因组分析，挖掘出数量庞大的SNP位点及结构变异和拷贝数变异位点，有助于在未来对这些猪在基因组水平上的遗传多样性、种群结构、阳性选择信号和分子进化史进行深入研究，并作为改善这些猪繁殖和培养的重要参考。特别是利用具代表性的藏猪群体和中国不同地理分布的猪种的重测序信息，比较发现藏猪基因组中存在低氧适应性基因和能量代谢等高原环境下的快速进化机制。

牛基因组

牛作为反刍动物的代表，是人类生产活动的重要工具和肉、奶等物质需求的主要来源。2003年，总预算5 000万美元的"国际牛基因组测序工程"启动。2009年，首个分辨率精细的普通家牛全基因组测序完成。2011年，我国已驯化牦牛基因组序列图谱绘制完成，揭示了高海拔动物的相关遗传适应性。2012年，瘤牛全基因组测序完成，并进行了普通家牛和瘤牛比较基因组分析；2013年，10个韩牛和10个延边牛全基因组深度测序完成。2014年，水牛基因组图谱绘制完成，并构建出水牛的进化树。

2018年，6个中国黄牛品种以及2个肉牛引进品种的全基因重测序完成，构建了中国黄牛全基因组遗传变异数据库。同年，对6头金川牦牛进行重测序，发现金川牦牛有339个显著受到正向选择的基因，这些基因与节律、神经系统、突触发育等相关。

2019年，对8 000年来从野生和家养牛身上采集的67个古老基因组进行测序，破译了古代近东地区家畜奶牛的史前史。通过对近东野牛的基因组测序，研究人员同样解开了这种早期强大野兽的驯化过程。

牛在全球广泛分布，世界范围内共有800多个牛品种，仅中国就拥有52个地方黄牛品种，因此具有丰富遗传多样性。随着新一代测序技术的发展，开展牛核心种质资源重测序，进一步挖掘和鉴定与牛重要经济性状的相关基因和位点，建立和完善牛的全基因组选择育种平台，加快产奶量高、产肉性能好、肉品质优良、饲料利用率高和抗逆性强的牛新品种培育。

羊基因组

绵羊和山羊是最早被驯化饲养的反刍动物，为人类提供肉、毛、奶、皮革等产品。2006年，世界上首个绵羊基因组的虚拟图谱绘制完成。2010年，国际绵羊基因组协会利用对6只不同品种的雌性绵羊进行全基因组测序并完成组装。2012年，全球首个山羊参考基因组序列完成。2014年，绵羊基因组的测序、组装及分析完成，发现了反刍动物独特的消化系统和脂类代谢进化相关联的特异基因。同年，蒙古羊全基因组测序完成，揭示了蒙古羊抗寒、抗病性强等优良性状形成的遗传基础。

2015年，通过对摩洛哥本地表型及地理分布上具有代表性的3个品种4只山羊进行全基因组重测序，进行选择分析发现与适应当地气候条件相关的选择基因。同年，大角羊公羊全基因组深度测序完成，检测到1 400万个SNPs和一百多万个插入缺失变异，分析了驯化过程中选择作用导致繁殖性状、肌肉特性等性状变化的关联性。

2017年，对圣克利门蒂山羊进行基因组从头测序组装，获得了仅含有663个空白序列的高质量山羊基因组精细图谱。同年，通过整合世界范围内的2 000多个家养绵羊和野生绵羊的基因组数据、考古记录和民族史资料等信息进行了多学科综合分析，在基因组学上重建了中国绵羊的种群历史。

2020年，通过对来自世界各地的包括野羊和家养绵羊在内的43个品种共计284个个体进行高深度全基因组测序，全面深入地揭示了绵羊在驯化、培育改良以及表型性状选择上的遗传机制。

高质量的绵羊和山羊基因组图谱的绘制，揭示了反刍动物瘤胃进化以及羊绒脂类代谢相关遗传学机制，为推动绵羊和山羊重要经济性状关联基因的鉴定研究奠定遗传基础。

肠道微生物组

反刍动物瘤胃是迄今已知的降解纤维物质能力最强的天然发酵罐，其内栖息着庞大和复杂的微生物群体，与宿主动物的消化吸收、营养代谢和免疫功能等密切相关。因此，瘤胃微生物组也被称之为与反刍动物共进化的"第二基因组"。从1843年首次在反刍动物瘤胃中发现微生物至今，瘤胃微生物研究已有近180年的历史。研究表明，瘤胃内微生物种类超过3 000种，其宏基因组编码数千种具有消化代谢功能的蛋白酶。

2009年，在首次进行瘤胃微生物宏基因组学深度测序中，发现了糖苷水解酶和纤维素功能基因。其后在海子水牛瘤胃微生物功能基因研究中发现，有38 011个基因编码的蛋白酶具有木质纤维素降解活性。2015年，完成了饲喂玉米秸秆后特定时间下瘤胃微生物宏转录组分析，发现瘤胃球菌属、纤维杆菌属和普氏菌属是主要的植物细胞壁多糖降解菌，而瘤胃厌氧真菌中的新美鞭菌属、梨囊鞭菌属和根囊鞭菌属在纤维素和半纤维素降解过程中发挥重要作用。

2016年，中国科学家采用超深度宏基因组测序，揭示了藏系反刍动物牦牛和藏羊的瘤胃微生物组的趋同进化机制，发现两种高原反刍动物的瘤胃微生物组显著区别于低海拔的近亲家牛和普通绵羊，能通过基因调控提高饲料能的转化利用效率，使宿主动物能更好地抵御外部环境的营养胁迫。

2018年，一个国际科研团队发布从Hungate1000系列培育和测序的瘤胃微生物基因组和分离物的参考目录，包含501个基因组和近33 000种可以分解植物细胞壁的降解碳水化合物活性酶，是迄今为止最大的目标培养和测序项目之一。2019年，使用来自283只反刍动物牛的约6.5TB序列数据完成，组装了4 941个瘤胃微生物的宏基因组，鉴定了40多万个碳水化合物代谢相关的基因。获得了3个瘤胃细菌的全染色体组装，其中2个为瘤胃微生物新种。随着新一代高通量测序技术的发展，反刍动物瘤胃微生物组结构、功能及其与宿主互作机制将逐步得到揭示。

8. 细胞器基因组分析

细胞器（organelle）一般认为是散布在细胞质内具有一定形态和功能的微结构或微器官。细胞中的细胞器主要有：叶绿体、线粒体、内质网和高尔基体等，其中只有叶绿体和线粒体含核糖体，可产生DNA和RNA，属于半自主性细胞器，两者在结构上具有一定的相似性，即均由两层膜包被而成，且内外膜的性质、结构有显著的差异，具有自身的DNA和蛋白质合成体系。基因组等生物学证据表明，线粒体和叶绿体可能分别起源于原始真核细胞内共生的细菌和蓝藻。

叶绿体是绿色植物进行光合作用的细胞器，普遍存在于真核自养生物中，尤其是藻类和陆生植物中。1884年，叶绿体被正式命名为chloroplast。早在20世纪初，人们就已知叶绿体的某些性状是呈非孟德尔式遗传的，但直到60年代才发现了叶绿体DNA（chloroplast DNA，cpDNA）。1986年，烟草和地钱叶绿体全基因组测序完成，开创了叶绿体全基因组测序的先河。其后，叶绿体基因组数据库迅速增加充实，目前，许多重要作物包括水稻、小麦、玉米、大豆、高粱等的叶绿体基因组已完成全序列分析。

大多数高等植物的叶绿体基因组结构，如在基因数量、排列顺序及组成上非常保守，通常具有4个区域，即1个大单拷贝区（Large Single Copy region，LSC），1个小单拷贝区（Small Single Copy region，SSC）和2个序列相同方向相反的重复区（Inverted Repeats，IRB/IRA）。

植物叶绿体的DNA为双链共价闭合环状分子，一般情况下，叶绿体基因组大小为120～180kb，有100～120类编码基因，包含70～88类蛋白编码基因，30～32类tRNA，4类rRNA。叶绿体基因组中含有大量的功能基因，可分成3类，即和光合作用有关的基因、和基因表达本身有关的基因及和其他生物合成有关的基因。

动植物线粒体基因组，即线粒体DNA（mtDNA），多数是环状结构，少数是线型结构。一般植物线粒体基因组较大，为100~2 500kb，动物线粒体基因组为10~39kb。已完成全序列分析的哺乳动物线粒体基因组较小，约为16.5kb。线粒体基因组携带的基因数量相对较少，迄今已知的有2种线粒体核糖体RNA（rRNA，12S及16S）、22种线粒体转运RNA（tRNA）和13种呼吸作用相关酶亚基的编码基因。

1977年，在玉米线粒体中发现，除线粒体主基因组外，还存在一种大小为1~3kb、可自我复制、能在细胞核与细胞质之间转移的小分子DNA。其后，在水稻、甜菜、高粱、向日葵和蚕豆等作物中均发现了这种小分子DNA，并称之为线粒体DNA质粒。

随着二代高通量测序技术应用，越来越多动物线粒体基因组被深度测序，包括人类、灵长类（如猴和大猩猩）、哺乳动物（如非洲象、牛、羊、马、犬、猫和鸭嘴兽）、鸟类（如原鸡、绿头鸭、吐绶鸡）和鼠类（如家鼠和负鼠）等。

被人类高度驯化的饲养家畜和栽培作物，遗传背景非常复杂，其进化方向长期被人工选择，已形成众多的品种或品系。利用叶绿体和线粒体基因组深度测序和比较基因组分析，有助于进一步揭示其物种起源、进化演变、种群迁移和扩张路径等生物学机制，同时对于分子育种研发具有重要的理论指导意义。

譬如，利用叶绿体基因组的DNA序列分析结果估计，单子叶和双子叶植物最初分化发生在约2亿年前。通过比较典型籼稻和粳稻的叶绿体基因组序列，认为二者叶绿体基因组的分化时间发生在8.6万~20万年前。对中国特有17头家猪、2头野猪和国外9头家猪、2头野猪的线粒体基因组进行比较分析发现，小型猪和大型猪在长期进化过程中，可能某些有关能量代谢相关基因的突变，通过自然或人工的长期选择后，产生了体型大小的区别。

二、基因芯片

基因芯片，又称DNA微阵列，是将大量已知序列的寡核苷酸探针集成到基片上，将目标基因与芯片上的探针进行杂交，并通过对杂交信号的检测获得待测核苷酸的信息。

在一块小小的基板上有序地排列各种微电路，可以制造出电子芯片。在一个小小的基板上有序排列各种DNA、RNA或蛋白质序列，则造就了生物芯片。和电子芯片一样，集成化的生物芯片，能同时并行处理样品，大大地加快了科研速度。

20世纪90年代，生物芯片技术与微电子工业技术和微机电系统加工技术结合，可快速同时对多个生物样品所包含的多种生物信息进行分析。1994年，Affymetrix公司开发出全球第一张商业化的基因芯片。1997年，世界上第一张全基因组芯片，即含有6 166个基因的酵母全基因组芯片在美国斯坦福大学研制成功。

基因芯片技术包括以下4个流程。

（1）芯片制备。将玻璃片或硅片进行表面处理，然后使核酸片段按顺序排列在芯片上。

（2）样品制备。将样品进行生物处理，获取其中的DNA、RNA，并且加以标记，以提高检测的灵敏度。

（3）生物分子反应。这是芯片检测的关键一步，通过选择合适的反应条件使样品中的核酸分子与芯片上的核酸分子反应处于最佳状况中，减少错配比率。

（4）芯片信号检测。常用的芯片信号检测方法是将芯片置入芯片扫描仪中，通过扫描以获得有关生物信息。

基因芯片确实优势明显，具体如下。

高度并行性，大大地提高了实验的进程，可以较快对获取的图谱进行对比和读取。

多样性，对芯片中的样品进行多系数检测，减少因实验条件产生的误差，提高数据的可靠性。

微型化，减少实验操作中试剂的用量和反应液的体积，使得实验费用降低。

自动化，控制芯片成本和芯片质量的平衡。

1. 基因芯片迭代升级

第一代基因芯片基片可用材料有玻片、硅片、瓷片、聚丙烯膜、硝酸纤维素膜和尼龙膜，其中以玻片最为常用。直接在芯片上合成寡核苷酸探针，即为目前普遍采用的原位合成芯片。

由Affymetrix公司推出的光导向原位合成法，将光敏保护基与腺嘌呤（A）、鸟嘌呤（G）、胞嘧啶（C）、胸腺嘧啶（T）不同碱基的羟基结合，在光照的刺激下光敏保护基脱落，基因在光照区域合成。虽然光导向原为合成法准确性高，但是遮光剂价格昂贵。

芯片制备技术的成熟带动了生物芯片的发展，推动了多基因协同作用研究，极大地促进了遗传育种相关基因的分子作用机理研究。未来生物芯片的发展目标已定位为高密度制备和高集成度生物功能单元设计，前景可期。同时，生物芯片以极少量的样品，对数以万计的基因在不同时空上的表达模式和变化进行自动化地并行分析，大规模、快速地对成千上万的基因进行平行筛选，从而找出有差异表达的基因。借助生物芯片技术可以大大提高新基因发现的检测效率，对于农业生物种质资源挖掘以及重要农艺性状复杂网络调控机制研究等具有重要价值。

原位合成芯片技术在转基因生物检测中的应用成为新的研究领域，它克服了传统环境检测技术操作繁杂、自动化程度低、检测效率低等不足，可高效快速检测转基因生物环境释放的生物学效益，评价其环境风险性。利用该技术研究转基因食品的营养成分、营养素与蛋白和基因表达的关系，将为转基因生物及其产品的安全评价提供重要的科学证据。

但是，第一代基因芯片存在着许多难题和不足，如目标分子标记限速、检测灵敏度不高，重复性差，无法检测单碱基错配以及检测过程相对复杂等。

随着现代科技的迅猛发展，更加快速、高效、敏感、经济，平行化、自动化的第二代基因芯片进入市场，相关产品包括以下几种。

（1）电极阵列型基因芯片。将微电极在衬底上排成阵列，通过对氧化还原指示剂的电流信号的检测实现基因序列的识别。

（2）非标记荧光指示基因芯片。利用荧光分子作为杂交指示剂，在不需对靶基因进行荧光标记的前提下，通过对荧光分子的检测实现基因序列的识别。

（3）量子点指示基因芯片。利用量子点作为杂交指示剂，在不需对靶基因进行荧光标记的前提下，通过对量子点的扫描实现基因序列的识别。

（4）分子灯塔型基因芯片。利用探针DNA片段的发夹结构，获得单碱基突变检测的能力。

近年来，第三代基因芯片代表芯片技术的最高水平和未来走向的第三代基因芯片开始崭露头角，包括Illumina微珠基因芯片、Ion Torrent半导体基因芯片、实时单分子测序基因芯片、纳米球基因芯片、纳米孔基因芯片等。

2. 标准化与数据共享

迈阿密原则（Minimum Information About a Micro-array Experiment，MIAME）英文直译为微阵列实验最小信息量。该原则设置固定的参数模式，从而将全球多种生物芯片标准化，使得全球的研究者可以共享各地实验室芯片实验数据。

由美国国家生物信息学中心（National Center for Biotechnology Information，NCBI）和欧洲生物信息学研究所（Employment Background Investigations，EBI）建立的GEO（http://www.ncbi.nlm.nih.gov/geo/）和ArryExpress（http://www.ebi.ac.uk/arrayexpress/）公共数据库，对符合迈阿密原则的生物芯片数据进行保存，并对所有研究者共享芯片数据。2006

年，美国FDA联合多个独立实验室进行了MAQC系列实验（Micro Array Quality Control，MAQC），对芯片的数据质量、芯片数据和定量PCR的相关性以及不同芯片系统可重现性进行检测。这一系列的实验检测证实了基于碱基互补配对原则的基因芯片技术可以作为一种定量的手段。

随着基因芯片的大量应用，生物信息学和统计学随之发展了起来。一系列基因芯片相关的数据分析新理论以及新算法不断涌现出来并被采用。现在，生物学家可以从大批量的数据中快速筛选出差异表达的基因。生物信息学研究的主要方向也开始转变为数据的储存管理、数据的共享以及相关信息挖掘。

3. 生物芯片育种应用

单核苷酸多态性（Single Nucleotide Polymorphism，SNP）是继第一代RFLP分子标记与第二代SSR标记之后的第三代分子标记，其性能稳定、数量多、效率高，是最理想的基因分型工具之一。近年来，针对各种动植物开发的高通量SNP芯片已广泛应用于动植物新基因发掘、多样性检测、单倍型图谱绘制和分子育种。

中国科学家收集了470份中国品种与230份美国品种，涵盖了全球主要的玉米核心种质和几大玉米杂种优势群，之后对这700个玉米现代核心自交系进行重测序。从测序数据中筛选出90 000个在基因组上平均分布的高质量SNP位点，开发出玉米高通量SNP芯片"Maize90k"。这是目前最全面的玉米SNP数据集合，囊括了此次重测序中的所有SNP数据以及之前已有的SNP芯片如HapMap2上的数据。

高通量SNP芯片Maize90k选择了在700份玉米品种中均能检测到的SNP位点，通过生物信息学方法，考虑低等位基因频率、遗传连锁距离、基因相对位置等因素，在玉米基因组每100kb内挑选至少4个最优的SNP。同时，选取已定位的621个玉米基因，每个基因上设计2~5个SNP位点。90 000个SNP位点中，有60%左右位于基因区域，标记包含大量农艺性状相关基因的信息。随着越来越多的育种目标基因的发现与育种规律的揭示，生物芯片必定在未来动植物育种中发挥革命性的推动作用。

三、外显子捕获法

常用的基因鉴定方法有cDNA文库的筛查、实时定量PCR检测、Northern印迹杂交、同源序列比对以及动物基因组印迹杂交等。在这类普遍性的鉴定方法外，还有一些特异性方案，如外显子捕获方法。

外显子捕获，是找到基因组里的编码蛋白质序列的区域，并把在蛋白质合成方面无所作为的"南郭先生"即非编码蛋白区域解雇掉，精简机构。

大多数真核生物的基因被较长的内含子序列分隔成数个较小的外显子。外显子编码氨基酸，内含子不编码氨基酸。

转录时，基因最初转录成未成熟的RNA，之后在剪切拼接机制下将内含子转录来的mRNA序列剪掉，将外显子转录来的mRNA序列拼接在一起，产生成熟的mRNA，再转运出细胞核。由snRNP和一些蛋白因子组成的拼接体，将前一个外显子mRNA的5′端拼接位点和后一个外显子mRNA的3′端拼接位点结合在一起实现外显子的拼接。

外显子捕获法依据的是mRNA的拼接原理及拼接位点5′端和3′端序列的保守性。首先，制作其端口序列分别与外显子mRNA 5′端和3′端序列一一对应的目标载体。然后把基因组大片段DNA经多种酶切后变成小片段DNA，克隆到上述目标载体中。若这些小片段基因中含有外显子序列，则可以通过其两端的拼接位点和目标载体的拼接位点进行拼接。将捕获到含有外显子序列的目标载体转入到哺乳动物细胞中表达，并通过逆转录PCR扩增捕获该外显子的DNA序列。

与疾病相关的基因变异多发生于编码蛋白的基因区域，利用外显子捕获法可以快速定位到与疾病有关发生变异的基因位点。外显子捕获法可以大规模筛选到基因组的转录序列，这为克隆基因提供了一条新途径。

四、表观修饰鉴定

近年来涌现出不少DNA甲基化和组蛋白修饰检测的方法，目前常用的大致可以分为两类，特异位点检测和全基因组分析，后者也称为全基因组图谱分析。

1. DNA甲基化鉴定

亚硫酸盐测序法原理基于下列有机反应，单链DNA中未甲基化的胞嘧啶（C）经亚硫酸盐处理后会被转化成尿嘧啶（U），而甲基化胞嘧啶保持原有身份不变。处理后的DNA片段可以通过测序或设计特异性引物PCR得到非常准确的DNA序列甲基化位点信息。因此，亚硫酸钠处理方法，可以迅速将甲基化状态的差异转换成碱基差异，方便进行各种后续分析，是众多序列特异性甲基化检测方法的基础。

限制性酶切法的原理是，甲基化敏感的限制性内切酶对甲基化区域不进行酶切，如HpaⅡ和MspⅠ（切割C^CGG），还有AccⅡ（切割CG^CG），导致甲基化序列和非甲基化序列被其酶切后得到的DNA片段大小不同。酶切之后进行Southern或PCR扩增分离产物，也可以采用HELP（HpaⅡ tiny fragment Enrichment by Ligation-mediated PCR）方法进行分析，以明确目标片段的甲基化状态。酶切法能达到接近单核苷酸的分辨率，同时又避免了亚硫酸盐对DNA造成的损害。

基于亲和富集的高通量测序法（Methylated DNA Immunoprecipitation Sequencing，MeDIP-Seq）是基于甲基化碱基特异抗体亲和富集的全基因组甲基化检测技术。将基因组DNA超声波打断并变性后，用5′-甲基胞嘧啶特异性抗体做"鱼饵"钓取并富集基因组中甲基化的DNA片段，然后进行高通量测序，继而在全基因组水平上高精度地获得CpG密集的高甲基化区域。

该方法可以快速有效地鉴定基因组上的甲基化区域，分析比较不同组织、细胞或样本间的DNA甲基化修饰模式的差异。因精确度高、可靠性高、检测范围广和高性价比，MeDIP-Seq被广泛使用。

2. 组蛋白修饰鉴定

用于组蛋白修饰检测和鉴定的技术目前以染色体免疫共沉淀为核心，结合各种PCR、Western、质谱和蛋白质芯片等技术，可以满足不同组蛋白修饰研究的需要。

ChIP是研究体内蛋白质与DNA相互作用的有力工具，通常用于组蛋白特异性修饰位点的研究。染色质免疫共沉淀与高通量测序技术（ChIP-seq）相结合，可利用特异识别组蛋白修饰的抗体来获得该种修饰在整个基因组中的分布情况。完整的ChIP程序通常包括甲醛交联、细胞核提取、破碎（酶切或者超声等方式）并提取染色质、免疫共沉淀、解交联获得DNA等步骤。ChIP与PCR技术、Southern Blot、高通量测序技术结合，为研究组蛋白修饰在基因组中的位点、分布和调控基因表达，全面阐明真核基因的表达提控机制提供了强有力的工具。

Western免疫印迹（Western Blot）是检测蛋白质表达水平的传统方法。提取组蛋白后，利用对组蛋白特异性的抗体，检测组蛋白修饰的水平。但是该方法只能从组织或者细胞的整体水平上进行组蛋白甲基化或其他修饰的检测，远远不能满足更深层析的研究要求。蛋白质芯片（Protein chip）提供了一种比传统的Western Blot以及酶联免疫吸附测定更为快速、便捷的研究蛋白质修饰的方法。蛋白质芯片通过绘制全基因组序范围的组蛋白甲基化表达图谱（Genome-wide Pattern），如ChIP-chip，来鉴定和比对有意义的组蛋白甲基化位点，再根据位点进行具体研究。

第二节　高效率遗传转化

高效率遗传转化技术是转基因动植物新品种培育过程中承上启下的关键环节。海选后的候选基因的育种功能评价。但是，外源候选基因必须借助各种手段，才有可能进入受体细胞并整合到受体生物的基因组中，这是一个极其复杂和艰难的遗传转化过程。

俗语说得好，没有金刚钻，别揽瓷器活。科学家手中的无敌金刚钻是什么呢？

目前，将目标基因转入受体细胞的方法多种多样，可谓是八仙过海，各显神通，但均存在转化效率低下等问题。要想高效地将目的基因转入受体细胞中，则需要进一步优化现有转化手段或开发新的转化技术，打造农业动植物遗传转化的无敌金刚钻，使海选的候选基因能高效进入受体细胞，获得大批的转基因个体。"出于其类，拔乎其萃"，通过对转基因个体进行高通量分析，就可以从海选的候选基因中挑选"出类拔萃"的目的基因，用于后续的转基因育种开发。

植物遗传转化技术可分为两大类：第一类是载体介导法。如农杆菌介导法、病毒介导法、噬菌体介导法和脂质体法等。第二类是DNA直接摄取法。如聚乙二醇（PEG）转化法、电击法、基因枪法、花粉管通道法、激光束法、纤维注射法、超声波冲击法、子房注射法及浸胚法等。其中农杆菌介导法、基因枪法、电击/聚乙二醇（PEG）法及花粉管通道法已广泛应用于单、双子叶植物的遗传转化。目前，我国构建了主要农作物规模化转基因技术体系。粳稻转化效率稳定在80%以上，部分籼稻品种转化效率达到30%以上，小麦大面积推广品种幼胚的转化效率达到20%，玉米HiⅡ等杂交种的平均转化效率达到8%，综31、B73-329等自交系的批量转化效率提高到4%，大豆模式品种批量转化效率稳定在8%以上，棉花模式品种中棉所24转化率稳定在20%以上。

　　动物遗传转化的主要方法包括：显微注射法、体细胞核移植法、逆转录病毒载体法、精子载体法、胚胎干细胞介导法等。我国建立了规模化的动物遗传转化体系，已获得农业用基因编辑猪牛羊育种新材料20余种，获得的医用基因编辑猪约占世界1/3。率先获得抗结核病牛、β-乳球蛋白基因敲除牛、抗布病羊、蓝耳病和流行性胃肠炎双抗猪新材料，已拥有多个抗蓝耳病猪新种群。但是，我国动物遗传转化存在的主要技术问题包括：决定转基因动物相关性状并具有自主知识产权的功能基因和功能性调控元件缺乏，某些遗传转化技术受国外专利保护的制约。外源基因整合效率和表达效率低，特别是非哺乳动物的基因稳定性差。由于随机整合，导致整合位点的不确定性，不仅会影响转入基因的表达，同时也可能影响动物正常的生长繁殖，成活率低等。此外，动物生长周期和繁育周期较长，饲养价格高等问题，也严重地制约着动物遗传转化技术研发。

一、棉花遗传转化

　　棉花是世界上转基因研究与应用最成功的作物之一。棉花转基因初期主要建立了以珂字棉为受体的转基因体系，随着雷蒙德氏棉、亚洲棉、海岛棉、陆地棉等组织培养体系的建立，农杆菌介导法、基因枪轰击法、花粉管通道法及其他转基因方法的应用，棉花转基因技术研究取得了长足的进步。中国将农杆菌介导法、花粉管通道法、基因枪轰击法优势互补，建立了棉花规模化转基因技术体系，使基因转化率分别为1.73%、0.13%和6.6%，转基因植株成活率由30%~40%提高到90%以上，已达到年产4 000株转基因棉花的能力。

　　农杆菌作为一种天然的植物基因转化系统，与其他转化方法相比，转化频率高、可导入大片段的DNA、导入基因拷贝数低，表达效果好，能稳定遗传。1987年，美国Agracetus公司首次采用农杆菌介导法，将新霉素磷酸转移酶基因和氯霉素乙酰基转移酶基因导入陆地棉栽培品种珂字棉，成功获得转基因棉花植株。我国科学家通过筛选高效转化载体、建立主要棉花品种（系）的转基因技术体系、优化组织培养条件等措施，重点对农杆菌介导法转化棉花技术进行了改良，同时优化了基因枪轰击法及花粉管通道法转化技术，形成了三位一体的棉花规模化转基因技术体系。该体系建立了以中棉所24等材料为转基因受体的农杆菌介导体系，并利用叶柄组织培养筛选获得了组织培养分化率达100%的新材料W12等，使转化率提高到原有效率的2.88倍。

基因枪轰击法是继农杆菌介导之后在棉花转化中应用最广泛的一项技术。1990年，美国科学家第一次将此技术应用于棉花遗传转化中。目前报道的棉花基因枪转化效率只有4%左右，但受体类型广泛，如茎尖、下胚轴、胚性细胞悬浮系等均可以作为转化的受体，此外受体无基因型限制，如很多的棉花品种已经通过该方法得到了转基因植株，部分品种已经商业应用。我国科学家筛选出转化效率较高的3种载体pBI-121、pCAMBIA2300和pCAMBIA2301，并成功建立了规模化基因枪轰击转化体系，转化效率可达到4%以上。随着研究的开展，基因枪的转化率由原来的0.001%~0.01%提高到4%左右，转化周期缩减为3~4个月，成功率高达94.1%。

20世纪70年代末期至80年代初，在DNA片段杂交假设理论和对植物开花受精过程的解剖学及细胞学特征研究的基础上，中国科学家建立了花粉管通道技术。之后用花粉管通道法将外源DNA导入陆地棉，成功培育出抗枯萎病的新品种。利用花粉管通道法在转基因棉花的研究中主要有3种方法，包括子房注射法、真空渗透转化法和柱头滴加法。通过子房注射法技术，已将抗虫、抗病、抗除草剂、纤维品质改良等不同基因导入棉花品系，获得了转基因棉株。1993年，中国科学家利用花粉管通道法在国内首次将杀虫蛋白基因导入棉花，培育出转基因抗虫棉花植株。目前，利用花粉管通道法已得到了多个转基因抗虫棉新品种（品系），其中部分已经审定并大面积种植推广。但该方法受环境和人为操作等因素的影响大，转化过程仍带有相当的随机性，转化率比较低，外源基因的插入多拷贝比例较高。

在植物的遗传转化方面，纳米载体比裸DNA分子具有更高的转导率和基因表达率。2017年，中国科学家利用基于磁性纳米颗粒基因载体的花粉磁转化植物遗传修饰方法，在外加磁场介导下将外源基因表达载体输送至棉花花粉内部，通过人工授粉利用自然生殖过程直接获得转基因棉花种子，然后再经过选育获得稳定遗传的转基因后代。该方法将纳米磁转化和花粉管介导法相结合，克服了现有棉花主流转基因方法组织再生培养周期长、再生苗变异率高等方面的瓶颈，提高了遗传转化效率，缩短了转基因植物培育周期，实现了高通量与多基因协同共转化，为棉花等转基因作物新品种培育提供了高效率的遗传转化途径。

二、水稻遗传转化

经过20多年的发展，水稻遗传转化已经建立了农杆菌介导法、基因枪法、花粉管通道法等十多种遗传转化体系。其中农杆菌介导法由于转化效率高、单位点插入比例高等优点，成了转基因水稻新品种培育过程中最为主流的水稻转化方法，约80%的转基因水稻植株是通过农杆菌介导法获得的。

1986年，研究人员等采用聚乙二醇（PEG）法将农杆菌与水稻原生质体融合起来，开创了农杆菌介导水稻遗传转化的新篇章。1993年报道了首例农杆菌介导的粳稻幼胚遗传转化，成功获得表达β-葡萄糖醛酸酶的转基因水稻。1994年，实现了农杆菌介导对粳稻的高频转化，转化率高达28.6%。2006年，采用农杆菌直接侵染诱导5天的水稻成熟胚愈伤组织，成功获得转基因植株，大大缩短了整个转化周期。随着农杆菌转化体系研究的不断深入，科学家不断地优化完善转化体系的适用性，研究重点主要是不同水稻基因型的高效转化体系优化及建立，对影响农杆菌转化效率及植株分化频率的诸多因素进行探索，如水稻基因型、外植体类型、农杆菌菌株和质粒载体、培养基组分、共培养时间、侵染方式等。研究表明，转化用外植体的选择是影响水稻遗传转化成功的重要因素之一，通常采用来源于幼胚或成熟胚的生长和分裂旺盛的胚性愈伤组织。实验表明，幼胚的转化效率比成熟胚愈伤组织的转化频率高了1~2倍，是公认的较为理想的基因转化受体。

在不断改进转化体系适用性的同时，研究人员还对农杆菌介导的高效转基因载体进行创新和改进。如基于细菌人工染色体改造的双元BAC载体BIBAC和基于P1人工染色体改造的可转化人工染色体TAC，实现了100kb以上的外源DNA片段转化，为多基因转化奠定了载体基础，改进了传统农杆菌介导的水稻转化方法筛选和分化时间长等缺点。如以成熟种子培养1~5天的盾片愈伤为转化受体开发的一种快速转化粳稻日本晴的方法，从侵染到分化得到再生苗的时间由原来的3~4个月缩短到1个月，极大缩短了水稻转基因育种和功能基因研究的周期。中国在水稻遗传转化的技术体系创新和平台建设方面取得了显著进展，规模化水平位居世界前列。

三、玉米遗传转化

玉米常用的遗传转化方法主要有农杆菌介导法和基因枪法，此外还有PEG介导原生质体转化法、电激转化法和碳化硅晶须介导法等。影响玉米遗传转化效率的主要因素有：受体基因型、外植体类型、培养基配方和培养条件等。寻找稳定有效的、不受基因型限制、具有再生能力的外植体进行玉米转化，是当前玉米遗传转化研发的热点。

1996年，研究人员使用超双元载体通过农杆菌侵染玉米自交系A188幼胚，转化效率达到5%~30%。此后，玉米农杆菌转化的研究主要以优化转化条件、提高转化效率为主。尽管农杆菌转化法具备能导入大片段外源基因且低拷贝整合、不易引起分子间或分子内重排等优势，但玉米作为单子叶植物，不是农杆菌的天然宿主，遗传转化率低。即使获得少量转基因植株也因遗传稳定性差、基因表达水平低及嵌合体等问题而限制了对后代的选择和利用。转化效率和植株再生能力较高的玉米遗传转化受体材料仅限于几种基因型，如美国自交系A188、H99及杂交种HiⅡ等。2016年，杜邦先锋联合巴斯夫和陶氏益农公司选择商业价值很高但转化效率很低的B73玉米材料，通过农杆菌介导和超表达*Baby boom*（*Bbm*）和*Wuschel2*（*Wus2*）基因，可提高遗传转化效率15%。

1990年，研究人员分别采用基因枪轰击玉米悬浮细胞获得转化植株，开创了成功运用基因枪技术进行玉米转化的先例。之后，基因枪转化法不断获得发展和完善，成功地培育出了有育种价值的抗虫、抗除草剂、耐盐碱等转基因玉米品种。中国科学家用基因枪介导法使马铃薯赖氨酸丰富蛋白基因成功地在转基因玉米种子中表达，显著提高了玉米籽粒中的赖氨酸和总蛋白含量。通过基因枪转化技术也可以实现多个基因的共转化，如用磷高效利用基因*phy*、钾高效利用基因*HAK1*和筛选标记基因共转化玉米自交系H99愈伤组织，实现了1.53%的双基因转化效率。将5个类胡萝卜素相关基因和选择标记*Bar*分别构建到6个载体上，通过基因枪轰击法将重组载体转入玉米，获得含有不同基因的转基因植株。

中国规模化高效率的玉米遗传转化体系构建起步于20世纪90年代，涉及的方法包括农杆菌介导法、基因枪法、子房注射法、花粉管通道法等。1999年，首次报道用农杆菌转化法获得了杂交种苏玉1号的转基因玉米。目前，以玉米杂交种HiⅡ幼胚为受体的农杆菌介导的遗传转化效率约为5%，以玉米自交系综31幼胚为受体的遗传转化效率为2%~3%。通过多种技术改进与优化，中国已建立了规模化玉米转基因技术体系，转化效率8%~10%，现年生产转基因植株能力为8 000~10 000株（图41）。

目前，孟山都、先锋、先正达等跨国大公司建立了流水线式的工厂化玉米遗传转化体系，如美国孟山都公司有200人左右进行玉米遗传转化，每年获得30万株左右的转基因植株。2010年，孟山都和陶氏公司利用高效率的玉米遗传转化体系，共同开发了含有8个基因（*Cry1A.105*、*Cry2Ab*、*Cry1F*、*Cry3Bb1*、*Cry34Ab1*、*Cry35Ab1*、*CP4-EPSPS*和*PAT*）的复合性状玉米，具有地上害虫防治、地下害虫防治和抗除草剂等优良特性。

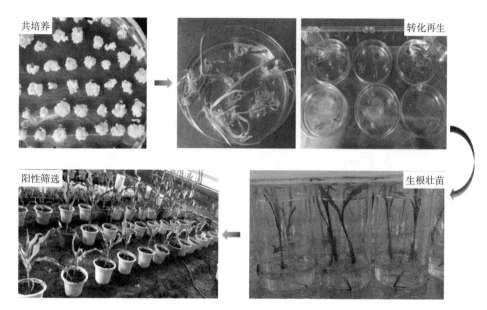

图41　农杆菌介导的玉米遗传转化流程示意图

注：分离未成熟的玉米胚将其与携带有目的基因载体的农杆菌共培养，诱导转化后的未成熟胚产生愈伤组织，愈伤组织分化再生，再生绿苗生根壮苗后，在温室盆栽条件下进行阳性苗筛选。

四、大豆和小麦遗传转化

大豆是最难以进行遗传工程操作的作物之一。首先是因为大豆组织培养难度高，虽然有很多报道认为可以从大豆下胚轴、子叶节、子叶、叶片、幼荚子叶、未成熟胚、花药等外植体获得再生植株，但频率较低，重复性较差。其次是因为大豆对农杆菌十分敏感，一经感染，难以从特殊组织或细胞再生植株。

但科学家仍知难而进。1988年，首次利用农杆菌介导法获得了大豆转基因植株，将*npt II*基因和草甘膦抗性基因导入了大豆。1989年，利用基因枪法获得了转玉米15kDa醇溶蛋白基因和*npt II*基因的大豆转基因植株。其后，采用合子期子房微注射的方法，将龙葵的抗阿特拉津基因*psbA*导入了大豆叶绿体基因组，获得了转基因大豆。利用基因枪法通过细胞悬浮系经胚胎发生途径获得转化的大豆再生植株。利用电击转化法获得了多个外源基因稳定表达的转化细胞系。利用基因枪轰击大豆胚状体悬浮培养物，以潮霉素为选择剂，获得了大量再生植株。中国科学家黄健秋等利用改良PEG介导法对大豆原生质体进行GUS基因转化，检测到了GUS基因的稳定表达。1997年，美国孟山都公司利用基因枪轰击方法将编码5-烯醇-丙酮酸莽草酸-磷酸合成酶（EPSPS）编码基因转入大豆植株，获得了抗草甘膦转基因大豆，已实现大面积产业化。

目前应用最普遍的大豆转化方法仍然是农杆菌介导的子叶节再生系统，其次是基因枪介导的胚性悬浮培养再生系统。其他转化方法尚有待继续改进，包括花粉管DNA摄取法、农杆菌小花渗入法，以及农杆菌和基因枪介导的其他大豆外植体转化系统。

普通小麦属于异源六倍体植物，遗传背景复杂，再生能力差，遗传转化困难。这些难点使其分子生物学和基因工程研究滞后于其他主要农作物。目前，小麦遗传转化方法主要有基因枪法、花粉管通道法、农杆菌介导法、离子束介导法等，涉及的受体材料包括幼胚、成熟胚、花药愈伤组织、幼穗、芽尖和花器官等，转化的相关外源基因包括抗除草剂类基因、抗病虫基因、品质基因、抗旱耐盐等抗逆基因、雄性不育类基因等。到目前为止获得小麦转基因植株的报道中，基因枪法占90%左右，农杆菌介导法、花粉管通道法、低能氩离子束介导法等仅占10%。

1992年，科学家以小麦幼胚愈伤组织为受体材料，利用基因枪介导法将bar基因导入了小麦，获得了对除草剂Basta具有抗性再生植株，宣告世界上首例转基因小麦问世。1997年，在配制CM4C培养基的基础上，利用农杆菌转化小麦首次获得了转基因植株。2004年，美国孟山都公司利用农杆菌介导法将抗草甘膦基因转入硬质红色春小麦品种中，开发出抗草甘膦转基因小麦，但因市场反应不佳没有实现商业化种植。2014年，日本烟草公司研发了农杆菌高效转化小麦幼胚的PureWheat技术，显著提高了小麦的转化效率，模式基因型Fielder的转化效率高达50%～90%，是目前全世界转化效率最高的小麦遗传转化体系。2017年，中国科学家选用小麦幼胚作为外植体，建立了高效的农杆菌介导的遗传转化体系，成功转化了中国多个大面积推广的小麦品种，转化效率介于2.9%～37.7%。

五、植物细胞器遗传转化

叶绿体和线粒体是植物物质和能量代谢中最重要的两种细胞器，二者均具有原核起源、母系遗传的基因组。植物转基因技术诞生以来，通过农杆菌介导法或基因枪法将外源基因整合到细胞核里的基因组上已成为主流方法，但同时也引起花粉漂移、位置效应、基因沉默等一系列问题。

细胞器遗传转化可有效解决上述问题。以叶绿体为例，大多数被子植物的叶绿体是严格的母系遗传，不会通过花粉漂移引发环境安全问题。外源基因通过同源重组定点整合到叶绿体基因组中，不会出现位置效应。每个植物细胞约有100个叶绿体，而每个叶绿体又有100个拷贝左右的环状基因组DNA，高拷贝数可以使外源基因得到高水平表达，表达的目的蛋白占可溶性蛋白的比例可以高达46.1%。特别是如果外源基因插入到叶绿体基因组的2个序列相同方向相反的重复区中，可大幅度提高表达效率。

此外，细胞器基因组的遗传表达体系具有原核性，其基因的调控方式以及翻译所偏爱的密码子与原核生物相接近，有利于来自原核生物的功能基因如Bt毒蛋白基因和固氮Nif基因的高效表达。同时，没有核转化中经常出现的基因沉默现象，同时可以进行大片段多基因转化。因此，叶绿体也被作为人工固氮植物构建的首选底盘细胞器。

但另一方面，叶绿体的遗传转化存在以下技术障碍。

（1）叶绿体基因组拷贝数高，同质转化困难。

（2）水稻、小麦及玉米等禾本科作物再生困难，前质体与叶绿体基因组的表达调控不同，外源基因的同源重组率太低，同质转化也较为困难。

1985年，欧洲科学家采用用农杆菌Ti质粒载体，将氯霉素抗性基因整合到烟草叶绿体基因组中，并发现氯霉素抗性通过母系遗传，首次实现高等植物叶绿体遗传转化。

目前，外源基因导入叶绿体和线粒体基因组的方法主要有基因枪转化法、PEG介导转化法、农杆菌介导转化法和显微注射法等。采取的主要技术策略如下。

（1）利用叶绿体或线粒体的特异启动子、终止子及5′-UTR和3′-UTR区序列实现目的基因高效表达。

（2）利用同源重组的方式，将外源基因特异重组到叶绿体或线粒体基因组的特定位点。

（3）利用筛选标记基因实现外源基因在叶绿体或线粒体基因组中的同质化。已在酵母、小麦、玉米、烟草、马铃薯、番茄等生物中实现了叶绿体和线粒体的遗传转化。

六、羊遗传转化

羊的体格大小适中，养殖成本相对较低，相比大型动物而言，绵羊转基因研究起步早、成果明显。1985年，科学家采用显微注射法，获得世界上第一只转大鼠金属硫蛋白基因和人生长激素基因羊。目前，国内外广泛采用原核注射、体细胞核移植、病毒载体、精子载体等进行羊的遗传转化工作。原核注射在第三章介绍过。

体细胞核移植，即体细胞克隆转基因技术，是将转基因的供体细胞核通过显微操作的方法直接注射或融合到去核的卵母细胞中，构建成重构胚，再将重构胚移植到受体动物的输卵管，完成妊娠并最终获得克隆转基因动物。1997年，英国科学家利用成年母羊的乳腺上皮细胞，通过细胞核移植技术获得世界首例体细胞克隆绵羊多莉。同年，英国罗斯林研究所和PPL公司将体外培养的绵羊体细胞进行人凝血因子IX基因的转染，通过体细胞核移植技术克隆出转基因绵羊波莉。虽然获得了大名鼎鼎的克隆羊，但原核显微注射和常规转染体细胞克隆这两种常用转基因方法存在效率低、技术难度高、难以实现规模化生产等缺点。

慢病毒载体转基因技术是将目的基因克隆到慢病毒载体上，制备高滴度的重组慢病毒颗粒后，感染动物生殖细胞或胚胎，也可以将去除透明带的胚胎与慢病毒共孵育，获得转基因胚胎。之后，通过胚胎移植得到转基因动物。2008年，科学家首次利用慢病毒载体卵周隙注射获得转基因绵羊，将病毒注射到卵周隙，移植后所产的11只羔羊经检测3只整合有*GFP*基因，转化效率达到27%（转基因羊数/出生羔羊数）。2014年，中国科学家采用卵周隙注射慢病毒载体生产转基因羊的平均效率达到15.8%（转基因羊数/移植胚胎数）和48.5%（转基因羊数/出生羔羊数）。

精子载体法是以精子作为外源基因的载体，通过受精过程将外源基因导入动物胚胎进入子代基因组中。1992年，中国科学家将绵羊精子与人生长激素基因共孵育，然后对正常发情的母羊进行人工授精，证明精子可以作为载体转移外源基因，生产转基因羔羊。1994—1996年，采用精子载体法先后对1 586只绵羊进行了转人胰岛素原基因试验，平均转基因效率为6.67%。2008年，研究人员对用X射线消除受体羊内源精原干细胞所需要的时间和使用剂量进行了优化，提高了转基因羊的生产效率。

七、猪遗传转化

制备转基因猪的关键是要利用适当的方法将目标基因导入细胞、配子和胚胎。传统的方法主要包括原核显微注射法、体细胞核移植法及精子载体法等。其中原核显微注射法和体细胞核移植法是常用的猪遗传转化技术。

原核显微注射法是生产转基因猪的经典方法，已有30多年的应用历史。1985年，科学家利用原核显微操作方法将人的生长激素基因注入猪的受精卵中，获得了世界上第一头转基因猪，生长速度提高了10%。2001年，采用原核显微注射将大肠杆菌肌醇六磷酸酶基因导入猪的胚胎，培育出转基因"环保猪"，能够有效地消化植物磷，不需要在饲料中额外添加磷元素，粪便中排出的磷元素含量减少20%~60%。

中国利用显微注射法进行猪的遗传转化研究与国际同步。1990年，培育出首批转生长激素基因的转基因猪，随后建立种群并传递5个世代，其生长速度平均提高15%，饲料转化率提高10%。1995年，将抗猪瘟病毒核酶基因注入猪的受精卵，获得对猪瘟病毒表现出一定抗性的转基因猪。2008年，获得了转入ω-3脂肪酸去饱和酶基因的转基因猪。

体细胞移核植技术与原核显微注射技术相比具有诸多优势，如转基因猪移植前可以选择性别，阳性细胞移植后理论上能够得到100%的阳性转基因猪等，目前已成为当前制备转基因猪的主流技术。2001年，科学家首次利用体细胞核移植方法获得了转绿色荧光蛋白基因的转基因猪。2013年，通过体细胞核移植的方法获得转*Hmga2*基因猪，敲除该基因使猪体重减低17%~30%。同期，中国的体细胞核移植技术研发取得重要进展。2005年，获得中国第一头体细胞克隆猪。2006年，获得绿色荧光蛋白转基因克隆猪。2008年，获得了转脂肪酸去饱和酶基因克隆猪，其各种不同饱和脂肪酸较普通猪有大幅度的提高。2013年，获得了组织特异性表达β-葡聚糖酶转基因猪，能明显提高家畜饲料利用率。

精子载体法简单易行、成本低，但是其整合率低，很难把大片段的外源基因整合到猪基因组，并且重复性比较差。1996年，科学家首次利用精子载体携带*Psv2CAT*基因，通过人工授精方法获得了转基因仔猪。2003年，通过应用精子介导法获得了转基因猪。1997年，采用精子载体法得到转基因猪。2006年，通过输卵管输精和睾丸曲细精管注射，获得了转*CD59*基因转基因猪，转基因阳性率为4.8%。2010年，利用纳米精子载体法成功制备了转绿色荧光蛋白基因和猪生长激素基因转基因猪。2013年，利用精子载体法获得植酸酶转基因猪，阳性率为15.8%。

第三节 高水平蛋白表达

人类的健康生活离不开各种蛋白酶、药物和营养品，传统的方法是从大自然中索取，但往往效率很低、原料容易受到限制且成本居高不下，远远难以满足实际需求。科学家运用先进的转基因技术，将基因改造后转入生物细胞中高水平表达，生产高附加值的蛋白产品，就像传说中"如意宝葫芦"似的，念一个咒语，就能源源不断地"吐出"各式各样的"宝贝"来，而且取之不尽，用之不竭。

但是，要想利用生物细胞这样一个随心所欲的神奇"宝葫芦"，就首先需要了解生物基因及其产物蛋白质的表达与调控秘密。

遗传信息从基因传递给蛋白质，即完成遗传信息的转录和翻译过程，对地球上的所有生物都是相同的，分子生物学家称之为中心法则。生物体内，基因的表达受到严格的调控。调控过程包括基因转录、RNA剪切、蛋白质翻译和翻译后修饰等。基因表达蛋白质，不同的基因表达结构和功能不同的蛋白质，这就决定了生命物质和生命活动的多样性，也是生物细胞能被摇身一变"神奇宝葫芦"的秘密所在。

实现蛋白质的高水平表达，需要根据表达宿主的不同，设计和构建具有启动子、终止子、标记基因和目的基因的表达系统。大体上，可以将表达系统分为原核表达系统和真核表达系统两大类。原核表达系统中包括大肠杆菌表达系统、乳酸菌表达系统、枯草杆菌表达系统等。真核表达系统包括酵母表达系统、昆虫细胞表达系统、哺乳动物细胞表达系统和动物/植物表达系统等。

哪家蛋白质工厂产量高，活性好？且看作者，一一道来。

一、原核表达系统

1. 大肠杆菌表达系统

大肠杆菌表达系统是最常见的一种原核表达系统，易操作、成本低、周期短、表达量高，已经在基础研究、医用蛋白和工业用酶生产等领域被广泛应用。目前已经建立并广泛应用的有基于T7、Lac、Tac元件的表达系统。同时为满足不同性质蛋白的表达需要，也有不同系列的菌株被改造成表达系统。通过改变宿主菌株的遗传特性、改变诱导温度，或者对外源蛋白基因进行适当的突变、修饰或改造等，可以筛选出实现高水平表达目的重组蛋白的适宜条件。

但大肠杆菌系统也有一些缺点，如表达的蛋白无法进行糖基化加工，有些蛋白无法形成正确的二硫键，折叠成正确的空间结构，蛋白表达过程中易形成包涵体。此外，表达的外源蛋白中经常混有外毒素、内毒素等杂质，这些因素在一定程度上限制了大肠杆菌表达系统的应用。

但是，综合比较下，大肠杆菌仍是当前广泛应用的表达系统。当然，针对它的一些缺点，目前已经有很多的策略在对其进行调整和改善。以易形成包涵体为例，可以从两个层次进行解决。首先，可以通过共表达分子伴侣协助蛋白表达、使重组蛋白携带助溶性亲和标签、降低诱导表达温度等方法以减少包涵体的形成；其次，采用一定的技术使包涵体重新折叠，形成具有天然构象并能发挥功能的蛋白质。

2. 枯草杆菌表达系统

枯草芽孢杆菌是另一种常用的原核表达系统。它是一种好氧的革兰氏阳性菌，具有生长能力旺盛、易培养、蛋白分泌能力强等优点，常用于工业酶的生产。因目的基因表达的蛋白质产物可以直接分泌到细胞外，不生成包涵体，下游纯化成本较低，枯草芽孢杆菌很受欢迎，被广泛用于外源蛋白的表达。但是枯草杆菌表达系统也有一些缺点，如外源蛋白分泌时，常常会混杂着多种蛋白酶，并一同带到细胞外。改进措施则是，主要通过遗传改良和菌种筛选等技术优化宿主菌，从而减少外泌蛋白酶对外源蛋白的降解破坏。

3. 原核表达载体的启动子

原核表达载体通常包括启动子、多克隆位点、终止密码和筛选标记或报告基因等。其中，启动子是基因表达不可缺少的重要调控序列，可以决定基因在什么组织、什么生长阶段或什么条件下表达，也可以决定表达的强弱与频率等。

什么是启动子？简而言之，启动子是基因非编码区中一段能与RNA聚合酶结合并起始RNA合成的序列。组成型启动子能持续表达目的蛋白，诱导型启动子在特定诱导条件下表达目的蛋白。

原核表达系统中通常使用的可调控启动子有Lac乳糖启动子、Trp色氨酸启动子、Tac乳糖和色氨酸的杂合启动子和T7噬菌体启动子等。

最早应用于原核表达系统的是Lac乳糖启动子。1961年，法国科学家雅各布和莫诺德提出了著名的操纵子学说，开创了基因调控研究领域，1965年荣获诺贝尔生理学与医学奖。大肠杆菌的乳糖系统操纵子由β-半乳糖苷酶、半乳糖苷渗透酶、半乳糖苷转酰酶的3个结构基因及其上游的操纵序列和启动子Lac P组成。

Lac乳糖启动子受分解代谢系统的正调控和阻遏物的负调控。正调控通过CAP（Catabolite gene Activation Protein）因子和cAMP来激活启动子，促使转录进行。负调控则是由调节基因产生LacZ阻遏蛋白，该阻遏蛋白能与操纵序列结合阻止转录。乳糖及某些类似物如IPTG可与阻遏蛋白形成复合物，使其构型改变，不能与操纵序列结合，从而解除阻遏，诱导转录发生，表达目的蛋白。

　　T7噬菌体启动子是目前应用最为广泛的强启动子之一，具有高度的特异性，只有T7 RNA聚合酶才能使其启动转录，合成mRNA的速度比普通大肠杆菌的RNA聚合酶快5倍左右。因此，在含有T7 RNA聚合酶基因的大肠杆菌BL21（DE3）表达宿主中，该启动子可以转录某些不能被大肠杆菌RNA聚合酶有效转录的基因，可以高效表达其他系统不能有效表达的蛋白质。

　　在大肠杆菌BL21（DE3）中，T7 RNA聚合酶基因通过Lac启动子系列的L8-UV5 lac启动子调控。该启动子的-10区有2个位点突变，增强其启动效率，并且降低了对AMP循环的依赖，另外还有一个位点突变，导致该启动子对葡萄糖的敏感性降低，即在葡萄糖存在时，T7 RNA聚合酶也可以被IPTG有效地诱导表达。

二、真核表达系统

1. 酵母表达系统

　　酵母表达系统长期用于酿酒产业和食品工业，安全可靠，是最具前景的真核表达系统之一。

　　酵母是一种单细胞真核生物。目前广泛使用的酵母菌株包括毕赤酵母、酿酒酵母和粟酒裂殖酵母等。酵母不仅具有原核生物的很多优点，如易于培养、繁殖快、表达量大等，还同时具有对翻译后蛋白进行糖基化、磷酸化等表观遗传学修饰的真核表达系统特点。此外，较为完善的基因表达调控系统，遗传背景清晰，容易进行遗传改良也是其不得不提的优势。

　　作为最早建立用于生产外源蛋白的真核表达系统，酿酒酵母表达系统已经成功表达了多种外源基因，如人胰岛素、人粒细胞集落刺激因子和乙型肝炎疫苗等。粟酒裂殖酵母是酵母细胞中生理特性最为接近高等生物的一种，它的染色体结构和功能、细胞循环控制、RNA剪切、蛋白表达分泌机制及翻译后修饰机制等都与哺乳动物细胞非常类似。毕赤酵母能够在以甲醇为唯一碳源的培养基上大量生长，并且具有醇氧化酶AOXI强启动子，目的产物既可以胞内表达也可以分泌表达，具有表达量高且遗传物质稳定等特点。目前已有多种改造的菌株被广泛应用，其常用载体也被相继构建并且很多已实现商品化。

2. 昆虫细胞表达系统

昆虫表达系统具有真核表达系统的翻译后加工功能，使重组蛋白在结构和功能上更加接近天然蛋白。它也可以表达序列很长的外源基因，并且能够在一个宿主细胞内同时表达多个外源基因。虽然昆虫是杆状病毒的自然宿主，但是不会感染其他动植物以及人类，所以昆虫表达系统非常安全。

多核多角体病毒是重组杆状病毒表达系统中最常用的载体，它能在受感染的细胞内形成大量的多角体衍生蛋白，但该蛋白并不是必需蛋白，因此可以用外源蛋白的开放框（ORF）替代多角体衍生蛋白的ORF来构建表达载体。

利用杆状病毒结构基因中多角体蛋白的强启动子构建的表达载体，可使很多真核目的基因得到有效甚至高水平的表达。该表达系统具有真核表达系统的翻译后加工功能，如二硫键的形成、糖基化及磷酸化等，使重组蛋白在结构和功能上更接近天然蛋白，其最高表达量可达昆虫细胞蛋白总量的50%。

利用昆虫宿主细胞的蛋白质因子和相关酶系，可实现目的基因的高表达。通过将杆状病毒和带有目的基因序列的质粒载体进行共转染，能够将目的基因人为地引入到杆状病毒多角体蛋白基因序列两翼的同源区中。2007年，英国葛兰素史克公司获得了第一个由昆虫细胞生产的抗人乳头淋瘤病毒疫苗的生产许可。2019年，中国农业科学院生物技术研究所利用家蚕生物反应器表达的鸡γ-干扰素和猫ω-干扰素获得农业农村部颁发的生产应用安全证书。

3. 哺乳动物细胞表达系统

从最初研究以裸露DNA直接转染哺乳动物细胞至今，哺乳动物细胞表达系统已成为多种基因工程药物的生产平台。根据表达产物用途不同，该系统既可以用于瞬时表达，也可用于稳定表达，且在新基因的发现、蛋白质的结构和功能研究中发挥重要作用。

常用的哺乳动物细胞表达系统如含有目的基因的重组表达载体，有病毒载体和质粒载体等，载体上包括完整的外源基因表达盒，携带目的基因、调控序列（启动子、终止子等）和筛选报告基因等。近十年来数据统计表明，转基因猪中启动子频数从多到少依次为酪蛋白、CAG、CMV启动子，终止子频数依次为兔β-globin poly A、酪蛋白poly A、SV40 poly A和BGH poly A；转基因羊中启动子频数从多到少依次为酪蛋白、BLG和CMV启动子，终止子依次为酪蛋白poly A、BLG poly A、BGH poly A、SV40 poly A和兔β-globin poly A；转基因牛中启动子频数从多到少依次为酪蛋白、CMV、人乳清白蛋白启动子等，终止子依次为SV40 poly A、BGH poly A和酪蛋白poly A。在动物转基因载体的构建中一般选择新霉素（Neomycin, *neo*）的抗药基因作为正向筛选标记，另外加入绿色荧光蛋白标记基因，便可实现对外源基因的跟踪。

哺乳动物细胞表达的重组产物，带有复杂的糖链结构，和人源糖蛋白的糖链结构较为相似，故成为目前主要的异源糖蛋白表达系统。与其他系统相比，哺乳动物细胞表达系统的优势在于能够指导蛋白质的正确折叠，提供复杂的N型糖基化和准确的O型糖基化等多种翻译后加工功能，因而表达产物在分子结构、理化特性和生物学功能方面最接近于天然的高等生物蛋白质分子。不足之处是哺乳动物表达系统成本相对较高，技术复杂，表达过程中存在着潜在的动物病毒污染，这些还有待进一步的研发和优化。

4. 植物高效表达系统

通过植物表达载体生产来自动物、微生物以及植物本身的蛋白质，在应用上具有表达量高，生产规模大和成本低等优势。目前，各种酶蛋白、抗体和血浆蛋白等通过转基因手段在植物叶、茎、根、果实、种子得到表达。

　　构建植物高效表达系统的关键是从动物、植物、病毒及微生物中分离鉴定适用于转基因植物的启动子。根据作用方式及功能，可将植物启动子分为组成型启动子、诱导型启动子和组织特异型启动子三类。转基因植物构建常采用的终止子是胭脂碱合成酶的 *nos* 终止子和 Rubisco 小亚基基因的 3′端区域。

　　双子叶植物中最常使用的组成型启动子是花椰菜花叶病毒（CaMV）35S 启动子，具多种顺式作用元件。利用其核心序列构建转录活性更高的人工启动子，譬如把 7 个 CaMV35S 启动子的 -290～-90（E7）序列与 omega 序列串联，非常适合驱动外源基因在水稻中的表达，GUS 活性比单用 CaMV 35S 启动子高约 70 倍。

　　另一种 CsVMV 启动子是从木薯叶脉花叶病毒中分离的组成型启动子。该启动子 -222～-173bp 负责驱动基因在植物绿色组织和根尖中表达，其中两个元件，即 -219/-203 的 TGACG 重复基序和 -183/-180 的 GATA 互作，对控制目的基因在绿色组织中表达至关重要。利用 CoYMV、CsVMV 启动子区和 CaMV 35S 启动子的激活序列人工构建高效融合启动子，在单子叶植物玉米中的表达效率比 γ 玉米蛋白启动子高 6 倍。

　　组织特异启动子又称器官特异性启动子。在这类启动子调控下，基因往往只在某些特定的器官或组织部位表达，并表现出发育调节的特性。其中，研究较多的是胚乳特异性谷蛋白基因启动子，譬如水稻谷蛋白启动子上游 -104～-60bp 有两个顺式作用元件 AACA 和 GCN4，GCN4 能增强启动子的活性，而启动子的组织特异性则须两者协同作用。

　　在开发植物天然存在的诱导型启动子基础上，人工构建可诱导表达系统以满足不同需求，目前研究最为最深入的可诱导表达系统是化学诱导表达系统，其中杀虫剂诱导的 EcR 系统就是一个成功范例。利用欧洲玉米螟的蜕皮激素配基结合结构域（EcR LBD）、玉米 C1 激活域（AD）和 GAL4 DNA 结合结构域（DBD）构建化学诱导激活子，将其与玉米 *ms45* 最小启动子相连，构建成可受杀虫剂诱导的人工启动子诱导系统。

　　植物瞬时表达系统是近年来发展的一种快速、高效的外源蛋白质表达技术，具有以下两个显著优点。

　　（1）操作简单快速。避免了组织培养等繁杂过程，易于规模化生产。

　　（2）瞬时表达水平高。许多外源基因片段未整合到基因组中，外源蛋白表达量最高可达植物总可溶性蛋白的10%。

　　植物瞬时表达系统已广泛应用在抗体和治疗性蛋白等医药蛋白生产中，有不少产品获得了市场准入或者进入了临床试验，譬如通过将烟草花叶病毒载体导入烟草，高水平表达重组单链可变片段抗体，从而生产霍奇金淋巴瘤个性化治疗疫苗。

　　目前发展最快、应用最广的是烟草花叶病毒介导的植物瞬时表达系统，其原理是将目标基因克隆到植物病毒基因组载体上的启动子下游，通过体外转录后直接侵染，或借助基因枪等将其导入植物细胞瞬时表达。

　　植物病毒大多是RNA病毒，在构建载体时，需要将其反转录成cDNA，然后将目标基因连接到病毒基因组启动子的下游部位，再体外转录成侵染性RNA，直接侵染或借助基因枪、农杆菌等导入植物细胞。目前，成功应用的病毒载体主要包括马铃薯X病毒（PVX）、大麦条斑花叶病毒（BSMV）、烟草花叶病毒（TMV）和烟草脆裂病毒（TRV）等。

　　病毒介导的大规模基因瞬时转化系统有着非常显著的优点。病毒载体可以进入植株体各类细胞大量繁殖，外源基因表达的蛋白质不仅数量多，还可借此研究外源基因在植物整体范围内的功能。另外，植物RNA病毒还可以在植物细胞内形成dsRNA中间体，进而启动RNAi，干扰靶标基因的表达，由此可快速研究植物基因的功能。

　　不过，病毒介导的瞬时转化缺点也很明显。由于病毒的宿主专一性，目前作为转化载体的病毒数量较少，很多种植物缺乏适用的病毒转化载体。植物被病毒侵染后可能会出现一些附加症状，从而干扰对转基因植株的表型分析。病毒载体能携带的外源DNA片段较小，不适合大片段DNA的插入，而且病毒之间频发的基因重组可能会影响表达产物的稳定。

农杆菌介导的植物瞬时表达系统是另一个获得目的基因短暂的高水平表达的方法，其原理是将目的基因插入载体，转化到农杆菌中，通过真空渗透等方法使T-DNA进入细胞核内进行瞬时表达，其优点是可以在完整植株上操作，T-DNA转移效率高，可以携带较大的外源片段，但是，该方法受到物种与农杆菌的亲和性限制，目前主要应用于叶片组织。

此外，瞬时表达系统结合报告基因，可以简便且快速了解植物基因各调控元件如增强子、启动子等转录元件和转录因子的功能。如用于研究活细胞中的转录因子活动情况，需要构建两个载体，一个载体上将目标启动子和报告基因融合在一起，另一个载体插入过量表达目标转录因子基因。之后将两个载体共转化进细胞中，通过观察转录因子对报告基因表达的调控作用，反推出转录因子与启动子的互作情况。譬如，利用原生质体瞬时转化，以GUS（β-葡萄糖苷酸酶基因，β-glucuronidase）作为报告基因，证明拟南芥MYB转录因子GLABRA 1（GL1）和bHLH转录因子GLABRA 3（GL3）相互作用后，会一起结合到*GLABRA 2*（*GL2*）基因的启动子上，激活其*GL2*基因表达，继而调控叶片和根部毛状体细胞分化。

第四节　智能化设计育种

自古以来，人们采用传统育种方法，如轮回选择、杂交选育、聚合育种、回交转育以及20世纪70年代以来推广的杂种优势利用等改良作物性状，获得了巨大的成就。受到育种材料遗传背景狭窄、生殖屏障无法跨越、选择效率低下等多种因素约束，传统的农业动植物品种选育出现了瓶颈期，亟待颠覆性的技术创新与突破。另外，种质资源和组学分析数据等育种信息，土壤、气候、水分等动态环境数据正在以信息爆炸的速度逐日积累。如何有效利用这些海量数据，对于现代育种领域既是技术挑战，也是发展机遇。

近百年来作物育种模式的发展大体经历了3个时期，即主要依赖表型观察，通过自交加代选育优秀自交系的传统经验育种；以杂种优势群体划分模式为基础，筛选高配合力亲本组合为核心的杂种优势育种；综合了单倍体育种、分子标记育种、转基因育种的现代生物工程育种。2018年，美国康奈尔大学玉米遗传育种学家、美国科学院院士巴克勒教授提出了"育种4.0版"的理念，即作物育种技术的发展伴随人类社会的进步已经历了3个标志性阶段，目前正跨入一个智能育种新阶段（图42）。

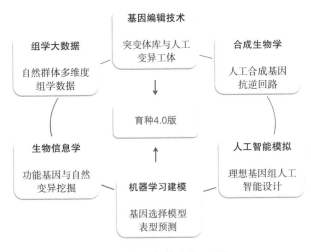

图42　人工智能育种4.0版

注：育种4.0阶段的核心目标是建立作物基因组智能设计育种的跨学科、多交叉技术体系，该体系涵盖生命科学领域的基因组技术、表型组技术、基因编辑技术、生物信息学、系统生物学、合成生物学，以及信息领域的人工智能技术、机器学习技术、物联网技术、图形成像技术，共同支撑作物育种科学向更高的层面发展。

当前，组学、系统生物学、计算生物学、合成生物学等新兴学科和前沿技术交叉融合，对生物育种相关的海量数据，可以实现自动化采集、数字化处理、标准化整合和智能化利用，从而有望系统地解析农业生物复杂性状的遗传调控网络，并催生出了工程化设计育种技术平台。该平台以先进的系统工程科学为指导，以组学、系统生物学、合成生物学等前沿学科为基础，以基因芯片、自动化控制、大数据和人工智能等前沿技术为支撑，以全基因组选择、全自动植物3D成像、智能不育制种和人工智能辅助等技术为代表，打造一个犹如太上老君"八卦炼丹炉"般奇妙无比的智能化设计育种平台，抽取万物灵气（新基因组合），炼制各种灵丹妙药（新种质创制），最终实现智能、精准、定向的设计育种。

一、全基因组选择育种

全基因组选择技术是基于高通量的基因型分析和生物统计预测模型，在全基因组水平上聚合优良基因型，改良动植物重要农艺性状。全基因组选择育种概念于2001年由荷兰科学家麦森首次提出，由于该技术能大大降低育种成本，加快育种进程，提高育种效率，实现规模化精准育种，因此被誉为农业动植物育种的革命性技术。

1. 作物全基因组选择育种

近十年来，基因组测序技术突飞猛进。随着第二代和第三代甚至更新的基因组测序仪出现，从头测序、重测序、简化基因组测序、外显子测序、基因组区段测序等高通量基因型鉴定成本大幅度降低，可鉴定出大量的单核苷酸多态性（SNP）及其他结构变异（如INDEL、CNV、PAV等）。同时，迄今为止已在25种农作物和多年生林木上开发了50余种SNP芯片，包括水稻、玉米、小麦、大麦、燕麦、黑麦和马铃薯等粮食作物，豇豆和鹰嘴豆等豆类作物，大豆、棉花、油菜、花生和向日葵等经济作物，苹果、梨、桃、葡萄、樱桃和草莓等果树作物，辣椒、莴苣、十字花科蔬菜和番茄等蔬菜作物，黑麦草等牧草，杨树和玫瑰等林木花草，为基因组变异数据库的建立提供了契机。目前，水稻、玉米、小麦、大豆、棉花、油菜、黄瓜、马铃薯、谷子等主要作物全基因组测序已经完成，多种作物的泛基因组测序数据已经发布，并获得了4 100多份水稻、3 000余份小麦、6 000余份玉米、15 000余份大豆、13 000余份大麦以及其他多种农作物均上数百份种质材料的重测序或SNP海量数据。

全基因组选择技术概念与体系的建立，逐步引领农作物育种进入了规模化分子设计育种新阶段。国际研究机构和跨国公司率先开展了玉米、小麦等作物的全基因组选择研究，形成了针对特定育种资源的全基因组选择数据、预测模型和育种方案（图43）。

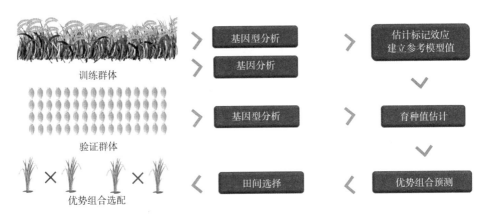

图43　植物全基因组选择育种技术路线

中国在高通量的基因型分析平台方面，建立了主要农作物的基因型检测平台，SNP50 BeadChip芯片包含56 110个玉米SNP位点，Wheat90k KSU包含81 587个小麦SNP位点，NSF_McCouch_Rice6k芯片包含6 000个水稻SNP位点，BARCSoySNP6k芯片包含6 000个大豆SNP位点。已初步建立以育种芯片为核心的水稻全基因组选择育种技术体系，具体包括利用高通量SSR标记技术鉴定筛选目标基因、利用Open Array芯片技术鉴定筛选染色体区段单倍型、利用全基因组育种芯片技术鉴定筛选遗传背景。

2. 动物全基因组选择育种

全基因组选择技术建立以来快速发展，在牛、猪、羊、鸡等畜禽中得到了广泛的应用，已经成为当前国际上农业生物育种领域的一项关键共性技术。此前，评价公牛的育种价值通常需要7年的时间，需要有足够数量的公牛子代奶牛的产奶记录才能够完成准确评价。而利用全基因组选择预测后，预期价值高的公牛在其12月龄性成熟后便可以进行人工授精，大大缩短了育种周期。此外，产奶量等高遗传力性状改良效率提高了50%～100%，抗乳腺炎、繁殖力等低遗传力性状改良效率甚至可达300%～400%（图44）。

图44　动物全基因组选择育种技术路线

至2010年，已有11个国际公牛组织成员国在其国家奶牛育种群体中应用了全基因组选择技术。基因组选择体系的建立大大加快了种猪遗传改良进程，有助于开展种猪低遗传力性状、限性性状，以及表型难以测定或测定成本较高性状的遗传评估工作，在一定限度上摆脱了传统遗传评估方法在联合育种中对场间遗传联系的依赖，从而在目标性状的选择中获得更大的遗传进展。

目前，已有超过30种公开信息的农业动物商业化SNP芯片，密度在3～700K。奶牛基因组选择育种技术已在全世界推广应用，所有青年公牛及母牛育种核心群均进行基因组检测。截至2017年，美国采用基因组芯片，对主要奶牛品种累计检测已到达200万头。从2010年起，英国PIC猪育种公司每年育种群芯片检测已达10万头之多。

中国动物全基因选择育种研发取得了显著的进展，包括建立了中国荷斯坦牛基因组选择技术体系，创建了第一个中国荷斯坦牛基因组选择参考群体，系统研究了奶牛基因组选择理论和方法，使我国奶牛育种技术跻身于国际先进行列。通过多家单位联合攻关，实现我国首例采用全基因组选择技术选育的特级杜洛克种公猪。在技术支撑领域，先后设计出"中芯一号猪育种芯片""凤芯一号蛋鸡芯片""京芯一号肉鸡芯片"。这些芯片的育种应用，有望打破跨国公司对该行业的垄断。

二、高通量植物表型组分析

20世纪90年代，生命科学领域最为引人注目的新概念是"组学"，最为典型的是表型组学（Phenomics）。表型组学是在基因组水平上系统研究生物或细胞在不同环境条件下所有表型的学科。1998年，比利时的Crop Design公司研发出了全球第一个可大规模对转基因植物性状进行评价的高通量技术平台。

作物生理表型组是当前表型组研究的热点与前沿。玉米等作物在病虫害、环境胁迫、营养匮乏等条件下，体内会发生一系列生理生化活动的变化。这些变化可以通过各类光学成像设备得以监测，如激光三维扫描成像、高光谱成像、多光谱成像、热成像、普通光学成像、叶绿素荧光动力学成像、近红外成像、雷达成像等，这些光学设备可以用来采集植物内部近百种生理指标。深度学习技术可以从生理表型组图像数据中提取特征波段，反演出植物在感病、感虫、胁迫等条件下的生理生化变化状态。数字化的表型组数据不仅可以将复杂的复合表型进行分解，也消除了肉眼性状调查引入的主观偏差，提高挖掘性状调控基因的精度。

此外，近年来兴起的虚拟植物可视化技术在作物基因工程和表型组等研究领域有着广泛的应用前景。一方面，可从三维可视化的角度侧面体现不同模型下植物各参数指标的作用效果，模拟效果更直观、形象。另一方面，可以在一定限度上替代某些费时、费力及难于操作的试验部分，减少实际产品研发的试验时间，降低生产成本，提高产品质量等。譬如，利用虚拟植物生长模拟技术在虚拟大田环境系统条件下进行试验，可在任何时候模拟植物的相关生长试验，而不必拘泥于播种时节和过长的生长周期。在某种植物实际试验之前，先建立该植物的虚拟模型，并进行性能分析、模拟显示、三维可视化等操作，提前发现试验过程中可能存在的问题，从而提高其一次性成功的概率，缩短转基因育种周期。

随着许多重要作物全基因组测序的完成，作物育种中对高通量、精准、无损伤获取表型信息的需求水涨船高。澳大利亚国家植物表型设施"植物加速器"、英国国家植物表型中心、德国Julich表型研究中心及德国IPK温室自动传送表型平台等功能完善的研究设施将成为推动表型组学发展的加速器。高通量植物表型组分析设施所涉及的技术包括以下几种。

（1）植物彩色成像分析技术，获取形态学表型数据。

（2）植物叶绿素荧光成像分析技术，获取光合系统运作机理表型数据。

（3）植物高光谱成像分析技术，获取色素组成、生化成分、氮素含量、水分含量等表型数据。

（4）植物热成像分析技术，获取表面温度分布、气孔导度与蒸腾等表型数据。

（5）智能光照培养、浇灌与称重技术，获取提供植物生长的环境并研究不同环境条件对植物表型的影响。

（6）自动化传送和控制技术，综合控制各个部件，对培养植物进行传送，实现自动测量与整个生活史的连续培养。

全自动高通量植物3D成像系统集光电技术、自动控制和机械化技术于一体，实现准确无损、高通量提取水稻、玉米、小麦、油菜等盆栽植物表型参数的自动化系统。由于所有植物都通过条形码或射频标记，可对其整个生活史不同阶段的所有表型数据定期测量，全自动高通量植物3D成像系统在遗传育种、突变株筛选、表型和生理性状筛选工作中具有极大的研究价值。率先使用全自动高通量植物3D成像系统的是各跨国公司。如先锋良种国际有限公司2005年开始运转一套能传送1 500盆植株的系统；巴斯夫公司2006年建立了一套能传送800盆植株的系统；拜耳作物科学公司2010年年底建成了可传输1 200盆植株的系统。

PlantScreen植物表型成像分析系统以FluorCam叶绿素荧光成像技术为核心，结合LED植物智能培养、自动化控制系统、植物热成像分析、植物近红外成像分析、植物高光谱分析、自动条码识别管理、RGB真彩3D成像、自动称重与浇灌系统等多项先进植物表型技术，实现了拟南芥、小麦、水稻、玉米及各种其他植物的全方位生理生态与形态结构高通量自动成像分析，可用于高通量植物表型成像分析测量、植物胁迫响应成像分析测量、植物生长分析测量、生态毒理学研究、性状识别及植物生理生态分析研究等。

三、智能不育杂交制种

作物杂种优势利用是提高粮食生产最有效的途径。目前我国水稻生产占主导地位是第一代杂交育种技术"三系法"和第二代杂交育种技术"两系法"，前者需要特定的不育系、保持系和恢复系配套才能实现不育系的繁殖及杂交种生产，种质资源利用率极低，而后者的不育系易受环境中光、温度的影响，存在制种风险。

针对隐性核雄性不育材料难以繁殖的问题，1993年比利时Plant Genetic Systems公司提出了一种技术方案：在纯合的雄性不育植株中转入连锁的育性恢复基因、花粉败育基因以及用于筛选的标记基因，以获得该雄性不育植株的保持系，保持系通过自交即可实现不育系和保持系的繁殖。

基于上述思路，2006年美国杜邦先锋公司开发了一种基于玉米核不育突变材料的智能种子生产技术。该技术将玉米花粉育性恢复基因、花粉失活基因和红色荧光蛋白标记基因组合在一起构建遗传转化载体，通过转基因技术导入到玉米隐性核雄性不育系中，该转基因株系自交后，产生50%的不育系种子和50%的具红色荧光的保持系种子。正常颜色的不育系种子用于玉米杂交育种和杂交制种，红色荧光种子自交可源源不断地产生保持系种子和不育系种子。

2010年，中国科学家开发出水稻智能不育杂交育种技术，称之为"第三代杂交水稻技术"。智能不育系的不育性稳定，不受环境影响，保障了杂交种纯度及制种安全，克服了三系不育系因高温诱导花粉可育、两系核不育系因低温诱导可育的育性不稳定给杂交制种造成的安全风险。同时，不育性状遗传行为简单，不受遗传背景影响，易于通过聚合育种，快速选育出优质、高产、多抗、适宜于各种生态条件的杂交组合。由于育性恢复基因与花粉失败育基在转基因过程中紧密连锁，阻断了转基因成分通过花粉漂移，实现利用转基因手段生产非转基因的不育系种子和杂交稻种子（图45）。

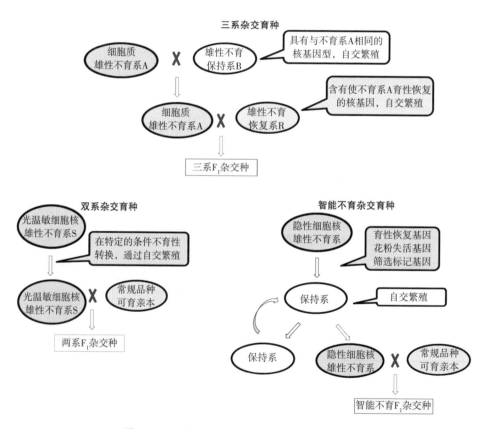

图45　三系两系和智能不育杂交育种技术路线

四、新型动物性别控制

动物的性别控制技术是通过对动物的正常生殖过程进行人为干预，使成年雌性动物产出人们期望性别后代的一门生物技术。动物性别控制能显著提高动物的生产性能和养殖业经济效益，对动物育种、繁殖、生产和遗传疾病的防治均有非常重要的意义。

动物的性别决定依赖于Y染色体上的*SRY*基因，另外，在X染色体和常染色体上存在一些与性别决定相关的基因。因此，性别决定是一个多基因级联调控的过程。性别控制的方法也随性别决定理论研究的深入得到同步发展，从个体水平、细胞水平发展到分子水平。

动物性别控制的途径有两种，一是通过受精后胚胎性别的鉴定，获得所需性别的后代；二是受精前通过体外分离精子而预先决定后代的性别。在受精之前就能够预先选择后代性别是一项新的值得探索的动物繁殖技术，因为逆转了自然界长期形成的自然规律，即携带X染色体和携带Y染色体精子的表型相同，动物的性别决定是随机，都有相等的机会产生雌性或雄性后代。因此，X和Y精子分离具有潜在的巨大利用价值。

性别控制技术在畜牧生产中意义重大。首先，通过控制后代的性别比例，可使泌乳等受性别限制，或肉质等受性别影响的生产性状发挥最大经济效益。其次，控制后代的性别比例可预测和控制动物遗传和表型，增加选种强度，加快育种进程。充分发挥母畜的繁殖潜力，提高繁殖效率，从而提高畜牧业经济效益。通过控制胚胎性别还可克服牛胚胎移植中出现的异性孪生不育现象，排除伴性有害基因的危害。美国XY公司利用分离后的精液进行奶牛人工授精，雌性后代的比例可以达到80%~90%。英国Cogent公司提供分离后的精液给农场主应用，有效率可以达到90%左右，显示出诱人的市场前景，性别化精液产品在国内外供不应求，正日益体现出竞争优势和市场前景。

目前，动物性别决定机制尚未完全清楚，动物性别控制技术还存在低效率、高成本等不足。今后，需要进一步揭示主要畜禽水产生物性别发生、决定和重塑的分子机制，筛选性别决定和分化相关的新基因，建立新型性别控制基因调控技术。

五、精准定向设计育种

当前，系统生物学、合成生物学以及基因编辑、大数据和人工智能等理论与技术的交叉融合，正在酝酿一场育种技术的革命。新一代定向设计育种技术以基因组测序技术与人工智能图像识别技术为依托，通过基因型与表型数据的自动化获取与解析，实现了组学大数据的快速积累。同时，以生物信息学与机器学习技术为依托，通过遗传变异数据、各类组学数据、杂交育种数据的整合，实现了对作物性状调控基因的快速挖掘与表型的精准预测。以基因编辑与合成生物学技术为依托，通过人工改造基因元器件与人工合成基因回路，让作物具备新的抗逆、高效生产等生物学性状。在此基础上，以作物组学大数据与人工智能技术为依托，通过在全基因组层面上建立机器学习预测模型，建立智能组合优良等位基因的自然变异、人工变异、数量性状位点的育种设计方案。

人工神经网络（Artificial Neural Network），是20世纪80年代以来人工智能领域兴起的最新一代人工智能技术。人工神经网络是一种运算模型，由大量的节点（或称神经元）之间相互连接构成，每两个节点间的连接都代表着通过该连接信号的加权值，相当于人工神经网络的记忆，具有比传统机器学习技术更强大的数据挖掘和逻辑分析能力。

2019年，中美科学家合作开发出从基因组DNA序列预测基因表达调控模式的人工神经网络模型，为实现人工智能辅助定向育种奠定了基础。该研究成功建立了预测二元化基因表达量（Binary Gene Expression Levels）的卷积神经网络模型，获得了调控基因表达的关键DNA基序，成功预测了同源基因的相对表达量，获得了调控同源基因相对表达量的关键DNA基序。

该深度学习模型在基础理论研究和作物设计育种中具有广泛的应用前景。譬如，可以预测基因的时空表达特异性、转录因子结合位点、开放染色质、各种表观遗传印记、染色体重组位点等；可以克服传统线性模型的弱点，精确预测低频/罕见变异的分子表型和田间表型效应；可以对基因组DNA序列进行虚拟诱变并预测变异的后果，从中挑选符合预期目标的变异序列进行实验验证，从而实现人工智能辅助定向设计育种。

人工智能辅助育种的另一个成功案例是"全基因组导航"分子模块设计育种技术及其在水稻新品种设计中的应用。该技术通过对基因组进行扫描检测，高效预测现有推广品种中所遗缺或者需要改良的基因型组合，根据已有分子模块及其互作关系，设计品种改良的最佳路径，并借着基因组信息快速、准确地预测杂交群体中哪一个体是聚合众多优良基因型的个体，为育种家培育理想品种提供最佳育种策略和方案。2016年，通过耦合ipa1-2D，以及稻瘟病抗性模块PiZ、Pi5等，育成"嘉优中科1号"具有高产、多抗、早熟、矮秆、大穗等特点，而"嘉优中科2号"具有籼稻株型和粳稻品质，预计有高产、多抗、早熟、优质等特点。

近年来，新一代作物育种技术不断涌现，其中单倍体诱导和基因编辑技术在玉米、小麦、大麦、烟草等作物的育种中已得到广泛应用。2019年，中国科学家开发了一种称为IMGE（Haploid Inducer-mediated Genome Editing）的育种策略，巧妙地将单倍体诱导与CRISPR/Cas9基因编辑技术结合起来，成功地在两代内创造出了经基因编辑改良的双单倍体纯系。其技术路线是先将一个携带改良农艺性状目的基因的CRISPR/Cas9载体导入到一个待转化的玉米品种中，创制出携带有CRISPR/Cas9载体的单倍体诱导系，然后与已商业化的自交系杂交，筛选出靶位点被编辑的单倍体。这些单倍体可以通过人工或自然染色体加倍成为纯合的经基因编辑改良的二倍体植株，最终实现在两代内创制性状改良的商业化玉米品种双单倍体，大大加速了作物育种的进程。

2019年，先正达公司采用HI-Edit的新策略，即将单倍体诱导与基因编辑技术结合起来，对已商业化的品种进行直接改良。研究人员利用HI-Edit系统与属间杂交结合的方式成功对小麦中的基因实现了编辑。将携带有Cas9-TaGT1s载体的玉米转基因植株的花粉授予到被去雄的小麦植株或者胞质雄性不育系（CMS）植株的柱头上，通过胚拯救的方式获得单倍体植株并进行基因型分析，从292个CMS来源的单倍体中发现有2个株系的基因被敲除。进一步研究发现，将驱动Cas9表达的启动子更换为花粉特异的启动子后可以显著提高基因编辑的效率（图46）。

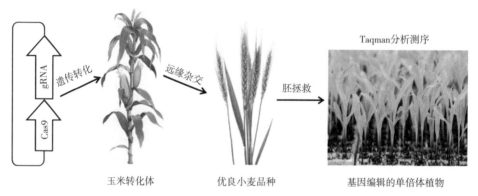

图46　利用HI-Edit体系和属间远缘杂交实现小麦基因编辑

2020年，中国科学家利用基因编辑技术对玉米育性基因的功能结构域进行了定点定向删除，创制核不育系，并利用基因编辑技术的精确性使之与保持系兼容，创制出操控型核不育保持系。该保持系具有以下特点：恢复不育系孢子体雄花育性，携带的保持系技术元件仅能通过雌配子向后代遗传；保持系植株自交结实籽粒会产生1∶1的保持系和不育系后代，保持系和不育系种子因发光特征不同可被肉眼或机器识别，从而实现保持系与不育系种子无损分拣。分拣的不育系用于杂交种制种生产的母本，保持系种子用于下一个生产年份的保持系与不育系生产；在进行制种时不再需要人工或机械去雄，实现了"一步法"制种。

第五节 安全性科学评价

转基因动植物安全与否，所衍生的各种产品安全与否，科学证据才是明晰是非的唯一标准，如同一面伏魔照妖镜，让魑魅魍魉原形毕露，可以驱魔镇妖，保一方平安。

在转基因技术诞生之初，对于来自公众的各种担忧，科学家就已先一步想到，并已做好了相应的技术防范。今天，在转基因实验设想提出之时，科学家就已经同步地评估可能涉及的生物安全问题。目前，在转基因技术实施之前、实施之中、实施之后，都已建立了全方位的生物安全管理措施，实现了全程追踪、严格管理（图47）。

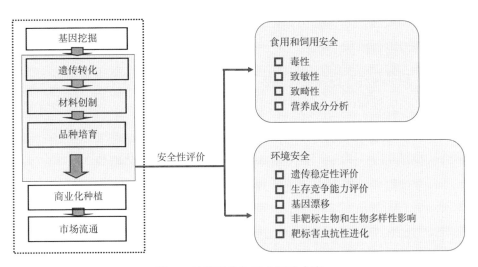

图47 转基因作物安全评价内容

注：中国依据国际食品法典委员会的指导原则，针对食用和环境安全，以实质等同性原则为基本原则，结合个案分析原则、逐步评估原则、预先防范原则等，制定了科学规范的评价内容与标准。

在转入之前，需对基因的供体生物和受体生物进行以下的生物安全评估。受体生物的安全食用史、培育和繁殖史、基因型和表型的安全性、在日常膳食中的作用、所含宏量以及微量营养元素以及对特定人群健康的意义。

基因供体及其相关部分的食用安全史，如毒性、抗营养性、过敏性、可能的致病性以及与人类健康的关系；基因供体本身安全性和加工方式对安全性的影响及与人类健康的关系；如果供体生物是微生物，则对致病性和与病原体的关系进行评价；评价过去和目前食用以及食用之外的暴露途径。

在实施之中，对基因导入受体的过程必须进行以下的安全性评价。

对基因的稳定性进行安全性评价；对受体生物内原有其他基因的影响进行安全性评价。第三章介绍的转基因技术有很多是为了解决这个过程中的安全性问题。

在实施之后，对转基因食品要进行以下追踪和评价。

基因表达物质的毒性、可能出现的致敏性、转基因食品关键成分以及代谢物、转基因食品加工方式、营养改变、转基因食品外来化合物蓄积、标记基因的安全性、因基因修饰而改变特性对健康可能产生的毒性，即对非预期效应进行评价。

这一切都是需要切实可行的技术手段和实打实的实验数据来做保证。为了实施上述监管和评价，需要用到食品成分营养评价技术、流行病学研究、生物信息学技术、分子生物学技术、致敏性评价技术、毒理学评价技术等多学科技术和方法。因此，转基因的评价必然是一门专业化的技术工作。

科学证据才是转基因安全管理的基石。对转基因的质疑不能建立在凭空猜测和消费者的杞人忧天上，而必须有可靠的科学证据。对转基因技术进行专业性的安全评价既是科学家与民众有效沟通的前提，也是开展转基因研究、中间试验和最终投入农业生产应用的重要保障。回归理性，才是让转基因技术造福人类的唯一途径。

一、安全信息分析与评估

如何在开展转基因实验之前，对目标基因的安全性，有个大致的预估？

实验前有针对性地进行信息收集，可以为转基因实验提供方向性的参考。

《农业转基因生物安全评价管理办法》对外源基因的毒性、抗营养性和过敏性提出了明确的评价要求。外源基因一般会翻译成蛋白质来行使其功能，而蛋白质的功能是由其结构（即氨基酸序列形成的空间构象）决定的，相似结构的蛋白质往往具有相似的功能。这种相似性，为科学家提供了一条在实验开始前即进行初步安全评价的新思路：将外源蛋白的氨基酸序列与已知的毒蛋白、抗营养因子和过敏原蛋白数据库进行比对，即可获知其大致的安全性信息，从而对后续研究和应用的风险控制做到了然于胸。

下面以两种转基因玉米的安全性评价为例，来感受一下信息技术的力量和作用。转aroA-CC-M基因的玉米具有抗除草剂的性状，转Cry1Ac-M基因的玉米具有抗虫的性状。科学家通过生物信息技术搜索它们是否与已知毒蛋白、致敏原和抗营养因子有相似的结构，确认该外源基因均无已知的安全性问题。

（1）毒性评价。Uniprot数据库收集了目前已知的各种蛋白的信息。搜索外源蛋白的氨基酸序列与该数据库中的相似成员，查看是否出现毒性描述。

毒理学评价包括对食品中新表达物质的评价和全食品的评价。新表达的物质通常为蛋白，对新蛋白的评价包括与已知毒素和抗营养因子氨基酸序列相似性的比对、热稳定性试验、体外模拟胃肠液消化稳定性试验等。当新表达蛋白质无安全食用历史，安全性资料不足时，须进行急性经口毒性试验、28天喂养试验（亚急性毒性）。取决于该蛋白质在植物中的表达水平和人群可能摄入水平，必要时应进行免疫毒性检测评价。如果蛋白是在体外表达的，必须要证明它与植物源蛋白的实质等同性。报道的新表达蛋白安全性评价，大部分外源蛋白在氨基酸序列上与已知毒素无较高同源性，在体外模拟消化试验中可以迅速降解，并且急性经口毒性试验的安全系数很高，则具有较高的食用安全性。

新表达的物质如果为非蛋白质，如脂肪、碳水化合物、核酸、维生素及其他成分等，其毒理学评价可能包括毒物代谢动力学、遗传毒性、亚慢性毒性、慢性毒性/致癌性、生殖发育毒性等方面。具体需要进行哪些毒理学试验，采取个案分析的原则。

对全食品的毒理学评价目前通常采用动物实验来观察转基因食品对人类健康的长期影响，目前用到的主要有大鼠、小鼠、奶牛、鲑鱼、猕猴、公牛、猪、绵羊、山羊、肉鸡、母鸡和鹌鹑等。猕猴是与人类亲缘关系最近的，但由于价格昂贵，所以通常选用大鼠进行90天亚慢性毒性试验来评估转基因操作对食物整体的影响。已经进行的多例转基因食品的亚慢性毒性试验显示，这些转基因食品与其亲本对照具有同样的营养与安全性。

一般情况下，转基因食品的亚慢性毒性试验无异常反应的话，可以认为其不会在长期的食用过程中对人体造成不良影响。但是，如果亚慢性毒性试验显示转基因食品可能会对生物健康产生不良作用，则应进行长期毒性试验。

（2）致敏性评价。2010年，农业部发布了1485号公告《外源蛋白质过敏性生物信息学分析方法》，规定了从3个角度（全长序列、80个氨基酸片段、连续8个氨基酸片段）比对在线致敏原数据库（The Allergen Online Database）和致敏蛋白结构数据（SDAP）的相似性，查看是否出现阳性结果。

评价致敏性的目的是预防在食品中出现新的过敏原，保护敏感性人群。目前，国际上公认的转基因食品中外源基因表达产物的过敏性评价策略是2001年由FAO/WHO颁布的过敏评价程序和方法。主要评价方法包括基因来源、与已知过敏原的序列相似性比较、过敏患者的血清特异IgE抗体结合试验、定向筛选血清学试验、模拟胃肠液消化试验和动物模型试验等，最后综合判断该外源蛋白的潜在致敏性的高低。

譬如，中国科学家发现重组人乳铁蛋白对BN大鼠有较弱的致敏性，采用BN大鼠评价了来源于转基因水稻的Cry1C蛋白的致敏性，表明该蛋白未诱发致敏反应。目前的模型并不能很好预测人可能对哪种蛋白过敏，使用不同动物产生的过敏反应也有差异，将来会使用不同模型相结合的方法来获取食品致敏信息。

除营养学、毒理学以及致敏性评价外，还有一些方法可对转基因食品安全性做出补充性诠释。

（3）抗营养评价。抗营养因子（Antinutritional factors，ANF）通常是指存在于天然食物中，影响某些营养素的消化、吸收和利用，对人体健康和食品质量产生不良影响的因素，如植物凝集素、蛋白酶抑制剂等。其中比较具有代表性的有植酸、胰岛素抑制剂和胰凝乳蛋白酶抑制剂。用NCBI的BLAST工具比较外源蛋白的氨基酸序列与它们是否存在显著相似，即可推断外源基因是否存在抗营养性。

转基因食品的营养学评价主要针对蛋白质、淀粉、纤维素、脂肪、脂肪酸、氨基酸、矿质元素、维生素、灰分等与人类健康营养密切相关的物质，以及抗营养因子（如蛋白酶抑制剂、植酸和凝集素等）和天然毒素（如芥酸、棉酚和硫苷等）等。与传统食品进行比较，如结果有统计学差异，还应充分考虑这种差异是否在这一类食品的参考范围内。从目前的多项研究结果来看，转基因棉籽、抗虫水稻及耐除草剂水稻和玉米等转基因食品营养成分与传统食品是基本一致的。

但有些针对性改良营养成分的转基因食品其目标成分会有较大变化，如高赖氨酸玉米，新增加的营养成分需要额外评价暴露量和最大允许摄入量。另外，通过饲喂动物可以评价动物对转基因食品的营养利用率，如评价食用转基因或非转基因饲料的鱼或鸡的肉质是否一样。

风味也是食品的一大特性，因为风味易受到其他组分的影响，所以对风味的评价也具有实质意义。

二、分子特征检测

转基因作物是从分子水平对受体作物的基因组进行了操作。要确保这个转基因作物的安全性，首先要明确基因操作的相关分子特征资料，从基因水平、转入基因的转录水平、翻译水平、受体作物基因组水平评价可能风险。

转基因作物用的什么基因和载体？第一个要提供的是表达载体的相关信息，现在主流的转基因作物均是经农杆菌介导的遗传转化获得。表达载体，本质上是一种来自细菌或真菌的环状DNA，把需要转入目标作物中的基因插入到这个环状DNA中，这样目的基因就搭车载体进入目标动植物中。载体上除有目的基因外，还有其他DNA片段，如启动子、终止子、筛选标记基因和报告基因等。在做安全评价时，需要提供上述DNA片段的序列信息、供体生物来源、功能以及安全应用记录。同时，也要提供目的基因的各种信息，如完整序列、推导出来的氨基酸序列、基因的供体生物、生物学功能、安全使用的数据或者应用历史。

外源基因是否转入了，转进去了几个拷贝，具体插入在基因组哪个位置？转基因作物中基因转入后，对受体作物的基因组相关情况也要做到一清二楚。首先要用最基本的PCR来确定目的基因是否成功转入，要提供检测引物的序列信息、PCR反应的条件、扩增出来的目的基因条带大小。其次要通过Southern-blot实验来确定具体转入几个拷贝的外源基因（农杆菌介导的一般是一个拷贝），要提供Southern-blot的图片、酶切基因组的内切酶名称、特异条带的大小等数据。确定外源基因转进去了，转入了几个拷贝后，要确定具体转入到基因组的哪个位置。此时，要通过tail-PCR或者genome-walking等试验来获得插入位点的边界序列，并通过PCR确定插入在基因组的具体位置。这就需要提供获得的边界序列信息（大于300bp）和扩增引物序列信息等数据。

前面介绍的都是静态情况，那么这些转入的外源基因是否在发挥作用？此时，要提供外源基因的RNA和蛋白水平的数据。RNA的检测可以通过RT-PCR和Northern-blot两个实验来进行，这两个实验的各种参数和结果均需要提供。蛋白水平的检测则可以通过ELISA和Western-blot两个实验来进行，同样需要提供实验的各种参数和结果。

三、稳定遗传性检测

虽然创制的转基因材料中外源基因存在且在RNA和蛋白水平均能检测到目的基因的表达。但真若进入生产应用，需要确定目的基因是否可以稳定表达以保持目标性状。以抗除草剂的转基因作物为例，若抗除草剂的基因不能稳定表达或者丢失不表达了，那么农民喷除草剂就会杀死作物造成重大损失。因此，前面叙述的部分的数据如PCR检测、Southern-blot、RT-PCR和Western-blot均要在转基因作物的后代中继续进行，来验证目的基因的遗传稳定性，要提供不少于三代的实验数据。话说到此，传言的"转基因作物不可留种"，您还会相信吗？现在，您知道了，那不是真相，转基因作物可以留种。在转基因问题上，相信科学是对常年辛苦进行作物育种和安全评价的科学家的起码尊重，也是对自己知识的起码尊重。

稳定遗传性检测的具体指标包括以下3个方面。

外源基因整合的遗传稳定性。通过PCR检测不少于三代的转基因材料，确认基因是否整合到基因组中。通过Southern-blot检测同样代数同样材料中外源基因的拷贝数。

目标基因表达的稳定性。确认外源基因稳定存在于基因组中还不足够，有时外源基因虽稳定存在，却没有进行转录翻译。如有的基因稳定存在，但是因被甲基化修饰了，不能表达。即使表达了，还需要确定这些基因是否可在代际传递中稳定表达。因此需要检测6个不同发育时期的5个组织器官中目标基因转录的mRNA和翻译的蛋白质，这个同样要提供至少三代的数据。如抗虫水稻安评就要检测至少3代水稻苗期、拔节期、分裂期、扬花期、乳熟期、成熟期6个发育阶段的根、茎、叶、花和种子5个器官中的外源基因的mRNA和蛋白。

目标性状的稳定性。有时，外源基因虽稳定存在且表达，却没有表现出目标性状。有时，基因正常转录出了mRNA，但接下来若该蛋白质的翻译受阻或者翻译产生的蛋白质很快被降解，都会导致该蛋白质表达不足，不能产生目标性状；有时，翻译出来的蛋白质折叠有误或者被修饰被泛素化，也会表现不出目标性状。所以，还需要检测目标性状的遗传稳定性。如抗除草剂的大豆，是否在至少三代喷洒等于或大于生产用时的除草剂浓度时，依然保持转基因作物的抗除草剂特性。再如抗虫水稻对二化螟和稻纵卷叶螟抗虫性生物测定数据。

四、环境安全性评价

转基因作物获得的新性状有可能使其在自然生态环境中具有竞争优势，而导致其和野生近缘种之间生态失衡。为了确保转基因作物的环境安全性，需要进行全面的环境安全评价，包括生存竞争能力、基因漂移的环境影响、功能效率评价、对靶标生物的影响、靶标生物的抗性风险和对生态系统群落结构和有害生物地位演化的风险。

生存竞争能力是转基因作物环境安全评价的一个重要指标，需要评价转基因作物与受体亲本作物在种子数量、重量、活力、抗病虫能力等方面的实验数据，从而比较分析转基因作物的生存竞争能力。为了评估转基因作物中外源基因的漂移风险以及对环境造成的影响，需要提供受体物种、近源种甚至同物种的地理分布、生长习性、繁殖习性、花期、种子及无性繁殖器官的传播途径和杂种F_1的育性及其后代的生存能力和结实能力、外源基因是否存在且表达的等相关资料。对于转基因作物获得的目标性状的功能效率评价，以抗虫作物为例，则需要提供抗虫转基因植物在室内和田间试验条件下[通过人工接虫（菌）或自然感染]，转基因植物对靶标生物的抗性生测报告、靶标生物在转基因品种（系）及受体品种田季节性发生危害情况和种群动态的试验数据与结论。但是，对于有害生物抗性的转基因作物，其虽然对目标有害生物有灭杀功能，也可能带来其他影响，如对非靶标生物的影响、靶标生物产生抗性以及生态群落结构的影响。因此，需要全面评估检测对非靶标的、有益的和受保护物种的潜在影响、监测抗性靶标生物个体及种群的存活和繁衍以及生态系统的多维度风险评估。

五、食用安全性评价

转基因作物归根结底是要食用的，转基因作物的食用安全性和每个人息息相关，民众关注度最高。对于转基因食品，中国根据国际通用的食品安全试验评估标准和准则，结合中国实情和转基因的特殊属性，制定了一系列的食用安全评估价标准。每一例供食用的转基因作物，都要通过食用安全评价，才能最终获得生产安全证书。

安全评价的主要内容是对同一种植地点至少3批不同种植时间的或3个不同种植地点的转基因植物可食部位的初级农产品进行包括新表达物质毒理学评价、致敏性评价、关键成分分析、全食品安全性评价、营养学评价、生产加工对安全性影响的评价以及其他安全性评价。

转基因作物中有转入基因表达的外源蛋白，或者在某些转基因作物中外源蛋白启动表达的非蛋白物质，如脂肪、碳水化合物、核酸、维生素及其他成分等，这些物质对植物来说是新表达物质。对这些新表达物质的毒理学评价主要有新表达蛋白的生物信息学分析、新蛋白经口急性毒性和28天饲喂在内的毒理学试验、新非蛋白物质的毒理学试验以及转基因植物摄入量等，要对此进行全面的评估。致敏性评价则需要以目前全球科学界收集的致敏原数据为基础，对基因供体生物本身、新表达物质和受体植物进行生物信息学分析，若与已知过敏原有序列相似性，则需要同时进行血清学试验。关键成分分析涵盖的范围有蛋白质及氨基酸、脂肪及脂肪酸、碳水化合物（包括膳食纤维）、矿物质、维生素等、抗营养成分、天然毒素、营养成分以外的其他有益的成分、因基因修饰生成的新成分和其他可能产生的非预期成分。营养学评价则主要检测动物体内主要营养素的吸收利用情况、人群营养素摄入水平的情况以及最大可能摄入水平对人群膳食模式的影响评估。全食品安全性评价主要进行大鼠90天喂养试验、必要时进行大鼠生殖毒性和慢性毒性试验以及其他动物试验。最后还会对转基因植物及其产品是否会导致农药残留增加，霉菌毒素及其他对人体有害的主要污染物的蓄积增加进行评价，以及评估与非转基因对照物相比，生产加工、储存过程是否改变了转基因植物产品的特性。

六、非期望效应评价

非期望效应指转基因作物可能产生的超过预期效应之外的变化。不确定的非期望效应对推动转基因作物的发展会产生一定的阻碍。从研究对象来看，非期望效应包含两部分，食品本身营养成分中出现的非期望效应和食用了转基因食品后动物生理上的非期望变化。从研究方法来看，非期望效应的研究主要包括3个领域，功能基因组、蛋白质组和代谢组。

功能基因组与新基因的功能有关，使用微阵列技术来研究新基因的表达产物。欧盟GMOCARE第五次构架上提到，用DNA微阵列分析差异基因表达是将来提高食品安全评价策略的一种方法。

蛋白质组方法首先用高通量二维电泳将组织中的各种蛋白质分开，然后通过图像分析比较分开的点，再质谱测定感兴趣的蛋白质点。Wang等分析了转Cry1Ab/Ac水稻种子的蛋白质组，研究表明，生长环境比插入基因对水稻种子蛋白质的影响更大。

代谢组图谱可以展示基因的插入对动物生理的影响，从而理解转基因食品的全组分情况。动物的代谢物包括血液、尿液和体液等。Cao等用核磁共振方法分析大鼠尿液代谢组，这是一种动态的、非损伤检验法。

肠道状态能反映人体健康，通过评价肠道健康可以了解转基因食品对人体健康造成的影响，这可以作为转基因食品安全评价的一个参考因素。肠道微生物是一个复杂的群体，它能够反映长期的饮食状态，并且肠道生态环境的变化能在某种程度上影响人体健康。最初对肠道菌群的研究用的是传统微生物法，但有许多限制和不便，近年来分子方法逐渐应用于微生物群落检测，还可以检测不可培养的细菌。除了肠道微生物，还可以检测一些肠道相关指标，如粪便酶活性、短链脂肪酸、肠道渗透性和黏膜免疫。

第五章　转基因产业发展

科学研究从来不是科学家自娱自乐的智力游戏。科学研究的使命，是在探究自然后，寻求人与自然和谐相处之道。而和谐相处离不开互惠之道。顺应自然的法则，纠正过去对自然界的冒犯，方可更好地回馈自然，造福人类。

转基因作物为农业稳产增产，给人类提供了品质更佳的农产品。同时，转基因杜绝了对生态环境破坏严重的高毒性农药的使用，减少了农药的施用数量，将自然界从几千年人类的高负荷重压下一点点地解救了出来。从技术到产品，市场数据永远是最真实的反映。

第一节　国际发展概况

全球转基因技术近40年的应用实践表明，其广泛应用能够提高作物抗虫、耐除草剂、耐盐、抗旱等能力，防止减产，减少损失，从而达到提升品质、保护环境、提高产量的效果，并对国际农产品贸易格局产生重大影响。当前，农业转基因技术在全球范围的广泛应用，技术研发势头强劲，新品种不断涌现，产业发展方兴未艾。

美国政府态度积极，方向明确，已经占据了全球转基因产业发展先机，在全球种业具有明显优势。美国是最早商业化种植转基因作物的国家，转基因抗虫玉米和抗除草剂大豆的种植面积已分别超过玉米、大豆面积的90%。美国市场上70%的加工食品都含有转基因成分。巴西和阿根廷种植转基因大豆后生产效益大幅提高，成为全球第二、第三大豆出口国。南非推广种植转基因抗虫玉米和印度引进转基因抗虫棉后，一举由进口国变成出口国。

经济合作与发展组织（OECD）《生物经济2030》报告预测，到2030年生物技术产出将占全球农业产值的50%，农业生物技术引发了全球主要国家的战略关注与积极投入。以转基因技术、基因编辑技术、合成生物技术等为代表的现代农业生物技术正在引领新一轮绿色农业产业革命。

一、转基因作物

1. 种植面积

1996年，转基因作物首次在全球大规模商业化应用以来，到2018年23年间，全球抗虫和耐除草剂转基因作物的种植面积增加了113倍，累计达到25亿公顷。2018年，美国、巴西、阿根廷、加拿大和印度等26个国家和地区种植了1.917亿公顷转基因作物，占全球转基因作物种植面积的91%。中国种植面积位居全球第七，商业化种植的作物主要为转基因棉花和转基因木瓜，其中转基因棉花种植面积为290万公顷。另外，44个国家/地区（18个国家/地区+欧盟26国）进口转基因作物用于粮食、饲料和加工。因此，共有70个国家/地区接纳了转基因作物及其产品，覆盖全球人口的60%（图48）。

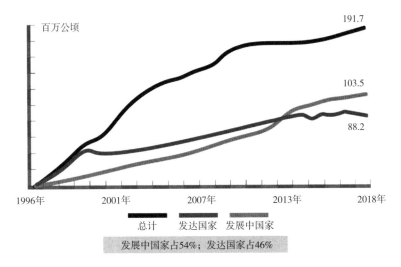

图48　全球转基因作物种植面积（1996—2018年）

注：自1996年批准商业化种植转基因作物以来，23年来全球转基因作物种植面积总体呈现快速增长趋势，并在2018年创历史新高（1.917亿公顷），比2017年增幅1%，是1996年种植面积的113倍，1996—2018年全球转基因作物累计种植面积总计25亿公顷。

2. 作物类型

2018年，转基因大豆以9 590万公顷的种植面积居首，占全球转基因作物种植面积的50%，比2017年增长了2%。其次是玉米（5 890万公顷）、棉花（2 490万公顷）和油菜（1 010万公顷）。从全球单一作物的种植面积来看，2018年转基因大豆的应用率为78%，稳居榜首，转基因棉花的应用率为76%，转基因玉米的应用率为30%，转基因油菜的应用率为29%（表8）。

表8　转基因作物及在各地区的种植面积（2018年）

地区	国家	种植面积	转基因作物
北美	美国和加拿大	8 810万公顷	玉米、大豆、棉花、油菜、甜菜、苜蓿、木瓜、南瓜、马铃薯、苹果
拉丁美洲	巴西、阿根廷、巴拉圭、乌拉圭、玻利维亚、墨西哥、哥伦比亚、洪都拉斯、智利、哥斯达黎加	7 940万公顷	大豆、玉米、棉花、菠萝

（续表）

地区	国家	种植面积	转基因作物
亚太	印度、巴基斯坦、中国、澳大利亚、菲律宾、缅甸、越南、孟加拉国	1 910万公顷	棉花、玉米、油菜、茄子
欧盟	西班牙、葡萄牙	>131 500公顷	玉米
非洲	南非和苏丹	290万公顷	玉米、大豆、棉花

注：2018年，全球范围内26个国家种植了转基因作物，排名前7位的国家分别是美国、巴西、阿根廷、加拿大、印度、巴拉圭和中国。其中，排名前3位的美国、巴西和阿根廷占总种植面积的78.4%，占据绝对垄断地位。

　　农业转基因作物产业化应用由最初非食用的棉花拓展到间接食用的大豆玉米，再到直接食用的水稻、小麦、蔬菜、水果等。适应市场需求，含有复合功能基因、提高作物抗逆性状，以及改善营养、增进健康的新一代转基因作物的研究开发近年明显提速。2009年，含有8个基因，能防治多种害虫，并具有抗两种除草剂特性的玉米获准在美国生产应用。2011年，美国批准转基因抗旱玉米商业化种植。2015年，美国新批准了品质改良的转基因马铃薯、抗褐变转基因苹果产业化。2018年，巴西种植了第一批抗虫甘蔗；印度尼西亚种植了第一批耐旱甘蔗；澳大利亚种植了第一批用于前期研发和育种的高油酸红花。加拿大卫生部已经向含有维生素A原转化体GR2E的转基因黄金大米发放了批文，该决定符合澳新食品标准局（FSANZ）在2018年发放的批文。加拿大卫生部还批准了抗虫甘蔗，并做出以下决定，使用抗虫甘蔗生产的糖与传统甘蔗制糖具有同等安全性。

　　目前，还有许多新品种的转基因作物正在准备投入商业化生产，包括：黄金大米、抗晚疫病马铃薯、不同转基因性状的小麦、抗虫（Bt）茄子，用作畜禽饲料的转基因大豆和玉米，以及含有抗虫（IR）和耐除草剂（HT）复合性状的棉花品种。

　　自1992年以来，全球监管机构批准了4 133项监管审批，涉及26个转基因作物（不包括康乃馨、玫瑰和矮牵牛花）的476个转基因转化体。其中，1 995项涉及粮食用途（直接用途或加工用途），1 338项涉及饲料用途（直接用途或加工用途），800项涉及环境释放。

日本批准的转基因转化体最多（不包括来自获批的复合型和金字塔状转化体的中间转化体），其次为美国、加拿大、墨西哥、韩国、中国台湾、澳大利亚、欧盟、新西兰、哥伦比亚、菲律宾、南非和巴西。玉米仍然是转化体获批数量最多的作物（在30个国家/地区有232个转化体），其次是棉花（在24个国家/地区中有59个转化体）、马铃薯（在10个国家/地区中有48个转化体）、油菜（在15个国家/地区中有41个转化体）和大豆（在29个国家/地区中有37个转化体）（表9）。

表9　全球用于粮食、饲料、加工和种植用途的转基因作物
转化体批准情况（1992—2018年）

	国家/地区	批准数量			
		粮食	饲料	种植	合计
1	日本*	295	197	154	646
2	美国	185	179	175	539
3	加拿大	141	136	142	419
4	韩国	148	140	0	288
5	欧盟	97	97	10	204
6	巴西	76	76	76	228
7	墨西哥	170	5	15	190
8	菲律宾	88	87	13	188
9	阿根廷	61	60	60	181
10	澳大利亚	112	15	48	175
11	其他	622	346	107	1 075
	总计	1 995	1 338	1 075	4 133

注：*日本的数据来自日本生物安全信息交换中心（JBCH，英文和日文）以及日本厚生劳动省（MHLW）的网站。

3. 商品化品种

当前，国际上转基因作物研发已从抗虫、抗除草剂等第一代产品向改

善营养品质、提高产量、耐储藏等第二代产品，多基因复合性状正成为转基因作物产业化应用的重点。

2018年，抗虫耐除草剂的转基因玉米、大豆、棉花和油菜在世界五大转基因作物种植国的平均应用率已经接近饱和，其中美国93.3%、巴西93%、阿根廷接近100%、加拿大92.5%、印度95%。除上述四大转基因作物外，已批准商业化种植和销售的品种还包括：转基因紫花苜蓿、甜菜、木瓜、南瓜、茄子、马铃薯和苹果等。美国已种植两代具有防挫伤、防褐变、低丙烯酰胺含量、抗晚疫病等性状的Innate®马铃薯，以及防褐变的Arctic®苹果。巴西种植了全球第一批抗虫转基因甘蔗；印度尼西亚种植了全球第一批转基因耐旱甘蔗；澳大利亚种植了全球第一批用于前期研发和育种的转基因高油酸红花。具有多种性状组合的转基因作物也获得批准，包括高油酸油菜、耐异恶唑草酮除草剂棉花、复合耐除草剂高油酸大豆、耐除草剂耐盐大豆、抗虫甘蔗、具有抗虫/耐除草剂复合性状的转基因玉米。

抗虫耐除草剂转基因大豆

2018年，孟山都公司第三代转基因大豆Intacta 2 Xtend在巴西正式获得批准商业化种植。第三代转基因大豆能够耐草甘膦和麦草畏除草剂，拥有三种抗虫蛋白，Cry1A.105、Cry2Ab2以及Cry1Ac，显著增加对鳞翅目害虫的防护能力。该品种一个非常重要的突破是通过对作物进行麦草畏除草剂的越顶喷施实现了对杂草的广谱防控。麦草畏除草剂是一个非常重要的工具，它能够轻松除去美国常见的草甘膦抗性杂草长芒苋。此外，对鳞翅目害虫的广谱防控是其另外一个显著优势。通过聚合更多抗虫蛋白，并引入对夜蛾属害虫的抗性作用机制，将保护转基因大豆远离毛虫侵害。

抗螟虫转基因甘蔗

巴西是全球最大的甘蔗生产国，全国的种植面积达到1 000万公顷，交易量约占到全球的50%。甘蔗螟虫是影响巴西甘蔗产业的主要害虫，每年造成的损失高达22亿美元。2018年，巴西国家生物安全技术委员会批准巴西甘蔗育种技术公司研发的抗虫转基因甘蔗商业化种植。这是世界上第一个获得商业化生产许可的转基因甘蔗品种。该转基因甘蔗转入了来自苏云金芽孢杆菌的*Cry1Ab*和*NPT II*蛋白基因，对甘蔗螟虫产生有效的抵抗力，且不会对土壤组成、昆虫种群等造成不利影响。

第二代转基因"黄金大米"

食物中维生素A的缺乏影响着全球2.5亿人口，导致失明和免疫水平低下。通过转基因技术培育富含能转化为维生素A的胡萝卜素、外表金黄的转基因大米，被称为"黄金大米"。2000年，第一代"黄金大米"研制成功，其胡萝卜素含量为每克大米约含1.6微克/克。2005年，第二代"黄金大米"品种问世，其胡萝卜素含量是第一代品种的23倍，达到37微克/克。研究显示，每日吃100~150克的"黄金大米"（儿童每日饭量的一半），就能够满足60%的维生素A摄入量。2018年，美国食品药品监督管理局宣布经过基因改造的、富含β-胡萝卜素的黄金大米可以安全食用。

第二代转基因马铃薯

传统马铃薯在煮熟冷却时间过久之后会呈褐色，同时高温烹饪时会产生致癌物质——丙烯酰胺。2015年，美国食品药品监督管理局（FDA）批准了辛普劳公司的第一代转基因马铃薯在美国上市。该产品通过基因沉默技术降低与黑点瘀斑有关酶的表达以及通过降低天冬酰胺和还原糖减少丙烯酰胺生成，确保马铃薯原有的颜色、风味和营养品质。随后，第二代转基因马铃薯问世，除兼具第一代的抗瘀青和减少致癌物特性外，还增加了低温储存和抗马铃薯晚疫病的特性，其抗晚疫病基因来源于阿根廷的野生马铃薯。晚疫病是一种真菌病害，会导致马铃薯霉变腐烂以至绝收，被称为马铃薯"瘟疫"。2017年，第二代转基因马铃薯在美国获批商业化种植和销售。

抗褐变转基因"北极"苹果

切开的苹果，在空气中放置一段时间，就会"变色生锈"，这是怎么回事？原来苹果的果肉一旦接触氧气，由于多酚氧化酶作用导致果肉变成棕褐色。褐化除了影响苹果卖相，还会降低苹果品质，通常使用抗氧化剂解决苹果储运和苹果汁生产中的褐化问题。科学家通过基因沉默技术，使多酚氧化酶活性降低，培育出抗褐化转基因苹果。这种产品名为"北极"的转基因苹果与一般苹果最大的不同就是，切开后不会被氧化褐变。2015年，北极苹果获得美国农业部和加拿大相关监管部门的种植批准，2017年正式在美国销售。

粉红色心的转基因菠萝

菠萝品种都是黄皮白心，如果超市里突然出现粉心菠萝，是否会让你怦然心动？这是一种转基因菠萝新品种，不仅颜值高，而且风味与营养极佳。科学家利用转基因技术，降低了菠萝果实中一种把粉色的番茄红素转化成β-胡萝卜黄色素的蛋白酶水平，因此转基因菠萝果肉中保留了大部分的番茄红素，其果肉变成了粉红色。番茄红素的抗氧化能力远远超出胡萝卜素和维生素，除抗癌、保护心血管外，还能防治多种疾病。2016年，转基因菠萝粉心品种获准在美国市场销售。

4. 效益性分析

转基因作物让环境、人类和动物健康受益巨大，在全球得到广泛应用。过去21年（1996—2016年）转基因作物为全球1 600万～1 700万农民带来了1 861亿美元的经济收益，其中95%的农民来自发展中国家。

1996—2016年，转基因作物使作物产量增加6.576亿吨，产值增加1 861亿美元；仅2016年一年就增产8 220万吨。

帮助超过1 600万～1 700万小型农户及其家庭（即超过6 500万世界上最贫困的人口）缓解了贫困。

1996—2016年，采用转基因作物共节约1.83亿公顷土地，保护了生物多样性；仅2016年就节约了2 250万公顷土地。

1996—2016年，采用转基因作物减少了6.71亿千克的农药活性成分，共减少了8.2%的农药使用。

1996—2016年，使环境影响商数（EIQ）降低了18.4%。

2016年，采用转基因作物二氧化碳的排放减少了271亿千克，相当于当年在公路上减少1 670万辆汽车。

帮助超过1 600万～1 700万小型农户及其家庭（即超过6 500万世界上最贫困的人口）缓解了贫困。

从1996—2016年的20年间，生物技术作物种植国获得的经济收益为1 861亿美元，其中获益最大的几个国家依次是美国（803亿美元）、阿根廷（237亿美元）、印度（211亿美元）、巴西（198亿美元）。

2017年，全球转基因作物的市场价值为172亿美元，占2016年全球作物保护市场709亿美元市值的23.9%，占全球商业种子市场560.2亿美元的30%。

预计全球转基因种子的市场价值到2022年年末和到2025年年末将分别增长8.3%和10.5%，如果继续在全球种植转基因作物，会得到来自种子市场的巨大经济收益。

二、转基因动物

第一例转基因动物问世，距今已有近40年之久。

1982年通过显微注射法整合并表达外源生长激素的超级小鼠诞生；此后，转基因兔（1985年）、转基因猪（1985年）、转基因鱼（1986年）、转基因牛（1990年）、转基因山羊（1991年）、转基因鸡（1994年）、转基因绵羊（1997年）、转基因蚕（2000年）、转基因猴（2001年）等动物相继诞生。

转基因动物的商业化，也有20多年的历史。1996年，转基因山羊重组蛋白药物进入临床；2006年，转基因山羊新药上市；2014年，转基因蚊子在巴西商业化，转基因兔蛋白药物在美国上市；2015年，转基因三文鱼和转基因鸡新药上市。

目前，转基因动物研发主要涉及猪、牛、羊、鸡、鱼、猴、家蚕、果蝇等动物，在农业领域主要是改良动物种质资源，如提高抗病性与繁殖能力、改良肉质、促进生长等。

1. 生长快速的转基因鱼

"转基因黄河鲤",这条世界首条转基因鱼诞生于20世纪80年代末,由中国科学家研发培育。1991年,中国科学家构建了全部由中国鲤科鱼类基因元件组成的"全鱼"基因构建体,将由鲤鱼肌动蛋白启动子驱动的草鱼生长激素基因导入黄河鲤受精卵,获得的转基因黄河鲤生长快且饵料转化效率高。在同等养殖条件下,转基因鲤鱼平均生长速度比对照黄河鲤快52.93%~114.92%。

1989年,加拿大科学家将绵鳚的抗冻蛋白基因启动子与大鳞大马哈鱼的生长激素基因cDNA重组后,导入大西洋鲑(*Salmo salar*)中,由此培养出生长速度极快的"水优三文鱼"。2015年,该转基因三文鱼在美国被批准上市。这是国际上唯一一例被批准上市的农业基因工程动物,是第一种可供食用的转基因动物产品。与野生大西洋鲑至少三年的生长期相比,转基因三文鱼大约18个月即可达到市场标准,且比常规养殖鲑鱼少用20%~25%的饲料,养殖性状优良。

2. 抗病或环保型的转基因猪

"猪瘟疫"是指猪繁殖与呼吸障碍综合征(PRRS),俗称蓝耳病,现已经成为规模化猪场的主要疫病之一。在美国密苏里大学的研究大楼里,养了一群快乐的胖嘟嘟猪仔,是采用基因编辑技术将猪瘟疫病毒的受体分*CD163*基因敲除,制造的对"猪瘟疫"免疫的转基因猪。受体蛋白质分子被敲除后,猪瘟病毒不仅不能进入猪巨噬细胞,也无法在猪与猪之间传播。相信有一天,消费者就可以在餐桌享用转基因猪肉美食了!

养猪多加饲料就可以多长肉,但因为猪体内缺乏某些消化酶,无法充分吸收饲料中氮磷养分,结果多余的氮磷元素被排出体外,造成严重环境污染。中国科学家通过转基因技术,将来自微生物的甘露聚糖酶、木聚糖酶和植酸酶编码基因转移到猪的体细胞核中，利用体细胞核移植技术获得转基因"环保"猪。由于分泌这些酶的地方是唾液腺，饲料入嘴后转基因猪就开始利用氮磷，这样保证了养分利用更高效，节约饲料且生长快速，同时还能显著减少环境污染。

3. 双肌健硕或产人奶的转基因牛

肌肉生长抑制素基因的神秘面纱在1997年被揭开，如果这个基因的功能出现了问题，小鼠的肌肉重量会变成正常小鼠的2～3倍，肌纤维也会变得更粗壮。中国科学家采用基因编辑技术，精准敲除鲁西黄牛的肌肉生长抑制素基因，培育出高产肉率、高屠宰率的转基因肉牛新品种。这样转基因牛既保持鲁西黄牛原有的优良性状，同时"双肌"线条明显，体型更为健硕。

1990年，世界第一头转基因牛赫尔曼降生，能生产人乳铁蛋白的牛奶。赫尔曼生命的最后两年时光是在荷兰莱顿自然博物馆度过的，成为该馆一件宝贵的活体转基因动物展品。2011年，阿根廷科学家利用哺乳期乳腺分泌的两种母乳蛋白质编码基因，培育出可产人乳化牛奶的转基因牛。人乳化牛奶的蛋白成分与人类母乳相同，具有类似母乳的抗病菌作用，具有广阔的市场前景。

4. 转基因动物反应器药物

目前，已知获批上市的转基因动物乳腺生物反应器主要有两个。一个是世界上第一个利用转基因动物乳腺生物反应器生产的基因工程蛋白药物——重组人抗凝血酶Ⅲ（商品名：ATryn）。2006年该药首次获得了欧洲药品管理局人用医药产品委员会的上市批准，随后在2009年获得了美国食品与药品管理局的上市批准。该药是GTC Biotherapeutics生物公司利用转基因山羊乳腺作为生物反应器表达获取的，其主要成分重组人抗凝血酶Ⅲ具有抑制血液中凝血酶活性，能够预防和治疗急慢性血栓血塞形成，对治疗抗凝血酶缺失症有显著效果，现在仅用几十只转基因山羊就能生产出全世界一年需求的抗凝血酶Ⅲ。另一个是荷兰Pharming公司研发的转基因兔乳中生产的重组人C1抑制剂，该转基因药用蛋白于2010年被EMA批准上市，2014年被美国FDA批准上市。

第二节　中国研发现状

目前，中国已建立起涵盖基因克隆、遗传转化、品种培育、安全评价等全链条的自主研发体系和生物安全技术体系，形成了具有自主基因、自主技术、自主品种的产业发展格局。在稳步推进转基因棉花、番木瓜和动物用基因工程疫苗产业化应用的同时，中国转基因玉米、大豆、水稻等的研究与产业化也取得重大突破。

一、功能基因挖掘与核心技术研发

针对抗病虫、抗逆和抗除草剂、高产、品质、高效等重要农艺性状，克隆功能基因3 160个，鉴定重要基因815个，获得重大育种利用价值新基因148个。其中抗虫基因*Bph3*、*cry1Ah*、*cry2Aj*，耐除草剂基因*maroAcc*、*G2-epsps*、*Gat*，抗水稻褐飞虱基因*Bph14*、理想株型基因*IPA1*、抗稻瘟病基因*Pigm*、氮肥高效利用基因*NRT1.1B*等功能基因已应用于作物转基因育种或分子标记育种。蛋鸡矮小型、猪耳型、肋骨数、鸡绿壳蛋、冠型、雌性IVF胚胎异常发育等一系列重要性状功能基因得以挖掘鉴定，并应用于标记辅助育种。

构建了水稻、棉花、玉米、大豆、小麦等规模化转基因技术体系，与2008年转基因专项启动前的技术水平比较，中国主要农作物遗传转化技术体系得到进一步完善，其中，水稻和棉花遗传转化体系的转化效率达到国际领先水平（表10）。

表10　中国主要农作物遗传转化效率

类别	2008年	2017年
水稻	粳稻转化效率20% 籼稻转化效率1%～5%	粳稻转化效率85% 籼稻转化效率30%
小麦	转化效率1%	转化效率20%以上
玉米	转化效率为3%～5%	转化效率为7%～10%
大豆	转化效率1%	转化效率6%以上
棉花	转化效率5%	转化效率20%以上

特别是，粳稻转化效率稳定在80%以上，部分籼稻品种转化效率达到30%以上；大面积推广小麦品种幼胚的转化效率达到20%；玉米HiⅡ等杂交种的平均转化效率达到8%，综31、B73-329等自交系的批量转化效率提高到4%；大豆模式品种转化效率稳定在8%以上；棉花模式品种中棉所24转化率稳定在20%以上。

2013年以来，中国相继在水稻、小麦、玉米、棉花、番茄、苜蓿、烟草、柑橙、猪、牛、羊等重要动植物上建立了基因敲除、基因替换或插入、基因转录调控、单碱基定向突变等基因组定点编辑技术体系。中国建立的主要农作物CRISPR/Cas9介导的基因定点编辑技术体系，通过基因敲除获得突变体材料进行功能分析等已处于国际先进水平。广泛建立了基因表达精准调控、抗病毒育种新策略，并实现了野生植物驯化、杂交育种新方案等多种育种技术创新。优化了CRISPR/Cpf1系统，扩大了编辑靶位点的范围，目前已开始应用于水稻、大豆等植物中，并获得系列基因敲除突变体。开发出基于基因编辑的β-酪蛋白基因座、Rosa26和H11友好基因座等位点的定点整合技术体系，主要用于动物育种，其技术水平已处于世界先进水平。研发了基因编辑靶点选择、编辑类型解读和脱靶预测相关软件。建成了水稻高覆盖率CRISPR突变体库，为今后中国进行水稻重要功能基因发掘、优良性状改良提供了强有力的支撑，进一步奠定了我国水稻生物学研究在全球的领先地位。多个科研团队正在开展新型基因编辑技术系统相关研究，以建立具有自主知识产权的基因编辑系统，摆脱国外的专利限制。在农作物基因编辑产品研发方面，获得了主要农作物耐除草剂、抗病、品质改良、抗生物及非生物逆境胁迫等新型材料。首次对基因组复杂的六倍体小麦中的*MLO*基因3个拷贝同时进行了突变，创制了持久广谱白粉病抗性小麦；建立了基于CRISPR/Cas9技术的基因替换以及基因定点插入体系，实现了水稻内源*OsEPSPS*基因保守区2个氨基酸的定点替换，培育出抗草甘膦除草剂水稻。

在动物基因编辑产品研发方面，首次成功获得*PPARγ*基因敲除猪、*vWF*基因敲除猪，证明了CRISPR/Cas9技术在大动物中的可应用性；发表了国际首篇基因编辑羊论文，标志着中国率先将基因编辑技术应用于羊育种实践；首次在国际上创制出胰岛β细胞和肝脏特异性表达多基因的Ⅱ型糖尿病模型猪，率先在国际上创制定点敲入大片段外源基因的工程猪。品质改良方面，创制了肌抑素基因编辑猪牛羊，获得"仿比利时蓝牛*MSTN*基因突变"的大白猪，培育出表型良好的*MSTN*基因编辑肉牛。抗病方面，率先获得抗结核病牛、β-乳球蛋白基因敲除牛、抗布病羊、抗蓝耳病和流行性胃肠炎双抗猪新材料，并拥有多个抗蓝耳病猪新种群。

二、转基因生物新品系培育

2008年以来，创制出了一批具有重要应用前景的抗虫、抗除草剂、抗旱节水和营养功能型的棉花、玉米、大豆、水稻等转基因新品系。一是在转基因棉花方面，育成新型转基因抗虫棉新品系147个，抗虫三系杂交棉比常规杂交棉，制种效率提高40%、成本降低60%，且适宜大规模制种。转基因纤维品质改良棉花取得突破性进展，衣分高达49%，比对照棉花提高20%以上，皮棉产量提高25%～34%。二是在转基因玉米方面，抗虫转基因玉米新品系抗虫效果突出，产量等农艺性状优良，可降低农药用量，减少黄曲霉素污染，目前已进入安全证书申报阶段。抗除草剂转基因玉米新品系效果突出，正在开展安全评价。三是在转基因大豆方面，抗除草剂转基因大豆新品系进入生产性试验阶段，可以降低人工除草成本30元/亩以上，产量比对照品种增产5%以上。研究中的转基因抗旱新品系抗旱节水效率在10%以上。四是在转基因水稻方面，抗虫转基因水稻华恢1号和Bt汕优63获得生产应用安全证书，培育的新型抗虫水稻抗虫效果达95%以上，可减少农药用量60%以上，节省农药投入成本20～30元/亩，比对照水稻增产5%以上。五是在转基因小麦方面，抗旱节水转基因小麦新品系水分利用效率提高10%以上，可大幅减少灌溉用水，有效缓解水资源短缺问题，安全评价已进入环境释放阶段。

中国转基因水稻研发达到世界领先水平，建立了一系列较完整的功能基因组组学平台，率先开发了基于新一代测序技术的高通量基因型鉴定方法，克隆了一批具有自主知识产权的基因，为我国转基因水稻的进一步发展注入了强大动力。华中农业大学将由中国自主合成的杀虫蛋白*cry1Ab/cry1Ac*融合基因，通过基因枪介导转化法导入水稻三系恢复系"明恢63"中，经多代选择获得能够稳定遗传表达的抗虫恢复系"华恢1号"。"华恢1号"与"珍汕97A"配对组合获得杂交品"Bt汕优63"。经过室内外多点、多代遗传分析结果显示，转基因水稻植株中的杀虫蛋白基因可以稳定遗传和表达，对稻纵卷叶螟、二化螟、三化螟和大螟等鳞翅目主要害虫的抗虫效果稳定在80%以上，对稻苞虫等鳞翅目次要害虫也有明显的抗虫效果。种植转基因抗虫杂交稻可以大幅减少杀虫剂的用量，降低生产投入成本；减小人工劳动强度，避免由此造成的人体中毒、中暑风险；降低农药对田间益虫的影响，维持稻田生物种群动态平衡；减少农药残留对自然生态环境的污染，减少农业面源污染的发生。

经过长达11年严格的食用安全和环境安全评价，2009年"华恢1号"和"Bt汕优63"获得农业主管部门颁发的生产应用安全证书。2018年，"华恢1号"获得美国食用许可。美国食品药品监督管理局（FDA）认为，华中农业大学已经就转基因抗虫水稻"华恢1号"的食用及饲用安全得出结论，华恢1号稻米上市前无需经FDA的审查和批准。我国转"人类血清白蛋白"基因水稻于2017年获批临床试验。即可以从水稻胚乳中提取人类血清，纯度可达到99.999 9%，如果获准产业化后，可以有效缓解医学手术中血荒问题，被称为"救命水稻"。

我国转基因人乳铁蛋白功能型奶牛、转α乳清白蛋白基因奶牛、转基因抗乳腺炎奶牛、转人溶菌酶基因奶牛、肌抑素基因敲除猪和转溶菌酶基因抗腹泻奶山羊等完成生产性试验，具备了产业化条件。转基因抗腹泻猪和抗乳腺炎奶山羊进入生产性试验；转人乳铁蛋白基因奶山羊、转基因富含多不饱和脂肪酸猪等逐步展现出产业化潜力。此外，培育出一批具有产业化前景的转基因抗蓝耳病猪、抗疯牛病基因敲除牛、转β防御素基因牛、转基因高多不饱和脂肪酸牛、快速生长"冠鲤"和"吉鲤"等育种新材料和新品系。

三、安全证书审批与产业化应用

截至2018年年底，经过严格安全评价，中国批准了两类安全证书。

一是截至2018年，批准了自主研发的抗虫棉、抗病毒番木瓜、抗虫水稻、高植酸酶玉米、改变花色矮牵牛、抗病甜椒、延熟抗病番茄7种生产应用安全证书。目前商业化种植的只有转基因棉花和番木瓜；转基因抗虫水稻、植酸酶玉米尚未通过品种审定，没有批准种植；转基因番茄、甜椒和矮牵牛安全证书已过有效期，实际也没有种植。批准了300多个基因工程疫苗和饲料用酶制剂等动物用转基因微生物的生产应用安全证书，没有发放转基因动物的生产应用安全证书。

二是中国依法对农业转基因生物进口实行审批制度。凡申请进口安全证书，必须满足4个条件，输出国家或者地区已经允许作为相应用途并投放市场；输出国家或者地区经过科学试验证明对人类、动植物、微生物和生态环境无害；经中国认定的农业转基因生物技术检测机构检测，确认对人类、动植物、微生物和生态环境不存在危险；有相应的用途管制措施。满足以上条件，并经安委会评价合格后，才能批准发放进口安全证书。进口的农业转基因生物仅批准用作加工原料，不允许在国内种植。截至2017年，中国批准了国外公司研发的大豆、玉米、油菜、棉花、甜菜5种作物的进口安全证书，主要是抗虫和抗除草剂两类性状，包括抗虫、抗除草剂、抗旱、品质改良等转基因玉米17个；抗除草剂转基因油菜7个；抗虫或抗除草剂棉花9个；抗除草剂甜菜1个。

在动物用基因工程疫苗应用方面，已发放176个基因工程疫苗的安全证书，可防治禽流感、新城疫、法氏囊、猪圆环、繁殖与呼吸综合征、口蹄疫等20多种动物疾病，并大规模用于生产，极大地提高了我国畜禽疾病的防治水平。

环斑病毒是番木瓜的毁灭性病害，在东南亚国家、美国以及中国广泛发生，可导致番木瓜果实畸形、果皮皱褶、植株枯萎死亡，严重影响番木瓜的生产种植和产品品质。种植抗病品种是防治该病毒病害的有效措施，但番木瓜栽培品种中缺乏抗性资源，野生番木瓜中的抗性资源又很难通过常规的杂交方法转移到番木瓜栽培品种中，转基因抗病毒番木瓜在这一背景下应运而生。中国科研人员利用番木瓜环斑病毒优势毒株的复制酶基因，获得高抗番木瓜环斑病毒的转基因番木瓜华农一号，于2006年获得农业部的安全生产证书，在南部沿海省区大规模种植后，从根本上解决了番木瓜生产受环斑病毒威胁的问题，产生了极大的经济、社会和环境效益。

除转基因番木瓜外，中国现在真正意义上大面积商业化种植的主要是转基因棉花。20世纪90年代，中国黄河流域和长江流域棉区的棉铃虫持续性大爆发，给棉花产业带来灭顶之灾。此外，棉铃虫农药耐受性极强，泡在农药里几个小时都不死，但是鸡吃之后却中毒死亡。为了防治棉铃虫不得不大量施用高毒、高残留农药，结果也造成人畜中毒事件频发。1997年，中国批准了转基因抗虫棉的应用，有效控制棉铃虫的危害，挽救了棉花产业。2008年以来，育成新型转基因抗虫棉新品种168个，国产抗虫棉种植份额达到96%以上，累计推广5.0亿亩，减少农药使用40多万吨（活性成分），增收节支500多亿元。

2019年，农业农村部科技教育司发布农业转基因生物安全证书批准清单，批准192个转基因植物品种安全证书，其中包括两种转基因玉米和一种转基因大豆。这是国产转基因大豆首次获得安全证书，也是自2009年以来转基因玉米再次获得安全证书。2020年，农业农村部科技教育司发布《2020年农业转基因生物安全证书（生产应用）批准清单》，其中包含玉米、大豆各一种。这是近十年来第二批获得生物安全证书的国产转基因玉米、大豆。此次获批大豆品种为中国农业科学院作物科学研究所申报的转*g2-epsps*和*gat*基因耐除草剂大豆中黄6106，生产应用区域为黄淮海夏大豆区。*g2-epsps*和*gat*基因知识产权为中国农业科学院生物技术研究所拥有，并已获得中国和美国专利授权。国产转基因作物品种十年磨一剑，意味着今后还有一大批转基因品种将有可能获得安全证书，许多举步维艰，甚至难以为继的高技术种业公司将可能起死回生，中国农业生物技术产业将进入一个新的快速发展时期。

四、生物安全评价与技术体系建立

中国目前已建立了完善的转基因生物安全评价、检测和监测技术体系。发展了基于核酸、蛋白质、代谢物的转基因生物抽样技术，建立了基于定性定量PCR和基因芯片、变性高效液相色谱的转基因产品高通量的分子特征分析和检测技术，以及转基因生物及其产品全程溯源技术体系；研制转基因生物检测技术120余项，完成了38个转化体的分子特征分析，检测技术已广泛用于转基因产品口岸检测及转基因生物安全管理。创新了新型转基因抗虫水稻、抗虫玉米、抗除草剂大豆、抗旱小麦、高衣分优质棉、高品质奶牛、高瘦肉率猪等外源基因及其基因操作的环境安全评价技术体系，建立了环境安全风险评价模型以及相应的数据库；研制环境安全评价新技术新方法64项，已用于专项研发的38个转化体的系统安全评价。完善和优化了转基因生物食用和饲用安全评价技术体系，研制食用饲用安全评价技术50余项，完善了转基因产品食用和饲用安全评价的动物模型以及相应技术指标，建立了相应数据库，已用于专项研发的20余个转化体的食用安全评价。建立了农田生态和自然生态风险监测技术体系，广泛应用于全国Bt棉花的安全监测，明确了Bt棉田节肢动物的种群动态和消长规律，发展了非靶标害虫种群控制对策，揭示了靶标害虫的抗性进化机理，提出了有效的抗性治理策略。

五、存在问题分析

近十年来，中国转基因技术研发与产业化取得长足进步，国际竞争力显著提升，但与美国相比仍然存在较大差距，国际挑战和市场竞争形势严峻。一是原始创新能力亟待提高，主要体现在重大育种价值基因克隆、转基因核心技术等源头创新能力不足，核心专利数不足美国的1/10。中国基因资源的大规模筛选、高通量鉴定和高水平表达技术体系不健全，专业化、智能化和工厂化的基因育种价值评价技术平台建设与发达国家差距明显，导致中国自主知识产权的重大育种价值基因和原创性技术成果与美国差距较大。二是技术创新体系亟待加强，与美国比较，中国高效、安全、规模化转基因育种技术创新不足，尚未形成完善的技术链和产业化链条，企业自主创新能力不强；转基因新品种培育技术体系不健全，产业化基地较少，基础条件设施不够完善，无法满足新品种培育和产业发展的迫切需要，严重制约了转基因产业的快速发展。三是新一代产品研发亟待突破，现在美国农作物推广利用的主要是抗虫兼耐除草剂或多个抗虫聚合的第二代转基因新品种，如孟山都公司的第三代转基因大豆具有抗麦草畏和草甘膦除草剂和三种抗虫蛋白，可以抵抗部分鳞翅目害虫的侵袭，而中国目前批准种植的转基因作物均是第一代单基因产品，尚无多基因复合性状产品实现产业化。四是转基因产品产业化严重滞后，与美国差距拉大。美国是全球转基因作物种植面积最大的国家，占全球转基因种植面积的39%。其中，转基因玉米、棉花、大豆、油菜品种的平均采用率高达94.5%，75%以上的加工食品都含有转基因成分。同时，品质改良马铃薯、抗褐化苹果、快速生长"水优三文鱼"相继获准商业化生产。目前，中国仅转基因棉花实现了产业化应用，年推广面积280万公顷，种植面积由2009年全球第四位降至目前的第八位。中国培育出的抗虫水稻、抗虫耐除草剂玉米、耐除草剂大豆等转基因新品种已具备产业化条件，但受国内产业化政策和社会舆论的影响，至今未能产业化。

第三节　未来发展战略

一、重大需求

中国是一个人口大国，解决13亿人口的吃饭问题始终是头等大事，粮食安全始终是关系中国经济安全、社会稳定的重大战略问题。目前，中国农业生态环境脆弱，重大病虫害频发，干旱、高温、冷害等逆境胁迫严重，农药、化肥使用不合理，农业用水供需矛盾突出，突出表现如下。

一是量的刚性约束。到2035年中国粮食和肉蛋奶总需求量分别将攀升至7.2亿吨和2.1亿吨，生产能力须提高20%和30%以上才能满足基本需求。2015年以来，中国每年进口大豆、玉米等谷物超过1亿吨，新冠疫情和逆全球化严重影响全球粮食供应。中国人均耕地面积和淡水资源分别仅为世界平均水平的1/3和1/4，人多地少，水资源匮乏是我们的基本国情。

二是质的严重恶化。农业生态环境恶化已经成为制约中国农业和农村经济持续发展的重大问题。中国约60%的耕地缺乏灌溉条件，7亿多亩农田常年受旱灾威胁，5亿亩盐碱荒地有待开发利用。高强度耕种则导致农田生态系统结构失衡，功能退化。全国水土流失面积达295万平方千米，年均土壤侵蚀量45亿吨，沙化土地173万平方千米，石漠化面积12万平方千米。中国目前的亩均化肥用量22千克，是美国的2.6倍，欧盟的2.5倍；农药平均利用率仅为35%，而欧美国家则达50%～60%，化肥、农药等的过量施用导致对土壤和水体造成严重的面源污染和食品安全问题。全国利用污水灌溉的农田面积为362万公顷，占全国灌溉面积的7.3%。另外，据全国污染源普查数据表明，我国畜禽养殖业总氮、总磷的排放量分别占全国总排放量的21.7%和37.7%，占农业源排放量的38%和65%。中国农业病虫害频发，草地贪夜蛾和非洲猪瘟等危害严重。2015年中国使用抗生素约18.2万吨，其中近50%的抗生素用于养殖业，导致药物残留污染水体和土壤环境等问题日益突出。

当前，中国农业进入"高成本"时代。由于农资价格（占成本40%左右）、人工成本等生产要素快速上涨，中国粮食及主要农产品的价格大多已高于进口到岸价。粮食生产效益偏低，国际竞争压力越来越大。由于国内农产品成本"地板"抬高和国际农产品价格"天花板"封顶的双重挤压，中国一方面粮食产量连年增产，另一方面大豆等饲料用农产品和高端优质专用产品（如优质大米、强筋弱筋小麦、高蛋白大豆等）供给严重不足，连年进口。

下面以大豆为例，比较中国与美国在产量、单产、成本和价格上的差距。

供给严重不足：2015年，中国大豆产量1 200万吨，消费量9 300万吨，缺口8 000多万吨，均需进口。要实现完全自给，需6.7亿亩耕地。而美国转基因大豆产量超过1亿吨，出口超过5 500万吨，约为全球出口总量的36%。

平均单产低：中国大豆平均单产近20年徘徊在110～120千克/亩。而美国转基因大豆平均单产超过200千克/亩。

生产成本高：美国大豆生产成本127元/100千克，而中国大豆生产成本达到228元/100千克。

销售价格高：2016年4月，国产大豆418元/100千克，比国际大豆到岸税后价300元/100千克，高118元，超过39%。

特别需要关注的是，中国农业面临的国际竞争加剧。以种业为例，根据国际种子联盟统计，2016年全球种子市场规模已达到了500亿美元，较2001年的180亿美元增长177%。中国种业市场快速升值，从2000年的250亿元增加到目前的近1 000亿元，为全球第二大种子市场。另外，中国生物种业创新能力弱、效益低，基因编辑等前沿核心技术受制于人，生猪、肉鸡等部分动物种源对外依存度高，同时，跨国公司纷纷登陆中国，以资本技术优势对民族种业形成强大冲击，产业安全形势严峻（图49）。

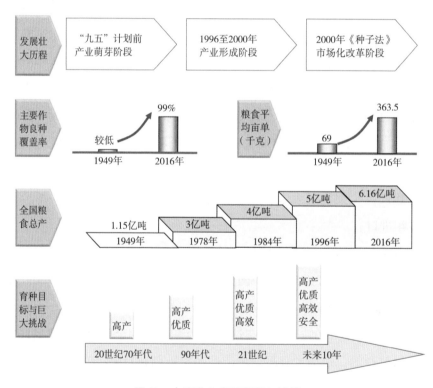

图49 中国种业发展历程与挑战

注：目前，中国粮食产量居世界第一，2004—2015年实现历史性的连续"十二年"增产，种业贡献巨大。但是，现有品种难以支撑"产出高效、产品安全、资源节约、环境友好"的现代农业发展需求，种业发展面临严峻挑战。

二、基本国策

中国政府一贯高度重视农业转基因技术发展，坚持把发展转基因作为增强产业核心竞争力、把握产业发展主动权的基本国策。2006年，国务院发布《国家中长期科学和技术发展规划纲要（2006—2020）》，把转基因生物新品种培育列为16个国家科技重大专项之一。2008年，国务院批准启动实施转基因生物新品种培育科技重大专项，提出要获得一批具有自主知识产权和重要应用价值的功能基因，培育一批抗病虫、抗逆、优质、高产、高效的重大转基因动植物新品种，提高农业转基因生物研究和产业化整体水平，为中国农业可持续发展提供强有力的科技支撑。

2009年，中央一号文件要求加快推进转基因生物新品种培育科技重大专项，整合科研资源，加大研发力度，尽快培育一批抗病虫、抗逆、高产、优质、高效的转基因新品种，并促进产业化；国务院出台《促进生物产业加快发展的若干政策》（国办发〔2009〕45号），明确提出要加快把生物产业培育成为高技术领域的支柱产业和国家的战略性新兴产业。2010年，中央一号文件要求继续实施转基因生物新品种培育科技重大专项，抓紧开发具有重要应用价值和自主知识产权的功能基因和生物新品种，在科学评估、依法管理基础上，推进转基因新品种产业化。2012年，国务院印发《"十二五"国家战略性新兴产业发展规划》（国发〔2012〕28号），提出要加快实施转基因生物新品种培育科技重大专项，推动生物农业等战略性新兴产业发展。2015年，中央一号文件要求加强农业转基因生物技术研究、安全管理和科学普及。2016年，中央一号文件要求加强农业转基因技术研发和监管，在确保安全的基础上慎重推广。国务院印发《"十三五"国家科技创新规划》（国发〔2016〕43号），提出加强作物抗虫、抗病、抗旱、抗寒基因技术研究，加大转基因棉花、玉米、大豆研发力度，推进新型抗虫棉、抗虫玉米、抗除草剂大豆等重大产品产业化。强化基因克隆、转基因操作、生物安全新技术研发，使中国农业转基因生物研究整体水平跃居世界前列，为保障国家粮食安全提供品种和技术储备。

确保谷物基本自给，口粮绝对安全，中国人的饭碗里主要装中国粮，必须突破耕地、水、热等资源约束，必须依靠科技创新。推进转基因技术研究与应用，既是着眼于未来国际竞争和产业分工的必然选择，也是解决中国粮食安全、生态安全、农业可持续发展的重要途径，既是顺势而为，也是大势所趋。

三、总体目标

面向中国经济建设主战场和现代农业发展重大需求，瞄准前瞻性基础研究和关键核心技术，加快培育战略性新产品，抢占科技制高点，掌握竞争主动权。创新管理体制与运行机制，打造具有全球竞争力的生物技术创新平台，培育具有重大创新能力的企业，形成政产学研用资协同的国家农业生物技术创新体系。转基因产业规模不断扩大，国际竞争力大幅提升。

到2025年，在农业生物组学、新一代生物育种、重大动疫病防控以及新型农用生物制品等领域，着力突破全基因组选择、转基因、性别控制、基因编辑等一批原创核心技术，创制重大产品，抢占产业发展制高点，驱动提升我国农业转基因技术创新能力和产业整体竞争力。

到2030年，全面突破基因编辑和合成生物等颠覆性技术，提升农业生物技术基础研究原创能力，创制突破性新产品，培育具有核心竞争力的企业，完善国家农业转基因技术创新体系，壮大生物农业等战略性新兴产业，使中国成为全球农业生物技术创新强国。

四、重点任务

1. 基础理论创新

发掘和克隆控制农业生物高产、优质、抗逆、抗病虫、养分高效利用等重要性状的关键基因，解析基因功能，阐明重要性状形成的分子机制；利用表型组、基因组、表观组、转录组、蛋白组、代谢组等组学技术，开展生长与发育、产量、生物逆境与非生物逆境应答以及品质等相关重要代谢产物合成与分解途径的调控机理与调控网络研究，阐明重要性状的DNA代谢产物网络、蛋白互作网络、转录调控网络和基因调控网络，建立生物技术产品创制的理论基础。

2. 关键技术突破

创建新一代农业生物基因高效发掘技术，开发和优化重要农业生物的全基因组选择技术；研发主要家畜XY精子高效精准分离技术、多能干细胞建系以及定向分化与移植技术；建立主要家畜配子体外发育成熟及体外胚胎高效生产体系；构建家畜高效繁殖调控技术；突破主要农业动植物高效遗传转化瓶颈，研发不依赖受体基因型限制的高效遗传转化新技术；研发无外源基因、无基因型依赖以及特异性强或广适性高效基因组编辑技术，突破高效的单碱基定点突变、大片段定点插入、同源重组、等精准定向编辑技术；创新与集成基因组设计、基因叠加、同源重组、三维调控、人工染色体等基因操作技术，构建基于通路设计和代谢途径调控的合成生物学育种平台。

3. 重大产品创制

针对主要农作物生产重大问题和多元化市场需求，创制抗除草剂、抗病虫、耐逆（干旱、极端温度、盐碱等）、养分高效利用、全新功能型作物新品种和生物反应器。针对提升农业动物产量和质量、生长速度、饲料报酬和抗病性能，创制优质高产抗病猪、牛、羊、鸡等新品种。针对人类重大疾病及紧缺药物，创制高效动物疾病模型和紧缺药物动物生物反应器。针对现代农业生产和农业微生物产业的重大需求，创制新型生物农药、生物肥料、酶制剂，饲用抗生素替代品、动物疫苗等产品。

4. 安全评价研究

开展农业转基因生物，特别是具有重大产业应用价值的转基因作物以及新一代转基因技术及其产品的风险评估与安全评价研究，建立和完善建立和转基因生物及产品精准检测和溯源、环境与食用安全评价以及检测预警等技术体系，制定一批与国际接轨的中国转基因生物安全技术、评价标准，大幅度提升我国转基因生物安全评价的理论水平与技术支撑能力。

5. 条件平台建设

以加快推动转基因技术创新及其产业化为目标，以前沿引领技术和关键共性技术为重点，建设国家农业转基因技术创新中心，打造以企业为主体、市场为导向、政产学研用资协同的转基因技术创新大平台，通过技术创新和机制创新双轮驱动，构建生物种业创新体系，充分发挥转基因技术的引领作用和种业的源头价值，为农业的现代化和绿色可持续发展注入强劲动能。

第四节　措施与建议

一、加快转基因技术产业应用

中国转基因作物育种研究开发几乎与国际同步，经过多年努力已获得一批研究达到国际先进水平、安全性完全有保障、产业发展潜力巨大、可以冲击国际技术前沿并与国外公司抗衡的成果。但遗憾的是由于受到转基因安全争议的负面影响，这些成果未能及时走向推广应用。

逆水行舟，不进则退。产业化的滞缓必然导致科技竞争力的下降。近十年全球转基因技术发展日新月异，而中国生物育种整体水平与美国的差距重新拉大，发展速度与应用面积竟落到巴西、阿根廷、印度等发展中国家之后。特别是近年来，全球种业呈现发展高速化、供种私有化、经营全球化、市场垄断化、产业多元化、技术精准化、服务一体化、扩张资本化八大趋势，生物种业竞争空前激烈。

中国科技竞争地位的削弱最终也导致农业对国际市场整体依赖程度不断增加，难以阻挡国外转基因作物产品大举进入，以致部分农产品市场陷入了受制于人的被动局面。国内外实践已充分证明，转基因作物育种已处于战略机遇期，发展势不可挡，产业化的实现只是时间问题；加快推进有利于抢占市场先机和技术制高点，延误时间只会坐失良机而付出更大代价。

当前应突破不符合科学、不适于发展需要的管理程序，尽快修订现行管理办法，简化和加快安全审批进程，做好转基因安全评价与品种管理的协调和衔接。2016年最新修订后的《主要农作物品种审定办法》规定："除转基因棉花外，其他转基因作物品种审定办法另行指定。"但该规定的具体细则尚未出台。应加快安全评价与品种审定进程相关法规的衔接、草甘膦残留标准的制定以及加强市场竞争规范与监管等。

对已有成果的技术成熟度、生物安全评价进展、知识产权地位、经济社会生态效益、开发应用前景、产学研结合现状、国内外竞争力等要素进行综合评估，选择发展最为紧迫的农作物，制定切实可行的、推进产业发展的路线图和时间表，力争3～5年内有较大产业应用突破。

在转基因重大专项的支持下，在国内科研机构和种子企业共同努力下，我国转基因优良品种的培育能力显著提升，转基因作物产业化的推进时机与技术条件已基本成熟。以中国自主研发的抗虫/抗除草剂转基因玉米为例，已基本具备生产应用的五大条件。

（1）生产发展急需（第一大作物，但国际竞争力低）。

（2）技术基本成熟（我国转基因玉米研发达到国际同类产品先进水平，植酸酶玉米减少磷素污染40%，抗虫玉米杀虫效果达85%以上，可减少农药用量60%以上，耐除草剂玉米的耐受水平超过常规用量4倍，有效节省人力和物力成本，展现良好的产业化前景）。

（3）安全可以确保（部分进入生产性试验阶段，正在申请安全证书）。

（4）社会较易接受（间接食用，符合转基因产业化"从非食用—间接食用—食用"发展策略）。

（5）对出口贸易影响较小（出口量小，占转基因进口量的0.4%左右）。

二、提升转基因技术创新能力

瞄准食物安全、资源约束、生态安全、原始创新等重大需求，按照"强化自主创新，突出战略重点，创新管理机制，培植生物产业"的总体思路，以资源整合集成和体制机制创新为手段，构建基础性研究与应用性攻关及产业化紧密结合、产业链与创新链高效衔接的现代农业生物技术创新体系。

中国农业生物技术领域存在研究力量分散、集成度较低等问题。同时，在创新链上游存在着前沿关键技术原创不足、中游技术验证集成转化欠缺和下游产业应用受限等问题。因此，需要重点破解上述问题，即集中力量、集成资源、打造创新大平台，营造原始创新氛围，整合理论与技术，提升企业主导意愿，努力实现创新链、产业链与价值链的"三链融合"（图50）。

要充分发挥新型举国体制优势，组织全国优势研究力量，向转基因生物新品种培育的创新链集聚，集聚人才与平台优势，形成我国转基因生物新品种培育的战略核心力量。在创新链上游的基础原创、应用基础研究、前沿引领等重大攻关领域，统筹研究力量，组建具有行业优势、突出学科交叉和强化协同创新的农业生物育种国家实验室。

在创新链中游的创新体系瓶颈环节，针对关键共性、验证集成、转移孵化等瓶颈问题，组建创新资源集聚、组织运行开放、治理结构多元的国家农业生物育种技术创新中心。在创新链下游的产品创制、产业应用与推

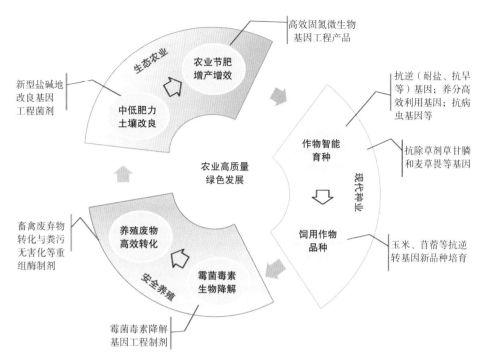

图50　转基因技术创新链、产业链与价值链的深度融合

注：集中力量、集成资源、打造创新大平台，营造原始创新氛围，整合理论与技术，加强产学研联合攻关，打通上中下游技术、实现创新链、产业链与价值链的"三链融合"，形成新产品、新业态、新动能的创新模式。

广等环节，从领军企业中，培育创新型领军企业，打造国家农业生物育种产业化基地，推动产业国际竞争力提升。

为应对应对全球生物技术迭代升级、生物种业竞争加剧的严峻挑战，围绕国家食物安全、生态安全、国民营养健康和产业跨越发展等重大需求，建议继续实施以新一代转基因育种技术产业化为目标的农业重大科技专项。以主要农作物、畜禽水产动物和重要农业微生物为对象，建立完善基因编辑、合成生物、全基因组智能设计等关键核心技术平台，创制战略性新品种和新产品，培育具有国际竞争力的跨国种业集团，促进中国由农业大国向产业强国发展。

为提升国际农业科技核心竞争力，针对重要农作物、农业动物生物产业发展面临的重大理论与技术问题，建议实施"农业生物分子设计与重大产品智造"国家重点研发技术。强化基础研究的原始创新，系统解析农业生物重要性状形成的理论基础以及农业生物重要病虫害发病、发生和流行机制以及农业生物免疫机理等，突破RNA靶向调控、代谢途径重构、表型系统设计等前沿农业生物关键技术，培育战略性新兴产业，抢占未来农业技术发展的制高点。

为深化全球农业科技合作，提升我国农业产业的国际地位与话语权，建议实施"农业生物基因资源收集与育种利用"农业领域国际大科学计划。通过加强技术引进、人才交流、平台布局等模式创新，开展全球农业生物资源形成与起源进化研究，发掘重要基因并阐明其功能与调控网络，阐明农业生物与多元环境因子互作分子机制，重构从农业基因资源到农业基因产业的全球战略布局。

面向基础研究和前沿技术领域，围绕重点产业和战略性新兴产业发展需求，建议实施"农业生物育种条件能力建设"国家基地专项。前瞻部署一批具有国际一流水平、多学科交叉集成、面向社会提供服务支撑的科技条件平台建设。布局建设农业生物育种国家实验室、国家农业生物育种技术创新中心和国家农业生物育种产业化基地与野外科学试验站，为大幅度增强中国科技核心竞争力提供不可替代的条件支撑。

三、加强转基因技术科普宣传

现代科学知识更新和生物技术发展日新月异，转基因技术本是一项利国利民、惠及长远的先进农业技术，对于转基因安全问题国内外主流科学界已有明确结论，但因受到反科学、伪科学流言的蛊惑和妖魔化转基因舆论的干扰，社会上非理性思维一度盛行，不少公众（包括一部分消费者、经营者和管理者）对基因、转基因食品、转基因生物安全等知识了解不多，以致一度受到虚假信息的影响，对生物育种产生不少疑虑和误解。

转基因争论主要集中在科学、政治、经济和贸易等几个方面。从科学层面来看，在科技界，特别是在生命科学、医学领域，基本上不存在大的争议。目前的转基因争议已经超出了单纯的技术范畴，变成与社会化、与贸易关联的一些争议。折射出的背后深层原因是不同国家、团体、民族之间错综复杂的政治、经济、文化和宗教差异与矛盾。因此，从影响因素复杂性来看，转基因争论将长期存在。

在中国，转基因技术争论尤为激烈，还有其特殊原因。一是"转基因"译意容易引起公众恐慌，公众误以为外来基因会在物种间自由转移，进而改变人类基因，影响后代。实际在国际上，对于转基因生物国际上通用的英文原文是遗传修饰生物（Genetically Modified Organism，GMO），主要指用基因工程技术改造生物体，包括基因转入、基因转出、基因沉默和基因编辑等。二是近些年我国农业连年增产，农产品供给充足，公众现在主要关注质量安全，在安全问题上容易受负面言论影响，对一些谣言"宁可信其有"，加剧了对转基因的担心和抵触。

加强转基因科学传播和科普宣传在当前具有特殊重要性和紧迫性。建议有关管理部门应加大转基因科普宣传力度，旗帜鲜明地进行舆论正面引导，在继续加强转基因安全研究和监管工作的同时，及时发布有关信息，扩大与公众的交流。要进一步支持学术机构并动员社会力量开展形式多样的科普宣传工作，以弘扬科学精神、传播科学知识、还原事实真相。此项工作关键要争取主动、形成合力、扩大声势。科技专家有责任、有义务引导公众科学、理性认识转基因技术；新闻媒体，特别是主流媒体（包括电视、网络等）要致力于转基因技术的客观报道，担当起服务科教兴国、传播科学知识的社会责任。

为提高转基因研发与管理工作的透明度和公众参与度，农业农村部官方网站开辟"转基因权威关注"专栏，同时开设"中国农业转基因管理"官方微信公众号和官方微博，公开农业转基因生物相关法律法规、安全评价标准、指南、检测机构、转基因生物安全审批结果、监管等信息，公布获得安全证书的安全评价资料。在《农业转基因生物安全评价管理办法》等法规规章制修订、第五届安委会组建过程中，农业农村部公开征求社会公众意见。

转基因知识的科普宣传需要进一步统筹资源、整合力量、创新机制，形成科普的合力。转基因专业性、政策性比较强，需要建设懂技术、会科普、接地气的科普队伍。要采用各种宣传方式，包括新兴媒体等，打造群众喜闻乐见、科学性强、影响力大的科普平台。同时要提高科普宣传的覆盖面。在加强学校、社区等公共场所科普宣传的同时，还要突出重点，特别是做好管理层和决策层关键少数的宣传工作，为我国农业转基因技术研发与产业发展营造良好的软环境。

四、注重转基因生物伦理监管

对于转基因生物伦理问题，应主要从有利原则和无伤原则进行分析，强调"风险效益平衡原则"和"预先防范原则"。其中，"风险效益平衡原则"指的是发展该科技主要是因为它能带来巨大的经济和社会效益；"预先防范原则"指的是对于其可能带来的生物安全及风险应该给予充分的重视，对可能带来的风险有充分的预见性而采取必要的安全评价和防范措施。因此，在所有转基因产品上市之前，均需经过严格的食用安全性系统评估。

生态环境变化直接影响人类生存与社会发展，因而农业科技的生态安全伦理问题越来越受到重视。由于转基因作物在一些国家的广泛种植，导致一些常规作物品种的种植面积持续萎缩，需要采取有效的保护措施避免遗传资源的消失。同时，人们担忧转基因作物的抗虫性状有可能对非目标昆虫造成误伤，影响生物多样性。这就需要对商业化应用的抗虫作物的靶标专一性、对广谱杀虫剂施用的替代效果进行评估和权衡，以综合分析其对生物多样性的影响。

在生命伦理的事先知情同意原则用于转基因食品领域时，应使广大消费者能够理解和预知食品可能存在的潜在危害和可能导致的不良后果，从而在购买时能够自主和自愿选择。目前国际上通行的做法是，通过制定相关法律，规定转基因食品批准上市后，其产品包装必须要有明确的"转基因"标识，使消费者在购买时，能够做出自主的、理性的判断。中国颁布了转基因植物产品标识制度，基本保障了公众选择权，但对于未进入标识目录的产品，如转基因番木瓜，如何在进行科学标识的同时，保障公众知情权和选择权，值得进一步深入探讨。

当前，全球新兴科技如转基因、基因编辑、合成生物等技术发展日新月异，并广泛应用在农业生产领域，不断孕育工厂农业、数字农业和智能农业等农业新业态和新产业，同时也催生科学伦理风险和科技治理层面的新挑战。2010年，美国科学家创造了世界上第一个由人工合成基因组控制的命名为"辛西娅"（意为"人造儿"）的人造细胞，这一合成生物学领域的突破性进展受到全球广泛关注，并引发了对合成生命伦理和安全的严重担忧与激烈争论。

目前，合成生物技术涉及DNA合成、代谢工程、原细胞的合成、计算机模拟生命设计或可供选择的碱基合成等，而在农业领域涉及人工高光效作物、人工固氮体系和未来食品合成等，其与传统的生物技术不同之处在于其研究目标，即设计或创造新的生命形式或非天然的物质。这一目标本身就存在系列伦理问题，包括人类和其他生物体之间的关系，以及农业合成生物产品的法律和道德地位等。

中国农业科技伦理包括转基因生物伦理的研究还处于起步阶段，尚未形成系统的理论体系，是导致中国农业科技伦理特别是转基因生物伦理管理滞后的主要原因。应鼓励各大学和涉农研究机构，开展农业科技伦理的相关研究。同时组织政府管理者、科技工作者、消费者（公众）、非本领域研究者、企业等不同利益主体，以哲学理论为引，以科学知识为据，积极讨论，形成较广泛共识，综合考虑科技理性和社会理性，构建符合中国国情的农业科技伦理理论、原则和规范体系。

　　建议健全有中国特色并与国际接轨的农业转基因技术治理体系，尽快建立研发、应用和产业化的伦理审查制度。作为中国科技领域的基本法，《中华人民共和国科学技术进步法》自1993年颁布以来已走过26年，距离2007年修订也达12年。建议对伦理审查体系做出制度安排。当前科技伦理没有专门的法律法规，相关伦理规定散见于部门规章和规范性文件中，缺乏上位法依据。建议以专门法律条款明确设立国家级科技伦理机构，对各层次伦理审查体系做出制度安排，这将有利于从法律层面推动我国科技伦理建设，有利于在恪守伦理道德底线与推动科技进步之间实现平衡。

　　建议今后在修订在农业转基因生物安全评价管理法律法规时，纳入科技伦理概念及其内涵，并扩大之前未涵盖的范畴，使管理机构在履行行业管理职能时，将科技伦理的监管也明确纳入其中，并对转基因研究、试验、生产、加工、经营、进口以及标识等各个环节进行科技伦理方面的指导和监管。

白洋，钱景美，周俭民，等，2017. 农作物微生物组：跨越转化临界点的现代生物技术[J]. 中国科学院院刊（3）：260-265.

陈浩，林拥军，张启发，2009. 转基因水稻研究的回顾与展望[J]. 科学通报（18）：2 699-2 717.

陈君石，2010. 转基因食品与传统食品同样安全[J]. 健康管理（4）：46-49.

陈君石，2011. 助也媒体，误也媒体——点评2010中国十大健康事件[J]. 健康管理，2（1）：44-45.

陈晓亚，杨长青，贾鹤鹏，等，2014. 中国转基因作物面临的问题[J]. 华中农业大学学报（6）：115-117.

陈章良，1999. 农业生物技术研究及产业的现状和我国发展策略的几点考虑[J]. 中国农业科技导报（1）：18-20.

陈章良，2015. 基因工程——跨越生物种的遗传物质"拼接术"[J]. 知识就是力量（9）：10-15.

戴景瑞，鄂立柱，2010. 我国玉米育种科技创新问题的几点思考[J]. 玉米科学（1）：1-5.

邓兴旺，王海洋，唐晓艳，等，2013. 杂交水稻育种将迎来新时代[J]. 中国科学：生命科学（10）：864-868.

邓子新，2017. 代谢科学：解密自然代谢，谋划生物"智"造[J]. 中国科学：生命科学（5）：453-461.

范云六，2014. 农业生物技术科技创新发展趋势[J]. 科技导报（13）：1.

范云六，张春义，2013. 理性认识转基因食品安全[J]. 植物生理学报（7）：608-610.

郭三堆，王远，孙国清，等，2015. 中国转基因棉花研发应用二十年[J]. 中国农业科学（17）：3 372-3 387.

郭韬，余泓，邱杰，等，2019. 中国水稻遗传学研究进展与分子设计育种[J]. 中国科学：生命科学（10）：1 185-1 212.

胡伟娟，傅向东，陈凡，等，2019. 新一代植物表型组学的发展之路[J]. 植物学报（5）：558-568.

胡炜，朱作言，2016. 美国转基因大西洋鲑产业化对我国的启示[J]. 中国工程科学（3）：105-109.

黄大昉，2013. 以科学精神看转基因——再论加快推进生物育种产业化[J]. 科学新闻（4）：92-93.

黄大昉，2015. 我国转基因作物育种发展回顾与思考[J]. 生物工程学报（6）：892-900.

黄大昉，2018. 科技创新在争议中前进[J]. 人与生物圈（6）：76-78.

贾士荣，袁潜华，王丰，等，2014.转基因水稻基因漂移研究十年回顾[J]. 中国农业科学（1）：1-10.

贾士荣，1999. 转基因作物的安全性争论及其对策[J]. 生物技术通报（6）：1-7.

李家洋，2009. 理性看待转基因技术[J]. 科技潮（5）：20-22.

李新海，谷晓峰，马有志，等，2020. 农作物基因设计育种发展现状与展望[J]. 中国农业科技导报（8）：1-4.

林敏，2018. 转基因争论需要科学探索理性讨论[J]. 人与生物圈（6）：72-75.

刘晨曦，吴孔明，2011. 转基因棉花的研发现状与发展策略[J]. 植物保护（6）：11-17.

刘晓，熊燕，王方，等，2012. 合成生物学伦理、法律与社会问题探讨[J]. 生命科学（11）：1 334-1 338.

陆宴辉，2020. 转基因棉花[M]. 北京：中国农业科学技术出版社.

农业大词典编辑委员会，1998. 农业大词典[M]. 北京：中国农业出版社.

农业农村部农业转基因生物安全管理办公室，2012. 转基因30年实践[M]. 北京：中国农业科学技术出版社.

祁潇哲. 贺晓云. 黄昆仑，2019. 转基因生物食用安全评价技术体系及其发展趋势[J]. 中国农业大学学报，24（7）：71-78.

曲戈，赵晶，郑平，等，2018. 定向进化技术的最新进展[J]. 生物工程学报，34（1）：1-11.

孙俊聪，侯柄竹，陈晓亚，等，2019. 新中国成立70年来我国植物代谢领域的重要进展[J]. 中国科学：生命科学（10）：1 213-1 226.

万建民，黎裕，2014. 高效、安全、规模化转基因技术：机会与挑战[J]. 中国农业科学（21）：4 139-4 140.

万建民，2015. 我国转基因技术研究现状[J]. 民主与科学（5）：20-21.

王福军，赵开军，2018. 基因组编辑技术应用于作物遗传改良的进展与挑战[J]. 中国农业科学，51（1）：1-16.

王根平，杜文明，夏兰琴，2014. 植物安全转基因技术研究现状与展望[J]. 中国农业科学
（5）：823-843.

王向峰，才卓，2019. 中国种业科技创新的智能时代——"玉米育种4.0"[J]. 玉米科学
（1）：1-9.

吴孔明，2020. 中国草地贪夜蛾的防控策略[J]. 植物保护（2）：1-5.

萧玉涛，吴超，吴孔明，2019. 中国农业害虫防治科技70年的成就与展望[J]. 应用昆虫
学报（6）：1 115-1 124.

谢晓刚，薛嘉，康健，等，2019. 基因编辑技术发展及其在家畜上的应用[J]. 农业生物技
术学报（1）：139-149.

熊明民，杨亚岚，阮进学，等，2016. 我国动物生物育种产业现状及发展策略探讨[J]. 农
业生物技术学报（8）：1 199-1 206.

许智宏，2010. 现代生物技术的宣传与普及：科学家的职责——在国内首次生物技术与
现代农业科普与传播研讨会上的讲话[J]. 华中农业大学学报（社会科学版）（6）：
1-3.

许智宏，2016. 转基因生物育种正迎来关键时刻[J]. 中国农村科技（2）：15.

燕永亮，王忆平，林敏，2019. 生物固氮体系人工设计的研究进展[J]. 生物产业技术
（1）：34-40.

杨雄年，2018. 转基因政策[M]. 北京：中国农业科学技术出版社.

叶鼎，朱作言，孙永华，2014. 鱼类基因组操作与定向育种[J]. 中国科学：生命科学
（12）：1 253-1 261.

喻树迅，范术丽，王寒涛，等，2016. 中国棉花高产育种研究进展[J]. 中国农业科学
（18）：3 465-3 476.

袁隆平，赵炳然，2011. 超级杂交稻的培育需要基因工程的加盟[J]. 种业导刊（3）：
30，34.

袁隆平，2016. 第三代杂交水稻初步研究成功[J]. 科学通报（31）：3 404.

张启发，2000. 学好生物科学 揭开生命奥秘[J]. 科学启蒙（4）：1.

张桃林，2016. 科学认识和利用农业转基因技术[J]. 中国农业信息（16）：34.

张先恩，2019. 中国合成生物学发展回顾与展望[J]. 中国科学，49（12）：1 543-1 572.

赵国屏，2019. 合成生物学——生物工程产业化发展的新时期[J]. 生物产业技术（1）：1.

赵亚伟，姜卫红，邓子新，等，2019. 碱基编辑器的开发及其在细菌基因组编辑中的应
用[J]. 微生物学通报（2）：319-331.

中国农业大学，农业部科技发展中心，2010. 国际转基因生物食用安全检测及其标准
化[M]. 北京：中国物资出版社.

农业部科技教育司，2019. 中国农业科学技术70年[M]. 北京：中国农业出版社.

朱水芳，2017. 转基因产品[M]. 北京：中国农业科学技术出版社.

宗媛，高彩霞，2019. 碱基编辑系统研究进展[J]. 遗传，41（9）：777-800.

Berg P，Singer M F，1995. The recombinant-DNA controversy-20 years later[J]. Proceedings of the National Academy of Sciences of the United States of America，92（20）：9 011-9 013.

Chong K，Xu Z H，2014. Investment in plant research and development bears fruit in China[J]. Plant Cell Reports，33：541-550.

Chu C，2013. Biotech crops：opportunity or challenge？[J]. Chin Bull Bot，48：1.

Deng Y，Zhai K，Xie Z，et al.，2017. Epigenetic regulation of antagonistic receptors confers rice blast resistance with yield balance[J]. science，355：962-965.

Duan C，Zhu J，Cao X，2018. Retrospective and perspective of plant epigenetics in China[J]. Journal of Genetics and Genomics，45：621-638.

Gao C，2018. The future of CRISPR technologies in agriculture[J]. Nature Reviews Molecular Cell Biology，19：1-2.

Harbers K，Jähner D，Jaenisch R，1981. Microinjection of cloned retroviral genomes into mouse zygotes：integration and expression in the animal[J]. Nature，293（5833）：540-542.

Hua K，Zhang J，Botella JR，et al.，2019. Perspectives on the Application of Genome-Editing[J]. Technologies in Crop Breeding，12（8）：1 047-1 059.

Lederberg J，Tatum EL，1946. Gene recombination in E. coli. Nature 158（4016）：558.

Li C，Zhang R，Meng X，et al.，2020. Targeted，random mutagenesis of plant genes with dual cytosine and adenine base editors[J]. Nat Biotechnol，38：875-882.

Manghwar H，Lindsey K，Zhang X，et al.，2019. CRISPR/Cas System：Recent Advances and Future Prospects for Genome Editing[J]. Trends Plant Sci，24（12）：1 102-1 125.

Qiu J，Jia L，Wu D，et al.，2020. Diverse genetic mechanisms underlie worldwide convergent rice feralization[J]. Genome biology，21（1）：1-11.

Razzaq A，Saleem F，Kanwal M，et al.，2019. Modern Trends in Plant Genome Editing：An Inclusive Review of the CRISPR/Cas9 Toolbox[J]. Int J Mol Sci，20（16）：4 045.

Schnepf H E，Whiteley H R，1981. Cloning and expression of the Bacillus thuringiensis crystal protein gene in Escherichia coli[J]. Proc Natl Acad Sci，78（5）：2 893-2 897.

U. S，1976. National institutes of health. Recombinant DNA research guidelines[J]. Federal Register，41（131）：27 902-27 943.

Wang B，Lin Z，Li X，et al.，2020. Genome-wide selection and genetic improvement during modern maize breeding[J]. Nat Genet，52：565-571.

Wang H，Vieira F G，Crawford J E，et al.，2017. Asian wild rice is a hybrid swarm with extensive gene flow and feralization from domesticated rice[J]. Genome research，27（6）：1 029-1 038.

Yu J，Xu F，Wei Z W，et al.，2020. Epigenomic landscape and epigenetic regulation in maize[J]. Theoretical and Applied Genetics，133：1 467-1 489.

1. 转基因大事记

46亿年前

由原始的太阳星云中积聚形成的太阳系8大行星之一，地球诞生。

40亿年前

原始海洋中，原始有机大分子如DNA和氨基酸出现，形成无细胞原始生命形式。

35亿年前

有化石记录的原始生命，具有光合作用的单细胞生物出现。

19亿年前

与大气圈中的自由氧的开始积累同步的真核生物出现。

4.5亿年前

陆地植物（苔藓植物）和陆地无脊椎动物（某些节肢动物和环节动物）出现。

5 000万年前

很可能是现代类人猿和现代人类的共同祖先，古猿（类人猿）出现。

20万年前

形态上介于直立人和晚期智人之间的早期智人出现。

12 000年前

新石器时代早期阶段出现了原始农业的雏形。

4 000年前

基本完成主要作物和家畜的驯化；底格里斯和幼发拉底两河流域出现灌溉农业。

533—544年

北魏时期中国杰出农学家贾思勰著《齐民要术》，最早的农作物遗传育种文字记载，被誉为中国古代农业百科全书。

1859年

英国生物学家达尔文发表《物种起源》，第一次用大量事实和系统的理论论证了生物进化的普遍规律。

1866年

奥地利生物学家孟德尔发表论文"植物杂交试验"，发现了遗传分离定律和自由组合定律，提出遗传因子概念。

1883年

美国遗传学家萨顿提出了孟德尔遗传因子位于染色体上的假说。

1901年

日本学者石渡繁胤从染病的蚕蛾体液中首次分离出苏云金芽孢杆菌，证明对部分鳞翅目昆虫有毒性作用。

1909年

丹麦科学家约翰逊首次提出"基因"一词。

1905年

德国化学家哈伯发明工业合成氨技术，并获1918年度诺贝尔化学奖。

1915年

美国生物学家摩尔根创立了现代遗传学的基因学说，并获1933年度诺贝尔生理学或医学奖。

1924年

德国细胞学家福尔根发现了核糖核酸（RNA）和脱氧核糖核酸（DNA）。

1927年

美国遗传学家缪勒发现X射线照射可人工诱使遗传基因发生突变。

1929年

俄裔美国生物化学家列文发现核酸碱基的主要成分是腺膘呤、鸟膘呤、胸腺嘧啶、胞嘧啶。

1938年

第一例商业化的苏云金芽孢杆菌杀虫剂（商品名为Sporeine）在法国应用。

1944年

美国细菌学家艾弗里第一次用实验结果证明DNA是遗传信息的载体。

1946年

美国生物化学家塔特姆与美国遗传学家莱德伯格合作发现了两种细菌混合培养时发生了"杂交"现象，实现了基因重组。

1948年

俄裔美国物理学家伽莫夫提出了宇宙大爆炸学说，并因创作众多脍炙人口的科普佳作如《物理世界奇遇记》和《从一到无穷大》，荣获1958年联合国教科文组织颁发的卡林伽科普奖。

1951年

美国女遗传学家麦克林托克提出了可移动的遗传基因（跳跃基因）学说，并获1983年度诺贝尔医学或生理学奖；英国女生物物理学家富兰克林拍摄到核酸的X射线衍射照片。

1952年

美国遗传学家莱德伯格发现了通过噬菌体"转导"实现不同细菌间的基因重组现象，并获1958年度诺贝尔生理学或医学奖；美国物理学家德尔布吕克、生物学家卢里亚和遗传学家赫尔希发现在病毒复制机制中起决定性作用的遗传物质是DNA，并获1969年度诺贝尔生理学或医学奖。

1953年

美国生物学家沃森和英国生物物理学家克里克建立了DNA的双螺旋结构模型，开启了分子生物学时代，并获1962年度诺贝尔医学或生理学奖；美国芝加哥大学研究生米勒，完成了模拟在原始地球还原性大气中进行雷鸣闪电能产生有机物如氨基酸，以论证生命起源的化学进化过程的试验，即著名的"米勒模拟实验"。

1954年

俄裔美国物理学家伽莫夫提出蛋白质遗传密码由3个碱基的排列组合而成的科学假说。

1955年

美国科学家桑格完成第一个蛋白质胰岛素氨基酸序列测定，并获1958年度诺贝尔化学奖。

1956年

美国生物化学家科恩伯格与美国生物化学家奥乔亚通过化学方法合成了DNA和RNA分子，并获1959年度诺贝尔生理学或医学奖。

1958年

英国生物物理学家克里克提出蛋白质合成的"中心法则"。

1961年

法国科学家家雅各布与莫诺发现乳糖操纵子的调控机制，并获1965年度诺贝尔生理学或医学奖；美国科学家尼伦伯格率先破译了第一个遗传密码，最终阐述了所有20种氨基酸对应的遗传密码，并获1968年度诺贝尔生理学或医学奖。

1962年。

美国科普女作家卡逊的《寂静的春天》出版，在全球范围内掀起了一场前所未有的环境保护运动。

1965年

中国科学家首次全人工合成具有生命活力的结晶牛胰岛素。

1970年

绿色革命之父勃劳格因成功培育抗病、耐肥、高产、适应性广的半矮秆小麦，获诺贝尔和平奖。

1971年

美国微生物遗传学家内森斯使用Ⅱ型限制性内切酶首次完成了对DNA的切割，并获1978度诺贝尔生理学或医学奖。

1972年

美国生物化学家伯格将剪切后的SV40病毒DNA与大肠杆菌λ噬菌体DNA相连接，产生新的DNA分子，首次实现不同生物DNA的体外重组，并获1980年诺贝尔化学奖。

1973年

美国科学家科恩和博耶首次将蟾蜍的基因与细菌的基因拼接，并在细菌中成功表达，申报了第一个基因重组技术专利；美国加州阿斯洛马会议讨论重组DNA技术的安全性问题。

1974年

孟山都公司推出以草甘膦为主要成分的专利除草剂农达（Roundup）。

1975年

英国生物化学家桑格发明双脱氧测序法RNA和DNA测序技术，获1980年度诺贝尔化学奖；德国免疫学家克勒和英国生物化学家米尔斯坦发明单克隆抗体技术，获1984年度诺贝尔生理学或医学奖。

1976

美国科学家科恩和博耶与风险投资家斯旺森创立世界上第一个基因技术公司Genentech；美国国家卫生院公布重组DNA研究规则。

1978年

美国Genentech公司开发出重组大肠杆菌合成人胰岛素的先进生产工艺，拉开基因工程产业化序幕；加拿大生物化学家史密斯发明寡聚核苷酸定点突变技术，并获1993年度诺贝尔化学奖。

1981年

美国科学家首次将伴孢晶体的基因克隆到大肠杆菌的质粒中，并克隆了第一个Bt杀虫晶体蛋白基因。

1982年

利用显微注射技术将生长激素基因导入小鼠中，获得首例转基因动物。

1983年

通过农杆菌转化法将除草剂基因导入烟草中获得世界首例转基因植物；美国孟山都公司分离到高耐草甘膦的CP4农杆菌并从中克隆耐草甘膦的*CP4-EPSP*合酶基因。

1985年

美国科学家穆利斯发明具有划时代意义的聚合酶链式反应（PCR）技术，获1993年度诺贝尔化学奖。

1986年

第一台商品化的平板电泳全自动测序仪ABI 370A问世。

1987年

第一例转基因微生物生产的牛凝乳酶在食品生产中应用。

1989年

中国批准了第一个在中国生产的基因工程药物——重组人干扰素 α lb。

1990年

首个转番木瓜环斑病毒外壳蛋白基因的木瓜品系诞生，并于1998年被批准商业化种植；利用基因枪轰击原生质体首次获得可育的转基因玉米植株。

1991年

美国智库"竞争力委员会"向布什总统提交《国家生物技术政策报告》，提出"调动全部力量进行转基因技术开发并促其商业化"。

1992年

中国种植了世界上第一批商业化的抗病毒转基因烟草。

1993年

Cagene公司研发的延熟保鲜转基因番茄在美国获准上市；中国国家科学技术委员会正式颁发《基因工程安全管理办法》；美国女科学家阿诺德提出酶分子的定向进化概念，并获2018年度诺贝尔化学奖。

1994年

Cagene公司研发的耐苯腈类除草剂的转基因棉花和孟山都公司研发的耐草甘膦转基因大豆在美国获准商业化种植许可；Affymetrix公司开发出全球第一张商业化的基因芯片。

1995年

先正达公司研发的抗虫转基因玉米和拜耳公司研发的耐除草剂转基因玉米在美国获准商业化种植许可。

1996年

世界第一只体细胞克隆绵羊"多莉"在英国诞生；先正达公司研发的抗虫耐除草剂复合性状转基因玉米在美国获准商业化种植许可；中国农业部颁布《农业生物基因工程安全管理实施办法》；中国首次进口转基因大豆约8万吨，2019年进口超过8 000万吨。

1997年

世界上第一只产人乳铁蛋白的转基因奶牛诞生；第一张含有6 166个基因的酵母全基因组芯片在美国研制成功；中国开始推广转基因抗虫棉，截至2019年年底，共育成国产转基因抗虫棉新品种176个，累计推广4.7亿亩，减少农药使用70%以上，占国内市场份额达到99%以上。

1998年

美国科学家法厄和梅洛发现了真核生物中RNA干扰机制引起的基因沉默现象，并获2006年度诺贝尔生理学或医学奖。

1998年

先正达公司研发的抗虫耐除草剂复合性状转基因玉米被欧盟批准商业化种植许可；线虫全基因组测序完成，绘制出全球第一个多细胞动物的基因组图谱。

1999年

中国首例转基因试管牛诞生，取名为"滔滔"。

2000年

拟南芥全基因组测序完成，绘制出全球第一个植物的基因组图谱；美国科学家在大肠杆菌中利用基因元件构建 "逻辑线路"成功，标志着合成生物学时代来临；中国首例耐铵固氮工程菌获农业部颁发的安全证书。

2001年

中国率先完成籼稻基因组工作框架图的绘制，也是首个粮食作物的基因组图谱；中国国务院通过《农业转基因生物安全管理条例》。

2002年

绿色和平组织在北京设立办事处，把极端环保主义思潮带入中国，并掀起一波反对转基因风浪。

2003年

中、美、日、德、法、英6国科学家联合宣布完成人类基因序列图；利用大肠杆菌合成青蒿酸的前体物青蒿二烯，开启人工细胞工厂生产植物来源天然化合物的新时代。

2005年

第一台基于焦磷酸测序的二代高通量GS20测序仪问世。

2006年

转基因抗病毒病番木瓜在中国获准商品化种植。

2008年

中国国务院常务会议审议并原则通过转基因生物新品种培育科技重大专项。

2009年

中国转*Cry1Ab/1Ac*融合基因的抗虫水稻华恢1号及杂交种Bt汕优63、转植酸酶*PhyA2*基因的BVLA430101玉米自交系首获安全证书，引起了一场转基因是否安全的大辩论。

2010年

含有完全人工合成的蕈状支原体基因组的人工细胞"辛西娅1.0"诞生，标志着人造生命时代的来临。

2012年

被誉为基因剪刀的CRISPR技术横空出世，开辟了基因编辑的新纪元。法国科学家卡彭蒂耶和美国科学家杜德纳诺因开发基因编辑技术CRISPR/Cas9获2020年度诺贝尔化学奖。

2013年

全球首例具有耐旱性状的转基因玉米在美国商品化种植。

2014年

美国辛普劳公司研发的新一代转基因土豆，可以防止擦伤变黑和降低致癌物质含量获准上市。

2015年

美国AquaBounty Technologies公司研发的快速生长转基因三文鱼和加拿大奥卡诺根特色水果公司研发的防褐变转基因苹果在美国获准上市。

2016年

中央一号文件强调：加强农业转基因技术研发和监管，在确保安全的基础上慎重推广；美国总统奥巴马签署转基因食品强制标识法案，标识形式可以是文字、符号（譬如笑脸）或者二维码；中国和美国科学家利用基因编辑技术成功研发出防褐变蘑菇、抗白粉病小麦和无角奶牛与瘦肉型猪。

2017年

国际"人工合成酵母基因组计划"宣布完成了真核生物酿酒酵母5条染色体的从头设计与全合成，并具备完整的生命活性；中国化工集团公司以490亿美元收购全球第一大农药、第三大种子公司瑞士先正达。

2018年

美国确认不含外源DNA的基因编辑作物不受监管；欧盟最高法院裁定

基因编辑作物为转基因作物；转基因作物在世界五大转基因作物种植国的转基因大豆、玉米和油菜的平均应用率已经接近饱和，其中美国93.3%、巴西93%、阿根廷接近100%、加拿大92.5%、印度95%。

2019年

转*cry1Ab*和*epsps*基因抗虫耐草甘膦玉米DBN9936、转*cry1Ab/cry2Aj*和*g10evo-epsps*基因抗虫耐除草剂玉米瑞丰125以及转*g10evo-epsps*基因耐草甘膦大豆SHZD3201获中国农业农村部颁发的安全证书；美国Impossible Food公司采用转基因大豆蛋白质生产的人造肉摆上超市货架。

2020年

转*g2-epsps*和*gat*基因耐草甘膦大豆中黄6106获中国农业农村部颁发的安全证书；美国批准一项在佛罗里达群岛地区释放7.5亿只转基因蚊子的计划，以防止登革热等疾病传播；德尔蒙食品公司研发的转基因粉心菠萝和医疗公司Revivicor研发的用于药物生产和为器官移植的基因编辑猪获得美国FDA批准上市；阿根廷批准由Bioceres公司等研发的转基因抗旱小麦种植和销售；日本批准由日本筑波大学等研发的含有比天然品种多4～5倍γ-氨基丁酸的基因编辑番茄，预计于2022年上市销售。

2. 名词解释

基因（Gene）：具有遗传信息的DNA片段，是控制生物性状的遗传物质的基本功能和结构单位。

性状（Trait）：可遗传的发育个体和全面发育个体所能观察到的（表型的）特征，包括生化特性、细胞形态或动态过程、解剖构造、器官功能或精神特性总和。

密码子（Codon）：信使RNA分子中每相邻的三个核苷酸编成一组，在蛋白质合成时，代表某一种氨基酸的规律。

外显子（Expressed Region）：真核生物基因的一部分，在mRNA剪切后保留的编码序列，拼接在一起形成成熟mRNA。

顺式作用元件（Cis-acting Element）：是DNA分子上一些特殊的核苷酸序列片段，可激活或阻遏基因转录，调控基因表达，又称分子内作用元件。

反式作用因子（Trans-acting Factor）：转录模板上游基因编码的一类蛋白调节因子，包括激活因子和阻遏因子等，它们与顺式作用元件中的上游激活序列特异性结合，对生物基因的转录分别起促进和阻遏作用。

转录因子（Transcription Factor）：能够以序列特异性方式结合DNA并且调节转录的蛋白质。转录因子通过识别特定的DNA序列来控制染色质和转录，以形成指导基因组表达的复杂系统。

基因突变（Gene Mutation）：基因组DNA分子发生的随机的可遗传的变异。在分子水平上，基因突变是指基因在结构上发生碱基对组成或排列顺序的改变。

转座子（Transposons）：也叫跳跃基因，是指一段DNA顺序从染色体原位上单独复制或断裂下来，环化后插入另一位点，并对其后的基因起调控作用。

接合（Conjugation）：通过细胞的暂时沟通和遗传物质转移而导致基因重组的过程。

转导（Transduction）：通过噬菌体将细菌基因从供体转移到受体的过程。

转染（Transfection）：把外源核酸导入细胞内的过程。

重组DNA技术（Recombinant DNA Technology）：将不同生物种类、株系的DNA在体外进行剪裁、拼接和连接在一起形成新的DNA分子，并转入受体细胞内，达到定向改变生物性状的目的。

转基因技术/基因工程技术（Transgenic Technology/Genetic Engineering Technology）：利用载体系统的重组DNA技术以及利用物理、化学和生物学等方法把重组DNA分子导入有机体的技术。

农业转基因生物（Genetically Modified Organism，GMO）：利用基因工程技术改变基因组构成，用于农业生产或者农产品加工的动植物、微生物。

转化（Transformation）：同源或异源的游离DNA分子（质粒和染色体DNA），被其他细胞摄取，实现基因转移的过程。

显微操作技术（Micromanipulation Technique）：在高倍倒置显微镜下，利用显微操作器（Micromanipulator），控制显微注射针在显微镜视野内移动的机械装置，用来进行细胞或早期胚胎操作的一种方法。

体细胞核移植技术（Somatic Cell Nuclear Transfer）：在体外培养的体细胞中导入目的基因，筛选获得带转基因的细胞，将转基因体细胞的细胞核移植到去掉细胞核的卵细胞中，产生重构胚胎。

农杆菌介导法（Agrobacterium-mediated Transformation）：农杆菌能够将Ti质粒上的T-DNA以单链的形式整合到宿主植物基因组中。利用改造后的Ti质粒，将外源基因转入细胞中，从而赋予受体植物新的性状。

基因枪介导法（Gene Gun Mediated Transformation）：利用火药爆炸、高压气体加速或低压气体加速等加速设备（称为基因枪），将包裹了DNA溶液的高速微弹直接射入完整的植物或动物组织或细胞中，从而实现外源

基因稳定转化

花粉管通道法（Pollen-tube Pathway）：利用花粉萌发产生的花粉管通道，将外源基因直接转入受体植物卵细胞，也称为授粉后外源基因导入植物技术。

基因瞬时表达（Transient Gene Expression）：瞬时转染后的初期，质粒DNA或基因片段游离在细胞中并能够进行表达。应用最为广泛的是病毒载体或农杆菌介导的植物瞬时表达系统。

RNA沉默（RNA Silencing）：也称为RNA干扰（RNA Interference，RNAi），是指外源或内源性的双链RNA（double-stranded RNA，dsRNA）或单链RNA进入细胞后，会引起与其同源的mRNA高效特异性降解，抑制相应的蛋白质合成。

siRNA（Small Interfering RNA）：当外源dsRNA进入细胞后，会被胞内的一些酶所降解，降解后脱落的小RNA序列，参与转录后基因沉默调控。

miRNA（MicroRNA）：一类由内源基因编码的长度约为22个核苷酸的非编码单链RNA分子，在动植物中参与转录后基因表达调控。

锌指核糖核酸酶（Zinc Finger Ribonuclease）：人工改造的限制性内切酶，由锌指DNA结合域和 *Fok* I核酸内切酶的剪切结构域融合而成。锌指核酸酶作为第一代基因编辑技术，首次实现了对基因的靶向性操作。

全基因组选择技术（Genome-wide Selection Technology）：基于高通量的基因型分析和生物统计预测模型，在全基因组水平上聚合优良基因型，改良动植物重要农艺性状。

基因拆分（Split Transgene）：将目的基因拆分成两个基因片段，然后分别与内含肽剪接区域的基因序列结合，分别做成融合基因，然后共转化进入植物体中。

分子定向进化（Directed Molecular Evolution）：在试管中模拟达尔文进化过程，通过随机突变和重组，人为制造大量的突变，按照特定的需要和目的给予选择压力，筛选出具有期望特征的蛋白质，实现分子水平的模拟进化。

基因敲除（Gene Knockout）：利用某些能随机插入生物体基因组序列的病毒、细菌或载体，在目标细胞基因组中进行随机插入突变，然后建立一个携带随机插入突变的细胞库，然后通过相应的选择标记基因筛选相应的基因敲除细胞。

反向遗传学（Reverse Genetics）：一种研究高等动植物基因功能的有效方法，从基因到表型，由里及表。其研究途径是直接从生物的遗传物质入手，通过改变核酸序列创造突变体，研究由此带来的表型变化，进一步揭示其背后的遗传机理。

DNA甲基化（DNA Methylation）：由DNA甲基转移酶（DNA methyltransferase，Dnmt）介导，催化甲基基团从S-腺苷甲硫氨酸（adenosylmethionine，SAM）向胞嘧啶的C-5位点转移的过程，在基因表达调控、发育调节等方面发挥重要作用。

组蛋白修饰（Histone Modification）：组蛋白在相关酶作用下发生甲基化、乙酰化、磷酸化、腺苷酸化、泛素化和ADP核糖基化等修饰的过程。

酵母人工染色体（Yeast Artificial Chromosomes）：一种高容量选殖载体，可嵌入的外来基因大小范围可为100~3 000kb。此人工染色体系统含有酵母菌的端粒与着丝粒和复制起点。可将特定的DNA置于端粒与着丝粒之间，使其在酵母菌体内复制。

细菌人工染色体（Bacterial Artificial Chromosome）：一种以F质粒（F-plasmid）为基础建构而成的细菌染色体克隆载体，常用来克隆150kb左右大小的DNA片段，最多可保存300kb个碱基对。

人类人工染色体（Human Artificial Chromosome）：人类人工染色体，是一种小型染色体，可作为载体搭载一些基因，并作为人类细胞中额外的染色体。人工染色体可载有600万~1 000万的碱基对。

植物人工染色体（Plant Artificial Chromosome）：新一代的植物转基因载体，以生物体内存在的天然染色体为框架，可在一条不含标记基因的人工染色体上实现稳定的多基因管理。

无细胞蛋白质合成系统（Cell-free Protein-synthesizing System）：一种细胞外系统。它抽取细胞抽提物的相关酶系，通过补充底物和能量，以外源mRNA或DNA为模板来合成蛋白质。

雄性不育（Male Sterility）：其本质是雄性器官发育不良或者雄性失去了繁殖能力。

自花授粉（Self-pollination）：一株植物的花粉，对同一个体的雌蕊进行授粉。

无融合生殖（Apomixis）：不经过精卵细胞的融合，直接产生有胚的种子，是一种特殊的无性生殖方式。

多倍体（Polyploid）：植物体细胞中含有3个或3个以上染色体组的个体。多倍体分为同源多倍体和异源多倍体。

同源多倍体（Autopolyploid）：多倍体的几个染色体组来源于同一物种。

异源多倍体（Allopolyploid）：来自不同种属的染色体组成的多倍体。

基因漂移（Gene Flow）：在群体遗传学中，所谓基因漂移是指一个群体的遗传变异转移到另外一个群体的现象。基因漂移是生物种群间遗传多样性转移的重要机制。

水平基因转移（Horizontal Gene Transfer，HGT）：又称侧向基因转移（Lateral Gene Transfer，LGT），是指在差异生物个体之间，或单个细胞内部细胞器之间所进行的遗传物质的交流。

杂交育种（Cross Breeding）：不同在同一物种的不同品种或品系间交配获得杂种，对杂种后代进行选择获得符合生产要求的新品种。杂交育种可以将双亲控制不同性状的优良性状结合于一体，或将双亲中控制同一性状的不同微效基因积累起来。

杂种优势（Heterosis）：两个遗传组成不同的亲本杂交产生的杂种第一代，在生长势、生活力、繁殖力、抗逆性、产量和品质上均比其亲本优越的现象。

驯化（Domestication）：一种生物的成长与生殖逐渐受另一种生物利用与掌控而获得可预测性状的过程，如人类栽培各种农作物和畜牧等。

野化（Feralization）：也叫"去驯化"（de-domestication），是栽培作物和家养牲畜家禽等经常发生的遗传现象，植物或动物从人工环境返回自然环境，恢复野生特征，是一种返祖现象。